MORITZ SCHLICK

Texte zur Quantentheorie

Eingeleitet, kommentiert und
herausgegeben von
FYNN OLE ENGLER

FELIX MEINER VERLAG
HAMBURG

PHILOSOPHISCHE BIBLIOTHEK BAND 742

Bibliographische Information der Deutschen Nationalbibliothek

Die Deutsche Nationalbibliothek verzeichnet diese Publikation in der Deutschen Nationalbibliographie; detaillierte bibliographische Daten sind im Internet über <http://portal.dnb.de> abrufbar.

ISBN 978-3-7873-3875-7
ISBN eBook 978-3-7873-3876-4

© Felix Meiner Verlag GmbH, Hamburg 2021. Alle Rechte vorbehalten. Dies gilt auch für Vervielfältigungen, Übertragungen, Mikroverfilmungen und die Einspeicherung und Verarbeitung in elektronischen Systemen, soweit es nicht §§ 53 und 54 UrhG ausdrücklich gestatten. Satz: mittelstadt 21, Vogtsburg-Burkheim. Druck und Bindung: Beltz, Bad Langensalza. Gedruckt auf alterungsbeständigem Werkdruckpapier, hergestellt aus 100% chlorfrei gebleichtem Zellstoff. Printed in Germany.

INHALT

Einleitung *von Fynn Ole Engler* VII
Vorbemerkung VII
1. Der Wiener Kreis VIII
2. Kausalität und Wahrscheinlichkeit im Lichte der
   modernen Physik XII
3. Schlicks Botschaft auf der Leipziger Naturforscherversammlung XXI
4. Die Begegnungen mit Wolfgang Pauli in Wien XXIV
5. Der Einfluss Ludwig Wittgensteins XXXI
6. Schlicks pragmatistische Wende in der Kausalitäts- und
   Wahrscheinlichkeitsdebatte XXXIV
7. Der Geist von Kopenhagen XLIII
8. Danksagung XLV
9. Zu dieser Ausgabe XLV

Literaturverzeichnis................................. XLVII

MORITZ SCHLICK
Texte zur Quantentheorie

1.1	Naturphilosophische Betrachtungen über das Kausalprinzip	3
1.2	Erkenntnistheorie und moderne Physik	41
1.3	Die Kausalität in der gegenwärtigen Physik	52
1.4	Ergänzende Bemerkungen über P. Jordan's Versuch einer quantentheoretischen Deutung der Lebens-erscheinungen	100
1.5	Sind die Naturgesetze Konventionen?	103

1.6 Gesetz und Wahrscheinlichkeit 115

1.7 Quantentheorie und Erkennbarkeit der Natur 130

Anhang

2.1 Rezension von Max Planck, Physikalische Rundblicke .. 145

2.2 Rezension von Percy W. Bridgman, The Logic of Modern Physics.................................. 151

2.3 Rezension von Bertrand Russell, Die Philosophie der Materie 154

Anmerkungen des Herausgebers....................... 157

Personenregister 183

EINLEITUNG

Vorbemerkung

Neben den Texten zur Einstein'schen Relativitätstheorie, die den Ruf des Philosophen und Physikers Moritz Schlick begründeten,[1] stehen seine naturphilosophischen Arbeiten aus den Zwanziger- und Dreißigerjahren im Kontext der zweiten tiefgreifenden Revolution in der Physik des 20. Jahrhunderts. Schlicks Texte zur Quantentheorie geben wichtige Aufschlüsse über die jüngeren Entwicklungen zentraler physikalisch-philosophischer Begriffe, insbesondere der Kausalität und der Wahrscheinlichkeit, sowie über die weitreichende Transformation eines ganzen Wissenssystems, die neben der Physik vor allem die Chemie und die Mathematik, aber auch die Biologie erfasste. Zugleich zeigen sie einige Aspekte des neuen Bildes der Realität, das sich im Zuge der Quantenrevolution nach und nach herausstellte.

Die in diesem Band versammelten Schriften zeigen Schlick auf dem Höhepunkt seines Schaffens in Wien und geben Auskunft über die Entwicklungen seines Denkens seit Beginn der Zwanzigerjahre bis zu seinem frühen Tod im Jahre 1936. Einerseits sind sie das Ergebnis der intensiven Diskussionen im nachmals weltberühmten »Wiener Kreis«, sie sind aber auch Ausdruck der langjährigen und fruchtbaren Auseinandersetzung mit Hans Reichenbach, einem der führenden Köpfe der sogenannten Berliner Gruppe der »Internationalen Gesellschaft für empirische bzw. wissenschaftliche Philosophie«.[2]

---

[1] Moritz Schlick, *Texte zu Einsteins Relativitätstheorie*. Eingeleitet, kommentiert und herausgegeben von Fynn Ole Engler, Hamburg: Felix Meiner 2019 (= PhB 733).

[2] Ausgewählte Texte wichtiger Vertreter der Berliner Gruppe sind abgedruckt in *Die Berliner Gruppe. Texte zum Logischen Empirismus von Walter Dubislav, Kurt Grelling, Carl G. Hempel, Alexander Herz-*

Andererseits lassen sie den Einfluss Ludwig Wittgensteins, den Schlick im Februar 1927 persönlich kennenlernte, deutlich zu Tage treten.[3] Schließlich sind sie Zeugnisse von Schlicks fortwährenden Diskussionen mit einigen Quantenphysikern. Auf die Begegnungen mit Wolfgang Pauli und Werner Heisenberg wird dabei genauer einzugehen sein.

1. Der Wiener Kreis

Nachdem Schlick Anfang 1922 den Ruf auf den Lehrstuhl für Naturphilosophie an der Universität Wien endgültig angenommen hatte, schrieb ihm Max Planck und brachte seine Freude »über diese erneute Anerkennung Ihrer wissenschaftlichen Arbeit« zum Ausdruck. »Daß sie einmal kommen mußte«, so der Begründer der Quantentheorie und Schlicks Doktorvater, »war mir zwar sicher, aber es ist doch schön, wenn man nicht gar zu lange zu warten hat«.[4] Im Herbst 1922 übersiedelt Schlick schließlich nach Wien. Die Familie bezog am 7. Oktober eine geräumige Wohnung in der Prinz-Eugen-Straße 68/4 in unmittelbarer Nähe zum Oberen Belvedere. In seinem ersten Semester in Wien bot Schlick »Übungen zur Moralphilosophie«, eine Vorlesung zu »Schopenhauer und Nietzsche« sowie eine »Einführung in die Naturphilosophie« an.

berg, Kurt Lewin, Paul Oppenheim und Hans Reichenbach. Herausgegeben, eingeleitet und mit Anmerkungen versehen von Nikolay Milkov, Hamburg: Felix Meiner 2015 (= PhB 671).

[3] Vgl. dazu Mathias Iven, »Er ›ist eine Künstlernatur von hinreissender Genialität‹. Die Korrespondenz zwischen Ludwig Wittgenstein und Moritz Schlick sowie ausgewählte Briefe von und an Friedrich Waismann, Rudolf Carnap, Frank P. Ramsey, Ludwig Hänsel und Margaret Stonborough« sowie Fynn Ole Engler, »»Allerdings ist die Lektüre äusserst schwierig‹. Zum Verhältnis von Moritz Schlick und Ludwig Wittgenstein«, in: *Wittgenstein-Studien* 6 (2015), S. 83–174 bzw. 175–210.

[4] Max Planck an Moritz Schlick, 4. Februar 1922, Noord-Hollands Archief, Nachlass Schlick, Inv.-Nr. 113/Pla-11.

Ab 1924 kam es zu den ersten Zusammenkünften eines Diskussionszirkels, der sich um Schlick gruppierte und aus dem später der »Wiener Kreis« hervorgehen sollte.[5] Zu den Gründungsmitgliedern zählten Hans Hahn, Philipp Frank und Otto Neurath, die schon im »Ersten Wiener Kreis« aktiv waren.[6] Mit seinem Wechsel nach Wien im Herbst 1926 wurde auch Rudolf Carnap, der sich bei Schlick mit dem *Logischen Aufbau der Welt* habilitierte, in den Kreis aufgenommen, weitere Mitglieder waren Gustav Bergmann, Karl Menger, Victor Kraft, Rozalia Rand, Herbert Feigl, Kurt Gödel, Felix Kaufmann und Friedrich Waismann.

Carnap berichtete später in seiner Autobiographie, dass die Arbeit im Wiener Kreis dadurch erleichtert wurde, »daß alle Mitglieder unmittelbar mit einem Wissenschaftsgebiet, sei es Mathematik, Physik oder Sozialwissenschaften vertraut waren«, was aus seiner Sicht zu einem »höheren Niveau an Klarheit und Verantwortung« führte,[7] zugleich grenzte man sich damit allerdings auch von anderen philosophischen Kreisen und Denkrichtungen ab. Viel Wert gelegt wurde überdies auf die neuen Werkzeuge der symbolischen Logik, die eine strenge begriffliche Analyse ermöglichten. Außerdem stimmten alle Mitglieder des Kreises in einer gewissen Ablehnung der traditionellen Metaphysik überein.

An die Öffentlichkeit getreten ist der Wiener Kreis mit einem programmatischen Manifest zur wissenschaftlichen Weltauffas-

---

[5] Siehe Friedrich Stadler, *Der Wiener Kreis. Ursprung, Entwicklung und Wirkung des Logischen Empirismus im Kontext*, Überarbeitete Auflage von *Studien zum Wiener Kreis* (1995/2001), Basel: Springer 2015.

[6] Vgl. dazu Rudolf Haller, »Der erste Wiener Kreis«, in: ders., *Fragen zu Wittgenstein und Aufsätze zur Österreichischen Philosophie*, Amsterdam: Rodopi 1986, S. 89–107 und Thomas E. Uebel, »On the Austrian Roots of Logical Empiricism. The Case of the First Vienna Circle«, in: Paolo Parrini, Wesley C. Salmon und Merrilee Salmon (Hg.), *Logical Empiricism. Historical and Contemporary Perspectives*, Pittsburgh: University of Pittsburgh Press 2003, S. 67–93.

[7] Rudolf Carnap, *Mein Weg in die Philosophie*, Stuttgart: Reclam 1993, S. 33.

sung, das anlässlich der Ersten Tagung für Erkenntnislehre der exakten Wissenschaften in Prag im September 1929 unter der Federführung von Neurath gemeinsam mit Carnap und Hahn und unter Mithilfe von Frank und Feigl verfasst wurde und Schlick gewidmet war.[8] Das Manifest informierte über die Themengebiete und Probleme, mit denen sich die Kreismitglieder beschäftigten, zählte deren einschlägige Publikationen auf und verwies auf die wichtigsten Einflüsse, es brachte allerdings auch eine bemerkenswert politische Botschaft zum Ausdruck. Seine Verfasser traten für eine engagierte Vernunft ein, die in breiter Öffentlichkeit wirksam werden und ins gesellschaftliche Leben eingreifen sollte.

Insgesamt betrachtet war Schlick jedoch mit dem Manifest eher unglücklich und er schrieb Ende Oktober an Wittgenstein, dass »meine Freunde gute Absichten in etwas unüberlegter Weise ausgeführt haben, wissen Sie. Ich hoffe aber, dass der Sache selbst dadurch kein Schaden zugefügt worden ist.«[9] In der Folgezeit traten die Spannungen innerhalb des Kreises aufgrund der politischen Positionen einiger seiner Mitglieder immer deutlicher hervor. Neurath trommelte am linken Flügel für das Programm einer Einheitswissenschaft mit einer klar marxistischen Ausrichtung, während sich Schlick mit seinem Assistenten Waismann und Wittgenstein in eine eigene Diskussionsrunde zurückzog und die revolutionären Ambitionen des Kreises

---

[8] Otto Neurath, Rudolf Carnap und Hans Hahn, *Wissenschaftliche Weltauffassung. Der Wiener Kreis*, hrsg. vom Verein Ernst Mach, Wien: Artur Wolf Verlag 1929. Neuausgabe: Friedrich Stadler und Thomas E. Uebel (Hg.), *Wissenschaftliche Weltauffassung. Der Wiener Kreis*, Wien/New York: Springer 2012. Siehe dazu Thomas E. Uebel, »Writing a Revolution: On the Production and Early Reception of The Vienna Circle's Manifesto«, in: *Perspectives on Science* 16/1 (2008), S. 70–102.

[9] Moritz Schlick an Ludwig Wittgenstein, 24. Oktober 1929, zitiert nach: Mathias Iven, »Er ›ist eine Künstlernatur von hinreissender Genialität‹«, a.a.O., S. 113f.

schlichtweg ablehnte; ab Ende 1929 traf man sich zu Dritt meist in seiner Wohnung.[10]

Die Zusammenkünfte des Wiener Kreises fanden aber weiterhin regelmäßig an den Donnerstagen während der Vorlesungszeit im Hinterhaus des Mathematischen Instituts in der Boltzmanngasse 5 statt. Wer von Schlick eingeladen war, der durfte an den Sitzungen teilnehmen. Seit den Dreißigerjahren kam es zu einer stetig zunehmenden Internationalisierung der Aktivitäten des Kreises und eine Anzahl von Kongressen, Tagungen und Konferenzen wurde vor allem von Neurath, der Anfang April 1934 ins holländische Exil nach Den Haag aufbrechen musste, umtriebig organisiert. Carnap war 1931 nach Prag berufen worden.

Um den weiteren Gedankenaustausch zu fördern und die Außenwirkung der in Berlin, Prag und Wien vertretenen wissenschaftlichen Philosophie zu vergrößern, wurde ab 1930 im Auftrag des Wiener »Vereins Ernst Mach« und der Berliner Gesellschaft für empirische Philosophie von Carnap und Reichenbach in Fortführung der *Annalen der Philosophie* (ab 1924 *Annalen der Philosophie und philosophischen Kritik*) die Zeitschrift *Erkenntnis* im Felix Meiner Verlag in Leipzig herausgegeben. In die Zeitschrift, den Namen hatte Reichenbach vorgeschlagen,[11] fand auch eine der zentralen naturphilosophischen Debatten der Zeit Eingang, die sich um die Begriffe der Kausalität und der Wahrscheinlichkeit drehte. Intensiv geführt wurde sie allerdings schon am Ende der Zehner- und in den Zwanzigerjahren, insbesondere mit Blick auf die Entwicklungen in der modernen Physik.

---

[10] Vgl. *Wittgenstein und der Wiener Kreis*, Gespräche, aufgezeichnet von Friedrich Waismann. Aus dem Nachlaß herausgegeben von B. F. McGuinness, in: Ludwig Wittgenstein, *Werkausgabe*, Band 3, Frankfurt/M.: Suhrkamp 1984.
[11] Vgl. Hans Reichenbach an Rudolf Carnap, 4. Februar 1930, Archives of Scientific Philosophy: Hans Reichenbach, ASP-HR 014-23-03. Siehe dazu auch Rainer Hegselmann und Geo Siegwart, »Zur Geschichte der ›Erkenntnis‹«, in: *Erkenntnis* 35 (1991), S. 461–471.

2. Kausalität und Wahrscheinlichkeit im Lichte der modernen Physik

Es war Einstein, der Schlick vorschlug, etwas über Kausalität zu schreiben. »Die Forderung der Kausalität ist eben bei genauem Zusehen keine scharf umgrenzte«, schrieb er an Schlick, und weiter heißt es in seinem Brief: »Es gibt verschiedene Grade der Erfüllung der Kausalitäts-Forderung. Man kann nur sagen, dass die Erfüllung der allgemeinen R[elativitäts]. Th[eorie]. in höherem Masse geglückt ist als der klassischen Mechanik. Die sorgfältige Durchführung dieses Gedankens wäre vielleicht eine lohnende Aufgabe für einen Erkenntnis-Theoretiker.«[12]

Zuvor hatte Schlick einige Ausführungen Einsteins moniert, der argumentiert hatte, dass die Newton'sche Mechanik keine zufriedenstellende kausale Erklärung für die an rotierenden Körpern beobachteten Verformungen liefert, wenn sie diese Effekte auf das Vorhandensein des absoluten Raumes zurückführt. Hingegen war Schlick der Überzeugung, dass man auch sagen kann, dass die Verformungen tatsächlich als »ein schlechthin Gegebenes« die absolute Rotation definieren, anstatt durch sie verursacht zu werden. Er war der Auffassung, »daß Newtons Dynamik hinsichtlich des Kausalprinzips ganz in Ordnung ist; gegen den Einwand, sie führe bloß fingierte Ursachen ein, könnte sie sich wohl verteidigen, wenn auch Newtons eigene Ausdrucksweise nicht korrekt war«.[13]

---

[12] Albert Einstein an Moritz Schlick, 21. März 1917, in: *The Collected Papers of Albert Einstein* (kurz: *CPAE*) 8/A, Doc. 314.

[13] Vgl. Albert Einstein, »Die Grundlage der allgemeinen Relativitätstheorie«, in: *Annalen der Physik* 49 (1916), S. 769–822, hier: S. 771f. (in: *CPAE* 6, Doc. 30) und Moritz Schlick, »Raum und Zeit in der gegenwärtigen Physik. Zur Einführung in das Verständnis der allgemeinen Relativitätstheorie«, in: *Die Naturwissenschaften* 5, Hefte 11/12 (1917), S. 161–167 und 177–186, hier: S. 178, Anm. 2 (in: Moritz Schlick, *Texte zu Einsteins Relativitätstheorie*, a.a.O., Beitrag 1.2).

Schlicks erster Aufsatz zur Kausalität »Naturphilosophische Betrachtungen über das Kausalprinzip«[14] erschien am 11. Juni 1920 in den *Naturwissenschaften*. Am 7. Juni hatte Einstein noch auf das Manuskript reagiert: »Nun einige Bemerkungen zu Ihrem wunderbar klar geschriebenen Manuskript. Mit Ihrer Auffassung von Kausalität bin ich fast, aber doch nicht ganz einverstanden.« Und in einer Fußnote fügte er hinzu: »Der Aufsatz gefällt mir sehr; trotz der nachfolgenden Nörgelei. Es sind eben die strittigen Punkte immer am interessantesten!«[15] Zum Leidwesen von Schlick kamen Einsteins Bemerkungen jedoch zu spät, um noch Eingang in den Text zu finden, der Aufsatz war bereits in den Druck gegeben. So schrieb Schlick am 10. Juni an Einstein: »Vielen herzlichen Dank, daß Sie so ausführlich auf mein Geschreibsel eingegangen sind! Ich wollte nur, ich hätte Ihnen das Manuskript ein wenig früher gesandt; dann hätte ich noch einiges ändern können. Aber jetzt ist es zu spät, da längst alles für die Naturwissenschaften gesetzt ist; das betreffende Heft ist bereits morgen, den 11ten fällig.«[16]

Schlick hatte seine naturphilosophischen Betrachtungen mit einer näheren Erläuterung des Kausalprinzips begonnen. Er be-

---

[14] Beitrag 1.1, S. 3–40. Siehe dazu Manfred Stöckler, »Moritz Schlick über Kausalität, Gesetz und Ordnung in der Natur«, in: Rainer Hegselmann und Heinz-Otto Peitgen (Hg.), *Modelle sozialer Dynamiken. Ordnung, Chaos und Komplexität*, Wien: Hölder-Pichler-Tempsky 1996, S. 225–245; Tobias Fox, »Die letzte Gesetzlichkeit – Schlicks Kommentare zur Quantenphysik«, in: *Stationen. Dem Philosophen und Physiker Moritz Schlick zum 125. Geburtstag*, hrsg. von Friedrich Stadler und Hans Jürgen Wendel unter Mitarbeit von Edwin Glassner (= *Schlick-Studien* 1), Wien/New York: Springer 2009, S. 212–258 sowie Michael Stöltzner, *Causality, Realism and the Two Strands of Boltzmann's Legacy (1896–1936)*, Bielefeld 2003, Chapter 7: Moritz Schlick at the Causal Turn.
[15] Albert Einstein an Moritz Schlick, 7. Juni 1920, in: *CPAE* 10, Doc. 47.
[16] Moritz Schlick an Albert Einstein, 10. Juni 1920, Noord-Hollands Archief, Nachlass Schlick, Inv.-Nr. 098/Ein-34. Zu den Einwänden Einsteins und Schlicks Reaktionen darauf siehe Beitrag 1.1, S. 159–161, Anm. 9; S. 162f., Anm. 17; S. 163, Anm. 18; S. 163, Anm. 19; S. 163f., Anm. 20 und S. 164f., Anm. 23.

stimmte es als »allgemeinen Ausdruck der Tatsache, *daß* alles Geschehen in der Natur ausnahmslos gültigen Gesetzen unterworfen ist«.[17] Entsprechende Naturgesetze sollten für ihn in der Form von Differentialgleichungen formuliert werden, die, gegeben die Anfangs- und Randbedingungen, eine objektive, raum-zeitliche Beschreibung des Geschehens und damit eine eindeutige und durchgehende Bestimmung der Vorgänge in einem umgrenzten Gebiet ermöglichen.

Zwei Aspekte sind hier hervorzuheben: Zum einen war die raum-zeitliche Darstellung nicht notwendig an die Anschauung gebunden. Raum und Zeit hatten sich im Zusammenhang mit der allgemeinen Relativitätstheorie als abstrakte Ordnungssysteme erwiesen und unterlagen als Konventionen einer weitgehend freien Begriffsbildung. Zum anderen konnten nur unmittelbar benachbarte Ereignisse sowohl in Bezug auf die räumliche als auch die zeitliche Ordnung einen kausalen Einfluss aufeinander ausüben. Im Zusammenhang mit dem zweiten Aspekt war es für Schlick von großer Wichtigkeit, dass das Prinzip der Kausalität zunächst nicht viel mehr besagen sollte, als dass jedes Ereignis eine Ursache hat, also eine kontinuierliche Bestimmtheit des Naturgeschehens mit diesem Prinzip angenommen wurde, darüber hinaus aber nur a posteriori, nämlich unter der Angabe von entsprechenden Naturgesetzen entschieden werden konnte, wie die Ursachen eines Ereignisses im Einzelnen beschaffen und wie diese tatsächlich aufzufinden sind. Somit war das Kausalprinzip eine empirische Hypothese. Eine Einschränkung hatte es bereits durch die Formulierung von Gesetzen erfahren, die einen diskontinuierlichen Naturverlauf beschrieben. Schlick wies hier auf die Entwicklungen in der Quantentheorie hin.[18]

---

[17] Beitrag 1.1, S. 3. Während Schlick die Explikation des Kausalprinzips in den Bereich der Naturphilosophie einordnete, gehörte die Frage nach dessen Geltungsgrund für ihn in die Erkenntnistheorie.
[18] Siehe Beitrag 1.1, S. 5. Vgl. dazu Armin Hermann, *Frühgeschichte der Quantentheorie (1899–1913)*, Mosbach: Physik Verlag 1969 und Tho-

Jedoch galt im Anschluss an die allgemeine Relativitätstheorie, dass Naturgesetze in der Form von Differentialgleichungen auf definierte Gebiete, die durch Anfangs- und Randbedingungen festgelegt waren, eine allgemeingültige Anwendung finden und die Vorgänge darin eindeutig und durchgehend bestimmen, womit der Inhalt des Kausalprinzips für das Naturerkennen in den exakten Wissenschaften formuliert war. »Dies ist eine dem mathematischen Physiker wohlbekannte Wahrheit«, so Schlick: »sind die ›Anfangsbedingungen‹ und die ›Grenzbedingungen‹ gegeben, so ist alles Geschehen in dem betrachteten Gebiet durch die Differentialgleichungen der Physik eindeutig bestimmt und zu berechnen. Dies ist also die nunmehr einwandfreie und erfahrungsmäßig prüfbare Form, in welcher der Kausalsatz in der exaktesten Wissenschaft erscheint, und die er, wie gesagt, nur unter der Voraussetzung der Nichtexistenz von Fernkräften annehmen konnte.«[19] Schlick hatte damit die realistische Annahme der eindeutigen und durchgehenden Determiniertheit des Naturgeschehens mit dem Kausalprinzip notwendig verknüpft. Gemeinsam mit Einstein vertrat er dabei eine realistische Position auf empirischer Grundlage, die eine weitgehend freie Begriffsbildung mit einschloss.

Schlicks naturphilosophische Betrachtungen zum Kausalprinzip boten aber nicht nur Einstein die willkommene Gelegenheit einer ausführlichen Diskussion, auch Reichenbach fühlte sich herausgefordert.[20] Er hatte schon 1915 in seiner Erlanger Dissertation »Der Begriff der Wahrscheinlichkeit für die mathematische Darstellung der Wirklichkeit« sowie in zwei, im Januar und

---

mas S. Kuhn, *Black-Body-Theory and the Quantum Discontinuity 1894–1912*, Oxford / New York: Oxford University Press 1978.

[19] Beitrag 1.1, S. 6.

[20] Siehe dazu Fynn Ole Engler, »Moritz Schlick und Hans Reichenbach über die *Eindeutigkeit* der Zuordnung, die Gründe diese aufzugeben und die heuristische Stärke eines Empirismus mit begriffskonstitutiven Prinzipien«, in: Fynn Ole Engler und Mathias Iven (Hg.), *Moritz Schlick. Leben, Werk und Wirkung*, Berlin: Parerga 2008, S. 131–135.

Februar 1920 in den *Naturwissenschaften* erschienenen Aufsätzen neben dem Kausalprinzip die Notwendigkeit des Wahrscheinlichkeitsbegriffs für das Naturerkennen herausgestellt.[21] »Die moderne Physik ist längst über jeden Zweifel an der Anwendbarkeit von Wahrscheinlichkeitsgesetzen hinausgeschritten«, schrieb er in seiner Dissertation, »sie hat in den Gebieten der Molekulartheorie, der Quantentheorie wichtige Grundgesetze der Natur durch Anwendung statistischer Betrachtungen aufgedeckt. All das gibt uns mit Recht den Anlaß, zu vermuten, daß in den Wahrscheinlichkeitsgesetzen objektive Gesetze des Naturgeschehens vorliegen, deren Geltung sich philosophisch begründen lassen muß.«[22] Dabei konnte Reichenbach auf Phänomene verweisen, die in der modernen Physik eine statistische Betrachtung erforderlich machten, wie die Brown'sche Bewegung oder radioaktive Zerfallsprozesse. Zugleich sah er damit allerdings auch den alleinigen Geltungsanspruch des Kausalprinzips in Frage gestellt,[23] den Schlick auch weiterhin verteidigte. In einem Brief an Arnold Berliner ließ Reichenbach den Begründer und Mitherausgeber der *Naturwissenschaften* wissen:

Ich las in einem ihrer letzten Hefte den Aufsatz von Schlick über die Kausalität. Ich muss sagen, dass ich einigermaßen erschrocken

---

[21] Vgl. Hans Reichenbach, »Der Begriff der Wahrscheinlichkeit für die mathematische Darstellung der Wirklichkeit«, in: *Zeitschrift für Philosophie und philosophische Kritik*, Bd. 161 (1916), S. 209–239; Bd. 162 (1917), S. 98–112 und 222–239 sowie Bd. 163 (1917), S. 86–98; ders. »Die physikalischen Voraussetzungen der Wahrscheinlichkeitsrechnung«, in: *Die Naturwissenschaften* 8, Heft 3 (1920), S. 46–55 und ders., »Philosophische Kritik der Wahrscheinlichkeitsrechnung«, in: *Die Naturwissenschaften* 8, Heft 8 (1920), S. 146–153.

[22] Hans Reichenbach, »Der Begriff der Wahrscheinlichkeit für die mathematische Darstellung der Wirklichkeit«, a.a.O., Bd. 161, S. 222.

[23] Siehe dazu Andreas Kamlah, »Die Analyse der Kausalrelation, Reichenbachs zweites philosophisches Problem«, in: Hans Poser und Ulrich Dirks (Hg.), *Hans Reichenbach, Philosophie im Umkreis der Physik*, Berlin: Akademie Verlag 1998, S. 33–53.

bin über die Wendung, die Schlick jetzt nimmt. Es ist einfach falsch, was er sagt. Er hat gewisse Dinge nicht gesehen, und muss nun unglücklicherweise gerade in dieser Spur weiter laufen. So wird er allmählich seine frühere freie Position ganz verlieren und schließlich frei nach Kant die vernünftigen Voraussetzungen der Welt deduzieren, ohne die nun einmal Erkenntnis nicht möglich sei. Mehr hat aber Kant mit seinen synthetischen Urteilen a priori auch nicht behauptet. Dass gerade in der unendlichen Anpassungsfähigkeit der Vernunft an die Wirklichkeit ihr besonderer Vorzug liegt, sieht er nicht, oder vielmehr *nicht mehr*, denn in dieser Erkenntnis hatte ich gerade das grosse Verdienst Schlicks gesehen. Ich würde sehr gern, wenn Sie es erlauben, auf Schlick entgegnen, möchte aber hiermit noch warten, bis meine Relativitätsschrift erschienen ist, denn darin habe ich schon das Wesentliche hierzu gesagt.[24]

Mit der Schrift war das wenig später publizierte Buch *Relativitätstheorie und Erkenntnis a priori* gemeint. Schlick nahm es zum Anlass, in die Diskussion mit Reichenbach einzutreten.[25] Reichenbach hatte in seiner Schrift betont, dass es beim Naturerkennen Zuordnungsprinzipien gibt, die in einem Kantischen Sinne durch unsere Vernunft bestimmt sind, gleichwohl im Zuge der wissenschaftlichen Entwicklung und der Formulierung neuer Theorien aber einer gewissen Dynamik und Veränderung unterliegen können, wobei letztlich die Erfahrung darüber zu entscheiden hat, welche unter den denkbaren Prinzipien durch die Ver-

---

[24] Hans Reichenbach an Arnold Berliner, 16. Juni 1920, Archives of Scientific Philosophy: Hans Reichenbach, ASP-HR 015-49-40.
[25] Vgl. Moritz Schlick an Hans Reichenbach, 25. September 1920, Archives of Scientific Philosophy: Hans Reichenbach, ASP-HR 015-63-23. Reichenbach hatte das Buch im März 1920 innerhalb von nur 10 Tagen geschrieben (siehe Karin Gerner, *Hans Reichenbach. Sein Leben und Wirken. Eine wissenschaftliche Biographie*, Osnabrück: Phoebe-Autorenpress 1997, S. 36). Während seiner Zeit in Berlin, vom September 1917 bis März 1920, nahm er im Sommersemester 1919 (von Mai bis Juni) an Vorlesungen Einsteins zur allgemeinen Relativitätstheorie teil.

nunft ausgewählt werden. Dabei stellte Reichenbach mit seiner Analyse der jüngeren Entwicklungen der physikalischen Theorien heraus, dass die Wahrscheinlichkeitsfunktion als ein weiteres Zuordnungsprinzip neben das Kausalprinzip beim Erkennen der Realität getreten war. Somit war die Erkenntnis der Gegenstände in der Physik unter entsprechenden Gesetzen für Reichenbach notwendigerweise durch zwei Prinzipien bestimmt,[26] wobei die physikalischen Theorien einen variablen Bezugsrahmen für die gleichfalls wandelbaren und stetig zu erweiternden Prinzipien des Naturerkennens bildeten. Die auf diese Weise relativierten Zuordnungsprinzipien konnten zwar als synthetische Urteile a priori angesehen werden, insofern sie den Gegenstand einer möglichen Erfahrungserkenntnis begrifflich konstituierten, sie besaßen allerdings keine apodiktische Gewissheit mehr, sondern konnten sich als unvereinbar mit der Erfahrung erweisen.[27]

Vor diesem Hintergrund konnte für Reichenbach allerdings auch die eindeutige Zuordnung als grundlegende Erkenntnisrelation aufgegeben werden. Schlick wiederum hatte aus empiristischer Sicht die Bedeutung gegenstandskonstitutiver Erkenntnisprinzipien spätestens in seinem 1921 erschienenen Aufsatz »Kritizistische oder empiristische Deutung der neuen Physik« deutlich herausgestellt, nämlich »daß ein Denker, der die Unentbehrlichkeit konstitutiver Prinzipien zur wissenschaftlichen Erfahrung überhaupt einsieht, deswegen noch nicht als Kritizist bezeichnet werden darf. Ein Empirist kann z.B. sehr wohl das

---

[26] Dazu heißt es: »Wir finden demnach, daß das *Prinzip der gesetzmäßigen Verknüpfung* alles Geschehens, wie sie die Kausalität leistet, nicht zur mathematischen Darstellung der Wirklichkeit ausreicht. Es muß noch ein anderes Prinzip hinzukommen, welches die Ereignisse gleichsam in der Querrichtung miteinander verbindet; dies ist das *Prinzip der gesetzmäßigen Verteilung*.« (Hans Reichenbach, »Der Begriff der Wahrscheinlichkeit für die mathematische Darstellung der Wirklichkeit«, a.a.O., Bd. 162, S. 237)
[27] Siehe dazu Hans Reichenbach, *Relativitätstheorie und Erkenntnis apriori*, Berlin: Springer 1920, S. 74.

Vorhandensein solcher Prinzipien anerkennen; er wird nur leugnen, daß sie synthetisch und a priori [...] sind.«[28] Im Unterschied zu Reichenbach waren diese Prinzipien für Schlick zunächst von rein definitorischer Natur, sie legten die Begriffe für die eindeutige Bestimmung von Vorgängen fest. Gleichwohl ließen sich diese, auf Henri Poincaré zurückgehenden Konventionen als Teil der physikalischen Theorien auf die Wirklichkeit anwenden und anhand der Erfahrung, letztlich aufgrund von Beobachtbarem, überprüfen. Ein Verzicht auf die Eindeutigkeit der Zuordnung und eine damit verbundene Einschränkung des Kausalprinzips waren durch die wirklichen Vorgänge in der Natur bestimmt. Schlick grenzte sich damit von einer Kantischen Auffassung ab und konnte schließlich auch Reichenbach von seiner Position überzeugen.[29] Ihre Debatte über Kausalität und Wahrscheinlichkeit ging jedoch weiter.

Schlick war zum Herbst 1921 von Rostock nach Kiel berufen worden, wo er jedoch nur zwei Semester lehrte. Der Physiker Wolfgang Pauli schrieb im August 1922 mit Blick auf die bevorstehende Leipziger Naturforscherversammlung an Schlick, der zu diesem Zeitpunkt, wie schon angeführt, auf dem Sprung nach Wien war:

> Recht herzlichen Dank für das Geschenk Ihres Buches, mit dem ich mich sehr gefreut habe[;] vielen Dank auch für Ihre lieben Zeilen.[30]

---

[28] Moritz Schlick, *Texte zu Einsteins Relativitätstheorie*, a.a.O., S. 127f.
[29] Siehe Hans Reichenbach, »Der gegenwärtige Stand der Relativitätsdiskussion. Eine kritische Untersuchung«, in: *Logos* X (1922), S. 316–378, hier S. 359f.
[30] Vgl. Moritz Schlick an Wolfgang Pauli, 15. August 1922, CERN Wolfgang Pauli Archive, Pauli letter collection, Bldg. 61-S-001-Safe 3. Pauli hatte Schlick zuvor in Rostock getroffen. Bei dem Buch könnte es sich um Schlicks *Allgemeine Erkenntnislehre* oder *Raum und Zeit in der gegenwärtigen Physik*, das gerade in einer vierten Auflage erschienen war, gehandelt haben.

Leider ist es mir nicht mehr mit der Zeit ausgegangen, Sie in Kiel zu besuchen aber in Leipzig werden wir uns gewiß sehen. Ich freue mich schon sehr auf Ihren Vortrag, denn für Erkenntnistheorie u. Naturphilosophie habe ich ein großes Interesse, obwohl ich mich da durchaus als Laie fühle. [...]
Mit bestem Gruß u. auf Wiedersehen in Leipzig Ihr Sie sehr verehrender Pauli[31]

Neben Pauli war auch Werner Heisenberg in Leipzig unter den Teilnehmern.[32] Beide waren mit großer Wahrscheinlichkeit auch dabei, als Schlick in seinem Vortrag einen Realismus auf empirischer Grundlage mit freier Begriffskonstruktion in der philosophischen Debatte um die Relativitätstheorie für den Moment zum Sieger kürte, zugleich aber auch den Physikern eine heuristische Maxime mit auf den Weg gab.

---

[31] Wolfang Pauli an Moritz Schlick, 21. August 1922, Noord-Hollands Archief, Nachlass Schlick, Inv.-Nr. 112/Pau/W-1. An Niels Bohr hatte Pauli in einem Brief am 15. September 1922 geschrieben: »Nächste Woche fahre ich für einige Tage zum Kongreß nach Leipzig [...].« (Wolfgang Pauli, *Wissenschaftlicher Briefwechsel mit Bohr, Einstein, Heisenberg u. a. Band I: 1919–1929*. Herausgegeben von Armin Hermann, Karl von Meyenn und Victor F. Weisskopf, New York/Heidelberg/Berlin: Springer 1979, S. 65)

[32] Heisenberg musste allerdings die Konferenz überstürzt verlassen. An Pauli schrieb er darüber am 29. September: »Als ich am Dienstag abend [19. September] in die Jugendherberge kam, in der ich wohnte, war mein ganzes Gepäck, Hose, Rasierzeug, Waschzeug etc. gestohlen. Da ich nun am nächsten Tag wirklich nicht ungewaschen und unrasiert zur Tagung kommen konnte, blieb nichts übrig, als heim zu fahren. Zu Haus hab' ich jetzt ein paar Tage den Erdarbeiter markiert und auf diese Weise das Geld für die gestohlenen Sachen einigermaßen wieder herausgeschlagen.« (Wolfgang Pauli, *Wissenschaftlicher Briefwechsel mit Bohr, Einstein, Heisenberg u. a. Band I: 1919–1929*, a.a.O., S. 66) Siehe dazu auch Werner Heisenberg, *Liebe Eltern. Briefe aus kritischer Zeit 1918 bis 1945*, hrsg. von Anna Maria Hirsch-Heisenberg, München: Langen Müller 2003, S. 39–41.

3. Schlicks Botschaft auf der Leipziger Naturforscherversammlung

Schlicks Vortrag »Die Relativitätstheorie in der Philosophie«[33] war einer der Höhepunkte auf dem Leipziger Kongress anlässlich der Hundertjahrfeier der Gesellschaft deutscher Naturforscher und Ärzte. Er sprach auf der ersten allgemeinen Sitzung in der Alberthalle des Krystallpalastes am Vormittag des 18. September 1922. Zu diesem Zeitpunkt hatte Schlick über die Philosophie der Relativitätstheorie bereits mehrere einschlägige Arbeiten verfasst, sein Klassiker *Raum und Zeit in der gegenwärtigen Physik* war gerade in einer vierten Auflage erschienen.[34] Vor allem Einstein hatte regelmäßig dafür gesorgt, dass Schlick die Gelegenheit bekam, die Relativitätstheorie in breiter Öffentlichkeit darzustellen, da er dies offenbar ganz in seinem Sinne tat. Neben der Relativitätstheorie war Schlick jedoch auch mit den Entwicklungen in der Quantenphysik vertraut: im Wintersemester 1915/16 und im Sommersemester 1916 hatte er in Vertretung eines Kollegen Vorlesungen über theoretische Physik in Rostock gehalten.[35] In Leipzig aber bestimmte Schlick noch ein-

---

[33] Siehe Moritz Schlick, *Texte zu Einsteins Relativitätstheorie*, a.a.O., Beitrag 1.6.

[34] Moritz Schlick, *Über die Reflexion des Lichtes in einer inhomogenen Schicht / Raum und Zeit in der gegenwärtigen Physik*, hrsg. und eingeleitet von Fynn Ole Engler und Matthias Neuber, Wien/New York: Springer 2006.

[35] In einem Brief an seinen Vater schrieb er: »Für meine Vorlesung über theoretische Physik, die ich in Vertretung eines einberufenen Professors lese, haben sich sechs Hörer gefunden, eine verhältnismässig stattliche Anzahl, denn in Friedenszeiten sollen es auch nicht mehr gewesen sein. Die Vorlesung macht mir aber ziemlich viel Mühe, da ich noch nie über dieses Gebiet vorgetragen und mich auch jahrelang nicht damit beschäftigt habe. Ich bin aber doch froh, dass ich mich dazu bereit erklärte, denn die Studenten sind sehr dankbar, und für mich hat es ausserdem den Vorteil, dass ich wahrscheinlich für das Wintersemester als unabkömmlich reklamiert werden kann, sodass ich vorläufig noch nicht

mal die Einstein'sche Relativitätstheorie zum Maßstab der physikalischen Theorien und formulierte eine Maxime für die Theoriekonstruktion, an der sich auch die jungen Quantenphysiker in den kommenden Jahren ausrichten sollten. Dabei gab er den empiristischen Grundsatz vor, »*daß als Erklärungsgrund in der Naturwissenschaft nur etwas Beobachtbares eingeführt werden dürfe*«. Und er führte weiter aus, dass »dieses philosophische Postulat [...] ein so großes Gewicht für uns alle, die wir an Einstein's Theorie glauben [hat], daß wir alle Konsequenzen, zu denen die darauf gebaute Theorie führt, willig in den Kauf nehmen, und mögen sie noch so paradox sein. Wir opfern dem erkenntnistheoretischen Postulat zuliebe ohne Bedenken die alten Vorurteile und Denkgewohnheiten [...], – freilich erst, nachdem wir sie wirklich als Vorurteile erkannt haben – aber wir opfern sie, um die Erkenntnisbefriedigung zu genießen, die uns die Erfüllung jenes philosophischen Satzes bereitet«.[36]

Heisenberg war zum Zeitpunkt der Leipziger Naturforscherversammlung Student bei Sommerfeld in München, im Juni hatte er Niels Bohr in Göttingen bei den sogenannten »Bohr-Festspielen« kennengelernt und ähnlich wie Pauli war er an einer phi-

---

Soldat zu spielen brauche.« (Moritz Schlick an Albert Schlick, 10. November 1915, Noord-Hollands Archief, Nachlass Schlick, Inv.-Nr. 128) Schlick hatte für seine Lehrveranstaltungen u. a. Vorlesungen von Wilhelm Wien herangezogen (siehe Notizheft 2, Noord-Hollands Archief, Nachlass Schlick, Inv.-Nr 180, A. 194, S. 67). Im Vorwort dieser Vorlesungen heißt es: »Die im letzten Frühjahr an der Columbia-Universität gehaltenen Vorlesungen über neuere Probleme der theoretischen Physik [...] beziehen sich in der Hauptsache auf die Fragen, die durch die Strahlungstheorie und die aus ihr hervorgegangene Quantentheorie gestellt sind.« (Wilhelm Wien, *Vorlesungen über neuere Probleme der theoretischen Physik*, Leipzig/Berlin: Teubner 1913, S. I)

[36] Moritz Schlick, *Texte zu Einsteins Relativitätstheorie*, a.a.O., S. 147. Ähnlich lautete es auch in »Kritizistische oder empiristische Deutung der neuen Physik«, nämlich »*daß Unterschiede des Wirklichen nur dort angenommen werden dürfen, wo Unterschiede im prinzipiell Erfahrbaren vorliegen*«. (Ebenda, S. 138)

losophischen Reflexion der Entwicklungen in der Quantentheorie sehr interessiert. Besonders deutlich brachte Heisenberg, der sich 1924 in Göttingen bei Max Born habilitiert hatte, die Maxime Schlicks in seinem bahnbrechenden Artikel »Über quantentheoretische Umdeutung kinematischer und mechanischer Beziehungen« vom Juli 1925 zum Ausdruck. Er schrieb im Abstract: »In der Arbeit soll versucht werden Grundlagen zu gewinnen für eine quantentheoretische Mechanik, die ausschließlich auf Beziehungen zwischen prinzipiell beobachtbaren Größen basiert.«[37] Die mathematische Entwicklung der sogenannten »Matrizenmechanik« basierte demnach grundlegend auf Relationen zwischen beobachtbaren Größen, womit Schlicks heuristische Direktive unmittelbar Eingang in Heisenbergs Überlegungen fand.

Die quantenmechanische Begriffsbildung, deren zentrale Bedeutung Heisenberg auch an anderer Stelle betonte,[38] stellte aber auch einen radikalen Bruch mit der klassischen raum-zeitlichen Beschreibungsweise der Realität dar, womit zugleich das Kausalprinzip in Frage gestellt war und eine Transformation des physikalischen Gegenstandsbegriffs einherging. »Wenn überhaupt die Korpuskularvorstellung beibehalten werden sollte«, schrieb Heisenberg, so musste man darauf verzichten, »dem Elektron oder dem Atom einen bestimmten Punkt im Raum als Funktion der Zeit zuzuordnen; zur Rechtfertigung muß angenommen werden, daß ein solcher Punkt auch nicht direkt beobachtet werden

---

[37] Werner Heisenberg, »Über quantentheoretische Umdeutung kinematischer und mechanischer Beziehungen«, in: *Zeitschrift für Physik* 33 (1925), S. 879–893, hier S. 879.
[38] Dazu heißt es: »Den eigentlichen Inhalt einer physikalischen Theorie erkennt man nicht so sehr aus den mathematischen, technischen Hilfsmitteln, deren sie sich bedient, sondern viel eher aus den neuen Begriffsbildungen, zu denen sie Anlaß gibt. Die Quantenmechanik führte neue Begriffe in die Kinematik und Mechanik sehr kleiner Massen ein.« (Werner Heisenberg, »Über die Grundprinzipien der ›Quantenmechanik‹«, in: *Forschungen und Fortschritte* 3/11 (1927), S. 83)

kann«.³⁹ Ein anschauliches Verständnis dieser neuen Beschreibungsweise atomarer Vorgänge vermochte Heisenberg 1927 zu liefern. Demnach legte erst eine bestimmte Versuchsanordnung die zu messende physikalische Größe zur Beschreibung eines Quantenobjekts fest, wobei die Experimente »rein erfahrungsgemäß eine Unbestimmtheit in sich [tragen], wenn wir von ihnen die simultane Bestimmung zweier kanonisch konjugierter Größen verlangen«.⁴⁰ Dies bedeutete, dass die physikalischen Größen entsprechend den »Heisenbergschen Unbestimmtheitsrelationen« nicht gleichzeitig beliebig genau messbar waren, womit schließlich auch eine grundlegend statistische Natur der Prozesse in der Quantenwelt verbunden war.

Schlick wollte über diese Entwicklungen, gerade weil seine Überlegungen auf engste mit den Wissenschaften verbunden waren, nicht spekulieren. Jedoch hatte er auf der Leipziger Naturforscherversammlung einen philosophischen Rahmen vorgegeben, in dem sich die revolutionäre Begriffsbildung der Quantenphysik auf der Basis experimenteller Beobachtungen in den Zwanzigerjahren entwickeln konnte. Dass Schlick dabei auf dem Laufenden blieb, verdankte er seiner Ausbildung aber nicht zuletzt auch den guten Kontakten zu den Physikern.

4. Die Begegnungen mit Wolfgang Pauli in Wien

Zu Weihnachten 1925 schrieb Schlick an Carnap: »Morgen erwarte ich Philipp Frank aus Prag und Pauli jun[ior]. aus Hamburg zum Tee.«⁴¹ Gemeint war natürlich der zuvor schon erwähnte

---

³⁹ Werner Heisenberg, »Quantenmechanik«, in: *Die Naturwissenschaften* 14, Heft 45 (1926), S. 989–994, hier S. 990.
⁴⁰ Werner Heisenberg, »Über den anschaulichen Inhalt der quantentheoretischen Kinematik und Mechanik«, in: *Zeitschrift für Physik* 43 (1927), S. 172–198, hier S. 179.
⁴¹ Moritz Schlick an Rudolf Carnap, 25. Dezember 1925, Archives of Scientific Philosophy: Rudolf Carnap, ASP-RC 029-32-30. Vgl. dazu auch

Wolfgang Pauli, der seit dem 1. April 1922 – allerdings unterbrochen durch einen einjährigen Studienaufenthalt bei Bohr in Kopenhagen – Assistent des Sommerfeld-Schülers Wilhelm Lenz am Institut für theoretische Physik in Hamburg war. Mit Lenz, der in den Jahren 1920/21 als außerordentlicher Professor für theoretische Physik an der Universität Rostock tätig war, bevor er nach Hamburg berufen wurde, hatte Schlick eine ausgiebige Korrespondenz, so dass Lenz wohl auch den Kontakt zu Pauli herstellte.

Paulis Vater wiederum war anerkannter Mediziner und Professor für Kolloidchemie an der Universität Wien und nicht zuletzt ein bekennender Anhänger der Philosophie und Bekannter Ernst Machs, der auf diese Weise Taufpate Paulis wurde. Auch Pauli selbst stand dem Positivismus nahe, an Schlick schrieb er im August 1922:

> Ich habe mir inzwischen Petzoldts »Weltproblem« gekauft u. es mit großem Interesse gelesen.[42] Ich habe mir Ihre Einwände gegen den Positivismus dabei nochmals sehr sorgfältig überlegt u. kann sie nicht mehr als stichhaltig anerkennen. Ich halte den Positivismus für eine vollkommen einwandfreie u. widerspruchsfreie Weltansicht. Natürlich ist sie aber nicht die einzig mögliche.[43]

Offenbar war Pauli Schlicks Kritik am sensualistischen Positivismus, die dieser auch in Leipzig vorgetragen hatte,[44] nicht verbor-

---

Moritz Schlick an Albert Einstein, 27. Dezember 1925, Noord-Hollands Archief, Nachlass Schlick, Inv.-Nr. 098/Ein-42.

[42] Joseph Petzold zählte zu den wichtigsten Vertretern des Mach'schen Positivismus. Er war Begründer und erster Vorsitzender der Gesellschaft für positivistische Philosophie, einer Vorgängerin der Berliner Gesellschaft für empirische Philosophie. Sein Buch *Das Weltproblem vom Standpunkte des relativistischen Positivismus aus* war in einer dritten und völlig neu bearbeiteten Auflage unter Berücksichtigung der Relativitätstheorie 1921 erschienen.

[43] Wolfang Pauli an Moritz Schlick, 21. August 1922, a.a.O.

[44] Siehe Moritz Schlick, *Texte zu Einsteins Relativitätstheorie*, a.a.O., S. 150–154.

gen geblieben. Auch darüber dürften sie sich später noch ausgetauscht haben. Von besonderem Interesse war für Pauli aber ein Treffen mit Schlick über den Jahreswechsel 1924/25. Er schrieb deshalb an ihn:

> Ich bin jetzt wieder für einige Tage in Wien (am 7./I. früh reise ich[45]) und würde Sie sehr gerne einmal sehen. Deshalb möchte ich Sie bitten, mir mitzuteilen, wann Sie ein Besuch von mir am wenigsten stören würde.[46]

Pauli hatte im November 1924 auf der Basis von Untersuchungen zum anomalen Zeemaneffekt das später nach ihm benannte »Ausschließungsprinzip« entdeckt, das besagt, dass sich in einem Atom keine zwei Elektronen in demselben Zustand befinden und in allen Quantenzahlen übereinstimmen.[47] Pauli reichte seine grundlegende Arbeit am 16. Januar 1925 in der *Zeitschrift für Physik* ein;[48] zuvor hatte er das Manuskript nach Kopenhagen an Bohr gesandt, wo sich zu dieser Zeit auch Heisenberg aufhielt. Im beigefügten Brief vom 12. Dezember 1924 kam Pauli zu einem bemerkenswerten Resümee: »Ich glaube, daß Energie- und Impulswerte der stationären Zustände etwas viel realeres sind als ›Bahnen‹. Das (noch unerreichte) Ziel muß sein, diese und alle anderen physikalisch realen, beobachtbaren Eigenschaften der stationären Zustände aus den (ganzen) Quantenzahlen und

---

[45] Pauli reiste am 7. Januar 1925 nach Tübingen. Vgl. Wolfgang Pauli, *Wissenschaftlicher Briefwechsel mit Bohr, Einstein, Heisenberg u.a. Band I: 1919–1929*, a.a.O., S. 202.

[46] Wolfang Pauli an Moritz Schlick, 28. Dezember 1924, Noord-Hollands Archief, Nachlass Schlick, Inv.-Nr. 112/Pau/W-2.

[47] Vgl. Karl von Meyenn, »Paulis Weg zum Ausschließungsprinzip. Neue Erkenntnisse aus dem Briefwechsel des Physikers, Teil I und II«, in: *Physikalische Blätter* 36/10 (1980), S. 293–298 und 37/1 (1981), S. 13–19.

[48] Siehe Wolfgang Pauli, »Über den Zusammenhang des Abschlusses der Elektronengruppen im Atom mit der Komplexstruktur der Spektren«, in: *Zeitschrift für Physik* 31 (1925), S. 765–783.

quantentheoretischen Gesetzen zu deduzieren. Wir dürfen aber nicht die Atome in die Fesseln unserer Vorurteile schlagen wollen (zu denen nach meiner Meinung auch die Annahme der Existenz von Elektronenbahnen im Sinne der gewöhnlichen Kinematik gehört), sondern wir müssen umgekehrt unsere Begriffe der Erfahrung anpassen.« Schließlich bat Pauli noch darum, das Manuskript, er besaß offenbar keine weitere Kopie der Arbeit, »wo möglich mit vielen Einwänden und kritischen Bemerkungen« bis zum 8. Januar nach Hamburg zurückzusenden.[49]

In der Zwischenzeit jedoch suchte er das Gespräch mit Schlick, der wiederum in einem Treffen mit Pauli seine Auffassung zum Kausalprinzip anhand der neuesten Entwicklungen in der Quantenphysik überprüfen konnte. Pauli dürfte Schlick vor allem die Entdeckung des Ausschließungsprinzips erläutert haben, die mit der Einführung einer zusätzlichen, vierten Quantenzahl einen weiteren Freiheitsgrad des Elektrons festlegte. Damit ließ sich jedes einzelne Elektron eindeutig bestimmen und ihre schalenförmige Anordnung im Atom abschließend erklären. Erst später und zunächst gegen Paulis Widerstände wurde dieser Freiheitsgrad anschaulich als Rotation oder Spin des Elektrons interpretiert.[50]

Schlick dürfte die Ausführungen Paulis mit großem Interesse aufgenommen haben, hatte er doch auch mit der eindeutigen Zuordnung die grundlegende Erkenntnisrelation beim Naturerkennen bestimmt, die er gleichwohl durch die Entwicklungen in der Quantentheorie in Frage gestellt sah. Wie schon angeführt, stand für ihn dabei das Kausalprinzip als empirische Hypothese zur Disposition, insofern die eindeutige und durchgehende Bestimmtheit des Naturgeschehens unter entsprechenden Diffe-

---

[49] Wolfgang Pauli, *Wissenschaftlicher Briefwechsel mit Bohr, Einstein, Heisenberg u. a. Band I: 1919–1929*, a.a.O., S. 189.
[50] Siehe George Eugene Uhlenbeck und Samuel Goudsmit, »Ersetzung der Hypothese vom unmechanischen Zwang durch eine Forderung bezüglich des inneren Verhaltens jedes einzelnen Elektrons«, in: *Die Naturwissenschaften* 13, Heft 47 (1925), S. 953 f.

rentialgleichungen durch die diskontinuierlichen Vorgänge im Atom eingeschränkt wurde. Und auch in dem Ende 1923 fertiggestellten Überblicksartikel zur Naturphilosophie hatte Schlick dahingehend geschrieben, dass »heute sogar schon ernstlich die Möglichkeit erwogen [wird], daß selbst die kausalen Gesetze gar nicht so weit reichen, wie man allgemein annimmt [...]. Nachdem nämlich einmal die statistische Betrachtungsweise in die Physik eingeführt war, konnte der Gedanke auftauchen, daß vielleicht die *letzte* Gesetzlichkeit der Natur selber statistischen Charakter trage, daß die wahren Mikrogesetze selber Wahrscheinlichkeitgesetze seien. [...] Schreibt man dergestalt den elementaren, nicht mehr weiter reduzierbaren Mikrogesetzen statistisches Wesen zu, so wäre damit die theoretische Grundlage des bisherigen Weltbildes gänzlich aufgehoben, es wäre auf restlose Erkennbarkeit der Natur grundsätzlich verzichtet, weil eine eindeutige Zuordnung unserer Begriffe zum Geschehen bei den Elementarvorgängen nicht mehr möglich wäre.«[51]

In der Diskussion mit Pauli über das Ausschließungsprinzips konnte Schlick nun aber eine Bestätigung für die Eindeutigkeit der Zuordnung als grundlegende Erkenntnisrelation zwischen

---

[51] Moritz Schlick, »Naturphilosophie«, in: Moritz Schlick, *Rostock, Kiel, Wien. Aufsätze, Beiträge, Rezensionen 1919–1925*, hrsg. und eingeleitet von Edwin Glassner und Heidi König-Porstner unter Mitarbeit von Karsten Böger, Wien / New York: Springer 2012, S. 688f. Wilhelm Lenz schrieb dazu an Schlick: »Ich möchte auch die gegenwärtige Gelegenheit einer – wenn auch ganz einseitigen – Diskussion nicht vorüber gehen lassen, ohne darauf hinzuweisen, dass unsere Vorstellungen über Quantenprozesse nicht die geringste Möglichkeit zulassen, die alte Kausalitätsforderung einer eindeutigen Bestimmung der Zukunft aus der Gegenwart, aufrecht zu erhalten. Herr Stern war sehr erstaunt, als ich ihm erzählte, dass Sie an verborgene Ursachen glauben möchten. Wenn Sie sich auch noch nicht überzeugt haben mögen, dass mit dem alten Begriff zu brechen ist, so würde ich mich doch sehr freuen, wenn Sie dem anderen Standpunkt nachdrückliche Beachtung schenken würden.« (Wilhelm Lenz an Moritz Schlick, 30. September 1923, Noord-Hollands Archief, Nachlass Schlick, Inv.-Nr. 107/Lenz-3)

dem physikalischen Begriffssystem und der Wirklichkeit finden, womit sich auch das Kausalprinzip bewährte, gleichwohl dürften sich beide in der Folgezeit auch darüber verständigt haben, welche erkenntnistheoretischen Konsequenzen die weiteren Entwicklungen in der Quantenphysik nach sich zogen. Nur einige Monate später, im Juli 1925, begründete Heisenberg die Quantenmechanik, die zu einer erneuten Revision des Kausalprinzips Anlass gab.[52] Schlick verfasste im selben Jahr den Aufsatz »Erkenntnistheorie und moderne Physik«[53], der allerdings erst 1929 erschien. Wohl auch bedingt durch die neueren Entwicklungen in der Quantenphysik – daneben gab es verlegerische Schwierigkeiten – hielt Schlick den Aufsatz zurück. Auf dem Treffen mit Frank und Pauli zu Weihnachten 1925 dürfte sich die Diskussion daher um die Kausalität und die moderne Physik gedreht haben. Frank hatte bereits 1907 das Kausalproblem aufgegriffen[54] und im Laufe des Jahres 1926 begonnen, eine »Schrift über Kausalität […] zu schreiben«, mit der er hoffte, »bis Ende des Jahres fertig zu werden«.[55] Schlick wiederum hatte in seinem Aufsatz mit Blick auf die Physik geschrieben: »Die quantentheoretische Verfolgung der Vorgänge im Innern der Atome hat viele Physiker zu der Ansicht geführt, daß es dort innerhalb gewisser Grenzen im strengen Sinne ursachlose Prozesse gäbe; auf diese könnte also der Kausalsatz keine Anwendung finden.«[56] Bis er allerdings seine

---

[52] An Reichenbach hatte Schlick noch Mitte 1925 mit Blick auf die Kausalität geschrieben: »Über Kausalität sprach ich zuletzt mit Einstein. Er denkt gerade so konservativ wie ich.« (Moritz Schlick an Hans Reichenbach, 5. August 1925, Archives of Scientific Philosophy: Hans Reichenbach, ASP-HR 016-18-19)

[53] Beitrag 1.2, S. 41–51.

[54] Siehe Philipp Frank, »Kausalgesetz und Erfahrung«, in: *Annalen der Naturphilosophie* 6 (1907), S. 443–450.

[55] Philipp Frank an Moritz Schlick, 1926, Noord-Hollands Archief, Nachlass Schlick, Inv.-Nr. 100/Frank-1.

[56] Beitrag 1.2, S. 48. In der Anfang Januar 1925 fertiggestellten zweiten Auflage der *Allgemeinen Erkenntnislehre* schrieb Schlick in einem neu hinzugefügten Absatz ganz ähnlich: »Nun liegen tatsächlich in der

Position zur Kausalität angesichts der rasanten Entwicklungen in der Quantenphysik seit Mitte der Zwanzigerjahre überdacht hatte, sollte es, wie auch bei Frank, dessen Arbeit *Das Kausalgesetz und seine Grenzen* 1932 erschien – im Unterschied zu früheren Arbeiten, in denen er das Kausalgesetz als eine bloße Konvention behandelte, ging es Frank nunmehr um eine Explikation des alltäglichen und des wissenschaftlichen Kausalbegriffs im Lichte eines von Mach inspirierten historisch-kritischen Ansatzes –, noch etwas dauern. An dem Gedankenaustauch mit Pauli hielt Schlick dabei fest[57] und führte daneben nun auch sprachphilosophische Überlegungen in die Debatte um die moderne Physik ein.

modernen Physik Erfahrungen vor, die den Forscher sehr ernstlich vor die Frage stellen, ob die Annahme eines kausalen Verlaufs der Vorgänge im Innern eines Atoms noch aufrecht erhalten werden soll oder nicht. Es ist gar nicht gesagt, daß ein Versagen der Kausalität, eine Gesetzlosigkeit in kleinsten Bereichen der Natur schon irgendwie wahrscheinlich gemacht wäre, und ich glaube auch nicht, daß dies der Fall ist – aber die bloße Tatsache, daß bestimmte Erfahrungen uns dazu auffordern, die Möglichkeit in Betracht zu ziehen, zeigt bereits an, daß das Kausalprinzip als Erfahrungssatz, als empirisch überprüfbare Hypothese zu betrachten ist. Allerdings kann der Hinweis auf den gegenwärtigen Stand der Physik nur als wertvolles Indizium, nicht als absolut entscheidendes Moment betrachtet werden, denn der Philosoph kann immer behaupten, der Physiker gelange nur durch Irrtum und Mißverständnis zu seinem Zweifel … aber die Geschichte der Philosophie lehrt, daß sie nicht wohl tut, die aus der Einzelforschung zu ihr herüberschallenden Stimmen zu überhören.« (Moritz Schlick, *Allgemeine Erkenntnislehre*, hrsg. und eingeleitet von Hans Jürgen Wendel und Fynn Ole Engler, Wien/New York: Springer 2009, S. 773f.)

[57] Ende 1928 notierte Pauli, der zwischenzeitlich an die ETH nach Zürich berufen worden war, auf einer Postkarte von Lenz an Schlick: »Es tat mir sehr leid, daß ich sie diesmal nicht sehe; vielleicht wird es zu Ostern gehen. Mit der Philosophie ist es in Zürich fade, sonst ist es aber very nice!« (Wilhelm Lenz an Moritz Schlick, 29. Dezember 1928, Noord-Hollands Archief, Nachlass Schlick, Inv.-Nr. 107/Lenz-8)

5. Der Einfluss Ludwig Wittgensteins

Mit Wittgensteins *Logisch-Philosophischer Abhandlung*, besser bekannt unter dem lateinischen Titel *Tractatus logico-philosophicus*, hatte man sich im Schlick-Kreis bereits intensiv beschäftigt, als Schlick zu Weihnachten 1924 erstmals an Wittgenstein schrieb:

> Als Bewunderer Ihres tractatus logico-philosophicus hatte ich schon lange die Absicht, mit Ihnen in Verbindung zu treten. [...] Im Philosophischen Institut pflege ich jedes Wintersemester regelmäßig Zusammenkünfte von Kollegen und begabten Studenten abzuhalten, die sich für die Grundlagen der Logik und Mathematik interessieren, und in diesem Kreise ist Ihr Name oft erwähnt worden, besonders seit mein Kollege der Mathematiker Prof. Reidemeister über Ihre Arbeit einen referierenden Vortrag hielt, der auf uns alle großen Eindruck machte. Es existiert hier also eine Reihe von Leuten – ich selbst rechne mit dazu –, die von der Wichtigkeit und Richtigkeit Ihrer Grundgedanken überzeugt sind, und wir haben den lebhaften Wunsch, an der Verbreitung ihrer Ansichten mitzuwirken. [...] Eine besondere Freude würde es mir sein, Sie persönlich kennen zu lernen, und ich würde mir gestatten, Sie gelegentlich einmal in Puchberg aufzusuchen, es sei denn, daß Sie mich wissen lassen sollten, daß Ihnen eine Störung Ihrer ländlichen Ruhe nicht erwünscht ist.[58]

Aber erst im Februar 1927 kam es zu einer ersten Begegnung mit Schlick; weitere Treffen, auch mit anderen Mitgliedern seines Kreises folgten. »Ich kann es nicht unterlassen«, schrieb Schlick im Sommer an Wittgenstein, »schon jetzt die Hoffnung auszusprechen, dass Sie auch dann wieder bereit sein werden, die kleinen Zusammenkünfte fortzusetzen, die wir mit unsern Montag-

---

[58] Moritz Schlick an Ludwig Wittgenstein, 25. Dezember 1924, zitiert nach: Mathias Iven, »Er ›ist eine Künstlernatur von hinreissender Genialität‹«, a.a.O., S. 113 f.

Abenden begonnen haben. Sie müssen ja gefühlt haben, welche reine Freude uns die Diskussion mit Ihnen regelmässig bereitet hat.«[59] Umgekehrt hatte Wittgenstein insbesondere in Schlick einen ebenbürtigen Gesprächspartner gefunden. Ab Ende 1929, Schlick war im Oktober von einem halbjährigen Aufenthalt als Gastprofessor an der Stanford University nach Wien zurückgekehrt, nahm Wittgenstein über die folgenden Jahre immer wieder die Gelegenheit wahr, mit Schlick über seine Gedankengänge zu diskutieren.

Unter dem Einfluss Wittgensteins hat Schlick seine Auffassung der Philosophie ab Mitte der Zwanzigerjahre wesentlich verändert. In »Erkenntnistheorie und moderne Physik« führt er dazu aus, dass die »Philosophie überhaupt nichts andres sein kann als die Tätigkeit, durch die wir alle unsere Begriffe klären«.[60] Demnach sah Schlick die Aufgabe der Philosophie nicht mehr in der eigentlichen Grundlegung der Wissenschaften, vielmehr bestand sie für ihn nun in der Klärung des Gebrauchs ihrer Begriffe. In den Diskussionen mit Wittgenstein zu Anfang der Dreißigerjahre spielte dabei das Verifikationsprinzip eine zentrale Rolle. Mit Blick auf die Physik gab Schlick in einem Gespräch am 4. Januar 1931 an:

Nun kann ein Satz der Physik auf verschiedene Art verifiziert werden. [...] Wenn nun der Sinn eines Satzes die Methode seiner Verifikation ist – wie ist das zu verstehen? Wie kann man überhaupt sagen, daß *ein* Satz auf verschiedene Weise verifiziert wird? Ich meine, daß hier die Naturgesetze dasjenige sind, was die verschiedenen Arten

---

[59] Moritz Schlick an Ludwig Wittgenstein, 15. August 1927, zitiert nach: Mathias Iven, »Er ›ist eine Künstlernatur von hinreissender Genialität‹«, a.a.O., S. 101. An den Montag-Abenden, die regelmäßig neben den berühmten Donnerstagssitzungen des Schlick-Zirkels stattfanden, nahmen auch Rudolf Carnap, Herbert Feigl, Maria Kasper und Friedrich Waismann teil.

[60] Beitrag 1.2, S. 41.

der Verifikation verbindet. D. h. aufgrund des naturgesetzlichen Zusammenhanges kann ich einen Satz auf verschiedene Art verifizieren.[61]

Der hier angeführte Zusammenhang von Naturgesetz und Verifikation erwies sich für Schlick auch in der Kausalitäts- und Wahrscheinlichkeitsdebatte als ausschlaggebend. Dabei legte für ihn der Gebrauch der physikalischen Begriffe unter entsprechenden Naturgesetzen die jeweilige Methode der Verifikation fest, mit der sich die zu bestimmenden Ereignisse in der Welt auf einer empirischen Grundlage als eindeutig wahr oder falsch auszeichnen ließen. Wie schon in der Debatte um die Relativitätstheorie betonte Schlick hier neben den empirischen Aspekten die eigenständige Rolle der Definitionen und die Freiheit der wissenschaftlichen Begriffsbildung: So hatte er auch in der Besprechung von Percy W. Bridgmans *The Logic of Modern Physics*, die in den *Naturwissenschaften* 1929 erschienen war,[62] eine rein operationale Definition der physikalischen Begriffe zurückgewiesen. Was die Debatte um die Begriffe der Kausalität und Wahrscheinlichkeit in der Physik anbelangte, sah Schlick zu Anfang der Dreißigerjahre die Zeit gekommen, um über ihren Sinn philosophische Klarheit zu schaffen. Dass er dabei insbesondere pragmatistische Aspekte einfließen ließ, dürfte auch dem Umstand geschuldet gewesen sein, dass er sich während seines Gastaufenthaltes in den USA im Sommer 1929 mit dem amerikanischen Pragmatismus vertraut machen konnte, der mit einem konsequenten Empirismus, wie ihn Schlick letztlich vertrat, vereinbar war.

---

[61] *Wittgenstein und der Wiener Kreis*, Gespräche, aufgezeichnet von Friedrich Waismann. Aus dem Nachlaß herausgegeben von B. F. McGuinness, in: Ludwig Wittgenstein, *Werkausgabe*, Band 3, a.a.O., S. 158.
[62] Beitrag 2.2, S. 151–153.

6. Schlicks pragmatistische Wende in der Kausalitäts- und Wahrscheinlichkeitsdebatte

Schlicks zweiter Aufsatz zum Kausalproblem »Die Kausalität in der gegenwärtigen Physik«[63] erschien am 13. Februar 1931 in den *Naturwissenschaften*. Im Wintersemester 1930/31 hatte er zu dem Thema ein Seminar gegeben[64] und über die vorangegangenen Jahre war es vor allem Reichenbach, der bis zu seiner Emigration in die Türkei im Jahre 1933 als nichtbeamteter a. o. Professor mit Lehrauftrag für die erkenntnistheoretischen Grundlagen der Physik in Berlin angestellt war,[65] mit dem sich Schlick vor dem Hintergrund der Entwicklungen in der Physik über Kausalität und Wahrscheinlichkeit auseinandersetzte. In seinem zweiten Kausalitätsaufsatz nahm Schlick nunmehr die Einflüsse aus der Philosophie und Physik auf, die ihn seit Mitte der Zwanzigerjahre beschäftigten und zu einer Wandlung seiner Auffassung über Kausalität und Wahrscheinlichkeit geführt hatten.

Reichenbach hatte Schlick im August 1924 an dessen Tiroler Urlaubsort Längenfeld im Ötztal besucht, wo es zu dieser Zeit auch zu einer ersten Begegnung zwischen Schlick und Carnap kam,[66] und ihm das Manuskript einer »Kausalitätsarbeit« über-

---

[63] Beitrag 1.3, S. 52–99.
[64] Siehe Seminarprotokoll, Noord-Hollands Archief, Nachlass Schlick, Inv.-Nr. 057, B. 37-2.
[65] Vgl. dazu Max Planck an Moritz Schlick, 25. Juni 1926, Noord-Hollands Archief, Nachlass Schlick, Inv.-Nr. 113/Pla-13.
[66] Auf dieses Treffen spielte Reichenbach im Oktober 1924 an: »Ich habe in den letzten Wochen die Probleme, über die ich mit Ihnen in L[ängenfeld]. sprach, weitgehend ausgearbeitet, und bin jetzt zu einer Lösung des Problems Vergangenheit-Zukunft gekommen, die mir sehr zufriedenstellend erscheint. Dabei gibt es dann nur noch Wahrscheinlichkeit. Aber das glauben Sie bestimmt nicht früher, als bis Sie meine ausführliche Arbeit darüber gelesen haben, die jetzt fast fertig ist.« (Hans Reichenbach an Moritz Schlick, 15. Oktober 1924, Noord-Hollands Archief, Nachlass Schlick, Inv.-Nr. 115/Reich-22)

Fynn Ole Engler   XXXV

geben, das Schlick in seinem Kreis im Wintersemester 1924/25 zur Diskussion stellte.⁶⁷ Reichenbach schrieb ihm im April 1925:

> Es hat mich sehr gefreut, daß Sie für meine Kausalitätsarbeit so viel Interesse haben und sie in Ihrem Kreis besprochen haben. Inzwischen habe ich in die Richtung noch viel weiter gearbeitet; ich sprach ja damals im Ötztal schon über den Determinismus, und diese Sache habe ich jetzt sehr exakt fertig gemacht. Sie werden zwar einen Schreck bekommen, wenn Sie es lesen; aber ich hoffe, auch Sie werden schließlich zustimmen. Ich habe im Januar in Hamburg im math. Seminar und auch in Kiel darüber vorgetragen, und fand viel Interesse. [...] Bei Ihnen in Wien würde ich ja auch gern mal vortragen, wenn's nur nicht soweit wäre.⁶⁸

Die Arbeit über den Determinismus stieß bei Schlick jedoch auf Ablehnung. »Reichenbachs letzte Arbeit über die Kausalstruktur der Welt in den Bayrischen Sitzungsberichten haben Sie gewiss schon gelesen«,⁶⁹ schrieb Schlick an Einstein, »[i]ch finde sie in der Durchführung sehr scharfsinnig, kann aber den Voraussetzungen gar nicht zustimmen«.⁷⁰ Reichenbach war davon ausgegangen,

---

⁶⁷ Vgl. Moritz Schlick an Hans Reichenbach, 19. April und 16. Juli 1925, Archives of Scientific Philosophy: Hans Reichenbach, ASP-HR 016-18-23 und 016-18-20.

⁶⁸ Hans Reichenbach an Moritz Schlick, 22. April 1925, Noord-Hollands Archief, Nachlass Schlick, Inv.-Nr. 115/Reich-23.

⁶⁹ Hans Reichenbach, »Die Kausalstruktur der Welt und der Unterschied zwischen Vergangenheit und Zukunft«, in: *Sitzungsberichte, Bayrische Akademie der Wissenschaft*, Sitzung vom 7. November 1925, S. 133–175. Reichenbach hatte vorgesehen, sich mit dieser Schrift in Berlin zu habilitieren, auf Anraten Plancks jedoch eine Überblicksarbeit zur Relativitätstheorie eingereicht. Vgl. Max Planck an Hans Reichenbach, 3. Juli 1925, Archives of Scientific Philosophy: Hans Reichenbach, ASP-HR 016-15-16.

⁷⁰ Moritz Schlick an Albert Einstein, 1. Februar 1926, Noord-Hollands Archief, Nachlass Schlick, Inv.-Nr. 098/Ein-44. In diesem Sinne schrieb Schlick auch an Carnap: »Die letzten Arbeiten von Reichenbach

dass die Ereignisse in der Welt auf einer topologischen Struktur gründen, die eine Unterscheidung von Ursache und Wirkung ermöglicht und die Zeitrichtung zwischen Vergangenheit und Zukunft festlegt. Überdies unterschied er zwischen einer Implikations- und einer Determinationsform der Kausalhypothese. Die erste besagte, dass die Physik Gesetze in der Form aufstellt: »wenn A ist, dann ist B«, die zweite besagte, dass »mit einem einzigen Querschnitt der vierdimensionalen Welt Vergangenheit und Zukunft völlig bestimmt seien«.[71] Die zweite Form, die Schlick unter das Kausalprinzip fasste,[72] war für Reichenbach entbehrlich, da das Wahrscheinlichkeitsprinzip als Voraussetzung für alle Naturforschung stets hinzutrat, »wenn die Kausalhypothese in ihrer Implikationsform auf die Wirklichkeit angewandt wird«, was bedeutete, dass die vergangenen und zukünftigen Ereignisse nur mit Wahrscheinlichkeit berechnet werden konnten und sich »die Kausalstruktur der Welt allein mit Hilfe des Begriffs der *wahrscheinlichen Bestimmtheit* beherrschen ließ«.[73]

Demnach fasste Reichenbach letztlich das gesamte Geschehen in der Welt als einen Wahrscheinlichkeitszusammenhang auf. Für ihn gab es nur Wahrscheinlichkeitsimplikationen zwischen Ursache und Wirkung, wobei die angenommene Asymmetrie der Kausalstruktur der Welt in einem objektiven Sinne festlegte, dass die Vergangenheit bestimmt sei, während die Zukunft unbestimmt blieb. Schlick hingegen identifizierte in seinem Aufsatz das Kausalprinzip bzw. den Determinismus mit der Möglichkeit, durch naturgesetzliche Zusammenhänge den Ablauf

---

(im Symposion und den bayerischen Akademieabhandlungen) haben Sie vermutlich gelesen. Ich kann mich mit Ihnen nicht einverstanden erklären.« (Moritz Schlick an Rudolf Carnap, 7. März 1926, Archives of Scientific Philosophy: Rudolf Carnap, ASP-RC 029-32-27)

[71] Hans Reichenbach, »Die Kausalstruktur der Welt und der Unterschied zwischen Vergangenheit und Zukunft«, a.a.O., S. 133 f.

[72] Siehe Beitrag 1.3, S. 54 f.

[73] Hans Reichenbach, »Die Kausalstruktur der Welt und der Unterschied zwischen Vergangenheit und Zukunft«, a.a.O., S. 134 f. und 136.

der Ereignisse in der Welt zu berechnen und vorherzusagen, womit er zugleich die Praktiken und Handlungen einschloss, vermittels derer das Eintreten der Ereignisse gemäß dem Kriterium der Verifikation tatsächlich festgestellt werden konnte. Die Bedeutung physikalischer Begriffe wurde für Schlick durch ihren zweckmäßigen und nützlichen Gebrauch festgelegt. Demnach gab es aus seiner Sicht auch keine prinzipiellen Grenzen des Naturerkennens, sondern praktische Schranken, die in der Wissenschaft selbst gezogen werden,[74] wie beispielsweise in der Quantenphysik durch die Heisenberg'schen Unbestimmtheitsrelationen. Mit dieser pragmatistischen Position wies Schlick Reichenbachs metaphysische Position zurück[75] und distanzierte sich zugleich von seiner eigenen früheren Auffassung. Er schrieb:

Der Kausalsatz teilt uns nicht direkt eine Tatsache mit, etwa die Regelmäßigkeit der Welt, sondern er stellt eine Aufforderung, eine Vorschrift dar, Regelmäßigkeit zu suchen, die Ereignisse durch Gesetze zu beschreiben. Eine solche Anweisung ist nicht wahr oder falsch, sondern gut oder schlecht, nützlich oder zwecklos. Und was uns die Quantenphysik lehrt, ist eben dies, daß das Prinzip innerhalb der durch die Unbestimmtheitsrelationen genau festgelegten Grenzen *schlecht* ist, nutz- oder zwecklos, unerfüllbar. Innerhalb jener Grenzen ist es unmöglich, nach Ursachen zu suchen – dies lehrt uns die Quantenmechanik tatsächlich, und damit gibt sie uns einen Leitfaden zu jenem Tun, das man Naturforschung nennt, eine Gegenvorschrift gegen das Kausalprinzip.[76]

---

[74] Vgl. Beitrag 1.7, S. 141.
[75] Vgl. dazu Hans Reichenbach, »Metaphysik und Naturwissenschaft«, in: *Symposion* 1, Heft 2 (1925), S. 158–176 und Schlicks Kritik in »Erleben, Erkennen, Metaphysik«, in: Moritz Schlick, *Die Wiener Zeit. Aufsätze, Beiträge, Rezensionen 1926–1936*, hrsg. und eingeleitet von Johannes Friedl und Heiner Rutte, Wien/New York: Springer 2008, S. 33–54, hier S. 45f. Schlick dürfte an dieser Stelle auch Reichenbach als Vertreter einer »induktiven Metaphysik« vor Augen gehabt haben.
[76] Beitrag 1.3, S. 81.

Schlicks neue Auffassung fand allerdings nicht die Zustimmung Einsteins,[77] während seine Überlegungen von den Anhängern der später sogenannten »Kopenhagener Deutung« der Quantenmechanik positiv aufgenommen wurden. »Ich möchte Ihnen sagen«, schrieb Born an Schlick, »welche Freude mir Ihr Aufsatz über Kausalität in den Naturwissenschaften bereitet hat. Auch Hilbert [...] äusserte sich sehr befriedigt über Ihre Schrift«.[78] Und auch Heisenberg teilte Schlick Ende Dezember mit, dass er aus dem Aufsatz »viel gelernt habe« und »dessen Tendenz [...] ausserordentlich sympathisch« fand.[79] Zuvor hatte Heisenberg auf der Tagung für exakte Erkenntnislehre in Königsberg am 6. September 1930 vorgetragen und nur wenig später hielt er auf Einladung des Wiener Komitees zur Veranstaltung von Gastvorträgen ausländischer Gelehrter der exakten Wissenschaften am 9. Dezember den zehnten Gastvortrag.[80] Unter den Hörern war dieses Mal sehr wahrscheinlich auch Schlick, der Heisenberg danach

---

[77] Einstein schrieb an Schlick: »Allgemein betrachtet entspricht Ihre Darstellung insofern nicht meiner Auffassungsweise, als ich Ihre ganze Auffassung sozusagen zu positivistisch finde. Die Physik *liefert* zwar Relationen zwischen Sinnenerlebnissen, aber nur mittelbar. *Ihr Wesen* ist für mich in dieser Aussage keineswegs erschöpfend gekennzeichnet. Ich sage Ihnen glatt heraus: Die Physik ist ein Versuch der begrifflichen Konstruktion eines Modells der *realen Welt* sowie von deren gesetzlicher Struktur. Allerdings muss sie die empirischen Relationen zwischen den uns zugänglichen Sinnenerlebnissen exakt darstellen; aber nur *so* ist sie an letztere gekettet. [...] Sie werden sich über den ›Metaphysiker‹ Einstein wundern, aber jedes vier- und zweibeinige Tier ist in diesem Sinne de facto Metaphysiker.« (Albert Einstein an Moritz Schlick, 28. November 1930, Noord-Hollands Archief, Nachlass Schlick, Inv.-Nr. 098/Ein-21)
[78] Max Born an Moritz Schlick, 8. März 1931, Noord-Hollands Archief, Nachlass Schlick, Inv.-Nr. 093/Born-6.
[79] Werner Heisenberg an Moritz Schlick, 27. Dezember 1930, Noord-Hollands Archief, Nachlass Schlick, Inv.-Nr. 102/Heis-1.
[80] Siehe Werner Heisenberg, »Kausalgesetz und Quantenmechanik«, in: *Erkenntnis* 2 (1931), S. 172–182 und ders., »Die Rolle der Unbestimmtheitsrelationen in der modernen Physik«, in: *Monatshefte für Mathematik und Physik* 38, Heft 2 (1931), S. 365–372.

Fynn Ole Engler XXXIX

einen Durchschlag des Manuskripts seines Aufsatzes zusandte. Mit Blick auf die Wahrscheinlichkeitsinterpretation der Schrödinger'schen ψ-Funktion, wie sie Born vorgeschlagen hatte,[81] wies Heisenberg Schlick allerdings darauf hin, dass er eine Aufspaltung der Beschreibung von Quantenvorgängen in einen kausalen, streng gesetzlichen Teil, der die zeitliche Ausbreitung der Wellenfunktion regelt, und einen weiteren Teil, der »schlechthin zufällig ist«, nämlich »innerhalb der Grenzen der ›Wahrscheinlichkeit‹, die durch den ψ-Wert an der betreffenden Stelle bestimmt ist«,[82] nicht teilte. Zum einen sah er neben der vollen Kausalität, wie sie Einstein auch in der berühmten Diskussion mit Bohr auf der 5. Solvay-Konferenz 1927 in Brüssel gefordert hatte,[83] und den statistischen Gesetzen der Quantenphysik nicht noch einen Begriff des reinen Zufalls, an dem Schlick aber festhielt;[84] zum anderen konnte es für Heisenberg im Allgemeinen keine genau bestimmte Vorhersage des zukünftigen physikalischen Geschehens geben, da aus »dieser ψ-Funktion das physikalische *Verhalten* des Systems *nicht* eindeutig folgt«.[85]

Einigkeit bestand aber zwischen den beiden hinsichtlich der Rolle der experimentellen Beobachtung, die Heisenberg auch in seinem Wiener Vortrag herausstellte. Schlick notierte dazu: »Eingreifen des Beobachters (Instrumentes). Dies das philoso-

---

[81] Vgl. Max Born, *Zur Quantenmechanik der Stoßvorgänge*, in: *Zeitschrift für Physik* 37 (1926), S. 863–867.

[82] Beitrag 1.3, S. 86.

[83] Dazu heißt es: »Was Einstein will, ist z. B. volle Kausalität im strengsten Sinne, d. h. Einstein hofft, es werde später möglich sein, etwa den Zeitpunkt eines ›Überganges‹ im Atom vorherzusagen auf Grund vorausgegangener Experimente.« (Werner Heisenberg an Moritz Schlick, 27. Dezember 1930, a.a.O.) Siehe dazu auch Guido Bacciagaluppi und Antony Valentini, *Quantum Theory at the Crossroads: Reconsidering the 1927 Solvay Conference*, Cambridge/New York: Cambridge University Press 2009.

[84] Vgl. Moritz Schlick an Werner Heisenberg, 2. Januar 1931, Noord-Hollands Archief, Nachlass Schlick, Inv.-Nr. 102/Heis-4.

[85] Werner Heisenberg an Moritz Schlick, 27. Dezember 1930, a.a.O.

phisch Wichtigste.«[86] Beim quantentheoretischen Messprozess kommt es demnach zu einer Wechselwirkung zwischen dem Messgerät und dem beobachteten Vorgang, so dass eine eindeutige Voraussage des Geschehens im Sinne der klassischen Physik prinzipiell unmöglich ist und statistische Aussagen an ihre Stelle treten. Insofern legte die Unbestimmtheit der Vorhersage, in der Schlick den Kerngedanken der Heisenberg'schen Unbestimmtheitsrelationen sah, eine praktische Schranke für den Determinismus und die Gültigkeit des Kausalprinzips fest, die für ihn allerdings nicht für alle Zeiten feststand, sondern sich angesichts des stetigen Fortschritts in der Physik auch weiterhin bewähren musste.

Dass die Quantentheorie dabei auch auf die Gebiete der Biologie und Psychologie übergreift und die philosophischen Fragen nach der Möglichkeit eines freien Willens und der Art der Interaktion zwischen Körper und Geist beantworten kann, hat Schlick skeptisch beurteilt. In diesem Zusammenhang stand auch sein Artikel »Ergänzende Bemerkungen über P. Jordans Versuch einer quantentheoretischen Deutung der Lebenserscheinungen«[87] in der *Erkenntnis*. Pascual Jordan, der von 1929 bis 1944 Professor für Theoretische Physik in Rostock war, hatte das Verhältnis zwischen den Gesetzmäßigkeiten der Biologie und der Physik in einigen Texten problematisiert, wobei er die Eigenständigkeit der Lebenswissenschaften gerade durch die Quantentheorie bestätigt sah.[88] Schlicks Bemerkungen dazu fügten sich in eine Diskussion

---

[86] Moritz Schlick, »Gegenwartsfragen [der Naturphilosophie]«, Noord-Hollands Archief, Nachlass Schlick, Inv.-Nr. 163, A. 123, Bl. 3 (Rückseite).

[87] Beitrag 1.4, S. 100–102.

[88] Siehe Pascual Jordan, »Die Quantenmechanik und die Grundprobleme der Biologie und Psychologie«, in: *Die Naturwissenschaften* 20, Heft 45 (1932), S. 815–821; ders., »Quantenphysikalische Bemerkungen zur Biologie und Psychologie«, in: *Erkenntnis* 4 (1934), S. 215–252 und ders., »Ergänzende Bemerkungen über Biologie und Quantenmechanik«, in: *Erkenntnis* 5 (1935), S. 348–352.

ein, die neben der Frage des Indeterminismus als wesentliches Merkmal des Lebens weitere Probleme betraf.[89] Weiterführende Betrachtungen vor dem Hintergrund der neueren Physik lieferte auch Bertrand Russell in seinem Buch *Die Philosophie der Materie*, das Schlick für die *Monatshefte für Mathematik und Physik* 1930 besprach.[90] Im Wintersemester 1929/30 hatte er zu Russells Buch ein Seminar durchgeführt; später, während eines weiteren Aufenthaltes in den USA, Schlick war 1931/32 Mills Professor of Philosophy in Berkeley, lernte er Russell auch persönlich kennen.[91]

In Berkeley schloss Schlick den Aufsatz »Positivismus und Realismus« ab,[92] der »eine Antwort auf die Einwendungen« darstellte, »die von mehreren hervorragenden Physikern gegen den Wiener Standpunkt gemacht worden sind (Planck, Sommerfeld, Einstein)«.[93] Im Kern ging es Schlick dabei um die Vereinbarkeit des empiristischen Standpunktes mit einem von den Physikern verteidigten metaphysischen Realismus. Nach der Rückkehr aus England, Schlick hatte im November 1932 am *King's College* in London drei Vorträge zum Thema »Form and Content« gehalten, die die Grundlage für ein groß angelegtes, jedoch unvollendet gebliebenes Werk sein sollten, erläuterte er gegenüber Planck noch einmal seine pragmatistische Sicht zum Verhältnis zwischen Positivismus und Realismus in der modernen Physik:

---

[89] Siehe dazu auch die weiteren Beiträge von Philipp Frank, Otto Neurath, Hans Reichenbach und Edgar Zilsel im Band 5 der *Erkenntnis* von 1935.

[90] Beitrag 2.3, S. 154f.

[91] Carnap teilte er mit: »Schrieb ich Dir, dass ich eines Abends mit Russell diniérte? Ein entzückender Mensch!« (Moritz Schlick an Rudolf Carnap, 23. März 1932, Archives of Scientific Philosophy: Rudolf Carnap, ASP-RC 029-29-13)

[92] Moritz Schlick, »Positivismus und Realismus«, in: Moritz Schlick, *Die Wiener Zeit. Aufsätze, Beiträge, Rezensionen 1926–1936*, hrsg. und eingeleitet von Johannes Friedl und Heiner Rutte, a.a.O., S. 323–362.

[93] Moritz Schlick an Hans Reichenbach, 23. Oktober 1931, Archives of Scientific Philosophy: Hans Reichenbach, ASP-HR 013-30-23.

Unter Physik (oder überhaupt unter Wissenschaft) kann man zweierlei verstehen: erstens das abstrakte System von Aussagen, welche die Welt beschreiben, und zweitens die Gesamtheit der Methoden und Tätigkeiten, die zu diesen Aussagen, also zur Erkenntnis, hinführen. Innerhalb jenes Systems haben die sogenannten metaphysischen Aussagen sicherlich keine Stelle, bei der wissenschaftlichen *Tätigkeit* aber können sie gewiss eine sehr große Rolle spielen. Hierauf bezieht sich die Behauptung des ›Positivismus‹ gar nicht, denn er beschäftigt sich nur mit den *logischen* Verhältnissen. Wenn ein Forscher durch seine ›metaphysische‹ Einstellung sich gefördert fühlt, so wird der Positivist dies einfach als Tatsache registrieren; wie könnte er seine Aufgabe darin erblicken, diesen Anregungsprozeß zu stören oder gar zu verbieten? Er behauptet nur, dass die Sätze, welche diese metaphysische Einstellung ausdrücken, nicht in jenes objektive System der Physik gehören und damit, glaube ich, hat er recht. Ich glaube sogar, dass man darüber hinaus noch behaupten kann, dass die metaphysische Einstellung durchaus nicht unentbehrlich ist, dass vielmehr geniale Intuition und höchste Erkenntnisbegeisterung auch ohne sie den Forscher auf den richtigen Weg führen können; aber dieser Behauptung mag wahr oder falsch sein: in den empiristischen Thesen ist sie nicht enthalten.[94]

Allerdings sah Planck in der Metaphysik »keineswegs eine psychologische Angelegenheit des einzelnen Forschers«, sondern für ihn besaß sie, wie für Einstein, »objektive Bedeutung«,[95] womit auch ein wesentlicher Aspekt von Plancks Denken zum Tragen kam: die fortwährende Elimination anthropomorpher Elemente in der Entwicklung der physikalischen Begriffe. Diesen Aspekt hatte Planck schon 1908 in seinem richtungsweisenden Leidener Vortrag »Die Einheit des physikalischen Weltbildes« hervorgeho-

---

[94] Moritz Schlick an Max Planck, 13. Dezember 1932, Noord-Hollands Archief, Nachlass Schlick, Inv.-Nr. 113/Pla-19.
[95] Max Planck an Moritz Schlick, 26. Dezember 1932, Noord-Hollands Archief, Nachlass Schlick, Inv.-Nr. 113/Pla-18.

ben, worauf auch Schlick 1924 in der *Deutschen Literaturzeitung* zwecks seiner Besprechung von Plancks *Physikalischen Rundblicken*, einer Sammlung weiterer Vorträge und Aufsätze, hinwies.[96] Mit Blick auf das Verhältnis zwischen dem konsequenten Empirismus Schlicks und dem metaphysischen Realismus der Physiker hatte Planck schließlich jedoch versöhnlich an seinen ehemaligen Schüler geschrieben, wobei er die Kopenhagener Deutung geschickt ins Spiel brachte: »Positivismus und Metaphysik sind m. E. ›komplementär‹ (im Sinne von Bohr).«[97]

7. Der Geist von Kopenhagen

Die beständig zunehmende Internationalisierung der von Schlick sogenannten »Wiener Schule« führte in den Dreißigerjahren zu einer Reihe von Kongress- und Tagungsaktivitäten. Auf dem Ersten Internationalen Kongress für Einheit der Wissenschaft in Paris vom 16. bis 21. September 1935, der wichtige Weichen für die moderne Wissenschaftstheorie und analytische Philosophie im 20. Jahrhundert stellte, hatte Schlick zwei Beiträge eingereicht: zum einen den Aufsatz »Sind die Naturgesetze Konventionen?«[98], in dem er die Rolle von durch die Erfahrung nahe gelegten Festsetzungen in den Naturwissenschaften aus einer sprachphilosophischen Perspektive erläuterte, wobei er sich auch mit Carnaps *Logischer Syntax der Sprache* kritisch auseinandersetzte, zum anderen verteidigte Schlick in »Gesetz und Wahrscheinlichkeit«[99] seine zuvor schon gegenüber Heisenberg angeführte Unterscheidung zwischen Gesetz und reinem Zufall.

---

[96] Beitrag 2.1, S. 145–150.
[97] Max Planck an Moritz Schlick, 15. November 1932, Noord-Hollands Archief, Nachlass Schlick, Inv.-Nr. 113/Pla-17
[98] Beitrag 1.5, S. 103–114.
[99] Beitrag 1.6, S. 115–129.

Für den Zweiten Internationalen Kongress für Einheit der Wissenschaft in Kopenhagen vom 21. bis 26. Juni 1936 schrieb Schlick den Beitrag »Quantentheorie und Erkennbarkeit der Natur«[100]. Auch an diesem Kongress konnte er nicht teilnehmen und bat Frank seinen Text vorzutragen. »Ich werde alles nach Ihrem Wunsch besorgen«, schrieb Frank aus Prag an Schlick, mit dem Inhalt des Vortrags zeigte er sich gleichfalls »vollkommen einverstanden«.[101] In seinem Beitrag hob Schlick noch einmal die praktische Grenze der kausalen Vorherbestimmtheit des Naturgeschehens in der Quantentheorie hervor und erläuterte die Rolle der Quantenbegriffe, die für ihn keineswegs einen »undurchdringlichen Schleier« über die eigentlichen physikalischen Vorgänge legten, sondern eine vollständige Beschreibung des Naturgeschehens ermöglichten.[102] Zugleich verwies er auf die Unzulänglichkeit der Begriffe der klassischen Physik und folgte damit dem Geist von Kopenhagen, nach dem diese nur noch in einer komplementären Beschreibungsweise sinnvoll verwendet werden konnten, wie auch Bohr in seinem Referat betonte.[103]

Während des Kopenhagener Kongresses erreichte die Teilnehmer die Nachricht, dass Schlick am 22. Juni auf den Treppen der Universität, er war auf dem Weg zu seiner letzten Vorlesung im Sommersemester, einem politisch motivierten Attentat zum Opfer gefallen war. Schlick wurde mitten aus dem Leben und der Arbeit gerissen und nicht wenig blieb unabgeschlossen zurück. Aufgrund seiner Beiträge zur Relativitäts- und Quantentheorie

---

[100] Beitrag 1.7, S. 130–141.
[101] Philipp Frank an Moritz Schlick, 17. Juni 1936, Noord-Hollands Archief, Nachlass Schlick, Inv.-Nr. 100/Frank-10. Vgl. auch Philipp Frank, »Philosophische Deutungen und Mißdeutungen der Quantentheorie«, in: *Erkenntnis* 6 (1936), S. 303–317.
[102] Siehe Beitrag 1.7, S. 136.
[103] Vgl. Niels Bohr, »Kausalität und Komplementarität«, in: *Erkenntnis* 6 (1936), S. 293–303 und ders., »Das Quantenpostulat und die neuere Entwicklung der Atomistik«, in: *Die Naturwissenschaften* 16, Heft 15 (1928), S. 245–257.

gilt er allerdings bis heute als einer der bedeutendsten Naturphilosophen in der ersten Hälfte des 20. Jahrhunderts, der in fortwährender Diskussion mit den Physikern zentrale Probleme aufwarf und philosophische Gegensätze diskutierte, die unser derzeitiges Weltbild mitbestimmen.

8. Danksagung

Für Anregungen, Hinweise und Kommentare möchte ich mich zuvorderst ganz herzlich bedanken bei Mathias Iven, Matthias Neuber, Dieter Hoffmann, Friedrich-Olaf Jungk und Jürgen Renn. Anita Hollier (CERN Archive) hat mich erfolgreich bei der Suche nach Briefen zwischen Moritz Schlick und Wolfgang Pauli unterstützt. Dem Institut für Philosophie der Universität Rostock und dem Max-Planck-Institut für Wissenschaftsgeschichte Berlin gilt mein Dank für die exzellenten Forschungsbedingungen. Für die Zusammenarbeit in zwei DFG-Projekten zu Moritz Schlick und Hans Reichenbach möchte ich Karsten Böger (Rostock) und Georg Pflanz (Berlin) danken.

Schließlich danke ich dem Felix Meiner Verlag für die gute Kooperation und die Aufnahme der Texte in die *Philosophische Bibliothek*.

9. Zu dieser Ausgabe

Den abgedruckten Texten liegen die Originalpublikationen zugrunde. Druckfehler sind stillschweigend korrigiert worden. Abweichende Schreibweisen von Wörtern im Text von Schlick wurden stellenweise vereinheitlicht. Zitate Schlicks sind an den Originalen überprüft worden. Im Original durch Sperrung hervorgehobener Text wurde kursiv gesetzt. Abweichend von den Erstdrucken sind Eigennamen nicht hervorgehoben. Anführungszeichen wurden überall belassen. Seitenwechsel im Original wird durch einen senkrechten Strich kenntlich gemacht; die originale Paginierung wird im Kolumnentitel innen mitgeführt. Die bibliographischen Angaben wurden weitgehend vereinheitlicht, einschließlich der im Text von Schlick angegebenen Literatur, die an einigen Stellen ergänzt und korrigiert wurde. Schlicks Fußnoten erscheinen wie im Original auf der jeweiligen Seite. Die Anmerkungen des Herausgebers sind am Ende des Bandes abgedruckt.

Die Texte erscheinen in chronologischer Reihenfolge, die Rezensionen sind in einem Anhang abgedruckt. Auf Schlicks nachgelassene Schriften, die im Noord-Hollands Archief in Haarlem/NL liegen, wird über die entsprechenden Signaturen des Nachlassverzeichnisses verwiesen, auf die zitierten Briefe anderer Autoren durch die Signaturen der Archives of Scientific Philosophy (ASP) in Pittsburgh. Zitate aus Briefen Einsteins sind den Bänden der *Collected Papers of Albert Einstein* (*CPAE*), Princeton University Press 1987ff. entnommen.

LITERATURVERZEICHNIS

1. Nachweis der Erstveröffentlichungen

Aufsätze

1.1 »Naturphilosophische Betrachtungen über das Kausalprinzip«, in: *Die Naturwissenschaften* 8, Heft 24 (1920), S. 461–474.
1.2 »Erkenntnistheorie und moderne Physik«, in: *Scientia* 45 (1929), S. 307–316.
1.3 »Die Kausalität in der gegenwärtigen Physik«, in: *Die Naturwissenschaften* 19, Heft 7 (1931), S. 145–162.
1.4 »Ergänzende Bemerkungen über P. Jordans Versuch einer quantentheoretischen Deutung der Lebenserscheinungen«, in: *Erkenntnis* 5 (1935), S. 181–183.
1.5 »Sind die Naturgesetze Konventionen?«, in: *Actes du Congrès International de Philosophie Scientific, Sorbonne, Paris 1935*, fasc. 4: *Induction et probabilité (= Actualités scientifiques et industrielles*, vol. 391), Paris: Hermann 1936, S. 8–17.
1.6 »Gesetz und Wahrscheinlichkeit«, in: *Actes du Congrès International de Philosophie Scientific, Sorbonne, Paris 1935*, fasc. 4: *Induction et probabilité (= Actualités scientifiques et industrielles*, vol. 391), Paris: Hermann 1936, S. 46–57.
1.7 »Quantentheorie und Erkennbarkeit der Natur«, in: *Erkenntnis* 6 (1936), S. 317–326.

Rezensionen

2.1 Max Planck, *Physikalische Rundblicke. Gesammelte Reden und Aufsätze*, Leipzig: Verlag von S. Hirzel 1922, in: *Deutsche Literaturzeitung* 45, Heft 10 (1924), Sp. 818–823.

2.2 Percy W. Bridgman, *The Logic of Modern Physics*, New York: The Macmillan Company 1927, in: *Die Naturwissenschaften* 17, Heft 27 (1929), S. 549/550.

2.3 Bertrand Russell, *Die Philosophie der Materie* (= *Wissenschaft und Hypothese*, Bd. 32), übersetzt von Kurt Grelling, Leipzig/Berlin: Teubner 1929, in: *Monatshefte für Mathematik und Physik* 37 (1930), S. 5/6.

2. Zeitgenössische Texte zur Quantentheorie

Bergmann, Hugo: *Der Kampf um das Kausalgesetz in der jüngsten Physik*, Braunschweig: Vieweg 1929.

Bohr, Niels: *Drei Aufsätze über Spektren und Atombau*. Zweite Auflage, Braunschweig: Vieweg 1922.

– *Atomtheorie und Naturbeschreibung. Vier Aufsätze mit einer einleitenden Übersicht*, Berlin: Springer 1931.

Born, Max: *Vorlesungen über Atommechanik*. Erster Band, Berlin: Springer 1925.

Dirac, Paul: *The Principles of Quantum Mechanics*. Second Edition, Oxford: Clarendon Press 1935.

Eddington, Arthur Stanley: *The Nature of the Physical World. The Gifford Lectures 1927*, Cambridge: Cambridge University Press 1929.

Exner, Franz Serafin: *Vorlesungen über die physikalischen Grundlagen der Naturwissenschaften*, Wien: F. Deuticke 1919.

Frank, Philipp: *Das Kausalgesetz und seine Grenzen*, Wien: Springer 1932.

Gerlach, Walther: *Die experimentellen Grundlagen der Quantentheorie*, Braunschweig: Vieweg 1921.

Heisenberg, Werner: *Die physikalischen Prinzipien der Quantentheorie*, Leipzig: Hirzel 1930.

– *Quantentheorie und Philosophie. Vorlesungen und Aufsätze*. Herausgegeben von Jürgen Busche, Stuttgart: Reclam 1979.

– *Physik und Philosophie*. 6. Auflage, Stuttgart: Hirzel 2000.

Jordan, Pascual: »Die Entwicklung der neuen Quantenmechanik«, in:

Die Naturwissenschaften 15, Heft 30 (1927), S. 614–623 und Heft 31 (1927), S. 636–649.
Neumann, Johann von: *Mathematische Grundlagen der Quantenmechanik*, Berlin: Springer 1931.
Pauli, Wolfgang: »Quantentheorie«, in: *Handbuch der Physik* 23 (1926), S. 1–278.
– *Fünf Arbeiten zum Ausschliessungsprinzip und zum Neutrino*. Mit Kurzbiographie und Einleitungen herausgegeben von Steffen Richter, Darmstadt: Wissenschaftliche Buchgesellschaft 1977.
Planck, Max: *Vorträge und Erinnerungen*. Fünfte Auflage der *Wege zur physikalischen Erkenntnis*, Stuttgart: Hirzel 1949.
Schrödinger, Erwin: *Vier Vorlesungen über Wellenmechanik. Gehalten an der Royal Institution in London im März 1928*, Berlin: Springer 1928.
– »Die gegenwärtige Situation in der Quantenmechanik« in: *Die Naturwissenschaften* 23, Hefte 48–50 (1935), S. 807–812, 823–828 und 844–849.
Sommerfeld, Arnold: *Atombau und Spektrallinien*. 4. Auflage, Braunschweig: Vieweg 1924.

3. Weiterführende Literatur

Aaserud, Finn, und John L. Heilbron: *Love, Literature, and the Quantum Atom. Niels Bohr's 1913 Trilogy Revisited*, Oxford: Oxford University Press 2013.
Baumann, Kurt, und Roman U. Sexl: *Die Deutungen der Quantentheorie*, Braunschweig/Wiesbaden: Vieweg 1984.
Beller, Mara: *Quantum Dialogue. The Making of a Revolution*, Chicago/London: The University of Chicago Press 1999.
Bitbol, Michel: *Schrödinger's Philosophy of Quantum Mechanics*, Dordrecht: Kluwer 1996.
Camilleri, Kristian: *Heisenberg and the Interpretation of Quantum Mechanics. The Physicist as Philosopher*, Cambridge: Cambridge University Press 2009.

Literaturverzeichnis

Cassidy, David C.: *Werner Heisenberg. Leben und Werk*. Aus dem Amerikanischen von Andreas und Gisela Kleinert, Heidelberg/Berlin: Spektrum Akademischer Verlag 2001.

Duncan, Anthony, und Michel Janssen: *Constructing Quantum Mechanics*, Vol. 1, *The Scaffold: 1900–1923*, Oxford/New York: Oxford University Press 2019.

Eckert, Michael: *Arnold Sommerfeld. Atomphysiker und Kulturbote 1868–1951. Eine Biographie*, Göttingen: Wallstein 2013.

Enz, Charles P.: *»Pauli hat gesagt«. Eine Biografie des Nobelpreisträgers Wolfgang Pauli 1900–1958*, Zürich: Verlag Neue Zürcher Zeitung 2005.

Greenspan, Nancy T.: *Max Born. Baumeister der Quantenwelt. Eine Biographie*. Aus dem Englischen übersetzt von Anita Ehlers, Heidelberg: Elsevier/Spektrum Akademischer Verlag 2006.

Hoffmann, Dieter: *Max Planck. Die Entstehung der modernen Physik*, München: Beck 2008.

Jammer, Max: *The Conceptual Development of Quantum Mechanics*, New York: McGraw-Hill 1966.

– *The Philosophy of Quantum Mechanics: The Interpretations of Quantum Mechanics in Historical Perspective*, New York: Wiley 1974.

Kragh, Helge: *Quantum Generations: A History of Physics in the Twentieth Century*, Princeton: Princeton University Press 1999.

Ludwig, Günther: *Wellenmechanik. Einführung und Originaltexte*, Braunschweig: Vieweg 1969.

Mehra, Jagdish, und Helmut Rechenberg: *The Historical Development of Quantum Theory*, Vol. 1, *The Quantum Theorie of Planck, Einstein, Bohr and Sommerfeld: Its Foundation and the Rise of Its Difficulties*, New York, Heidelberg, Berlin: Springer 1982.

– *The Historical Development of Quantum Theory*, Vol. 2, *The Discovery of Quantum Mechanics 1925*, New York, Heidelberg, Berlin: Springer 1982.

– *The Historical Development of Quantum Theory*, Vol. 3, *The Formulation of Matrix Mechanics and Its Modifications 1925–1926*, New York, Heidelberg, Berlin: Springer 1982.

- *The Historical Development of Quantum Theory*, Vol. 4, Part 1, *The Fundamental Euations of Quantum Mechanics. 1925–1936*, Part 2, *The Reception of the New Quantum Mechanics. 1925–1926*, New York, Heidelberg, Berlin: Springer 1982.
- *The Historical Development of Quantum Theory*, Vol. 5, *Erwin Schrödinger and the Rise of Wave Mechanics*, Part 1, *Schrödinger in Vienna and Zurich 1887–1925*, Part 2, *The Creation of Wave Mechanics. Early Response and Applications 1925–1926*, New York, Heidelberg, Berlin: Springer 1987.
- *The Historical Development of Quantum Theory*, Vol. 6, *The Completion of Quantum Mechanics 1926–1941*, Part 1, *The Probability Interpretation and the Statistical Transformation Theory, the Physical Interpretation, and the Empirical and Mathematical Foundations of Quantum Mechanics 1926–1932*, Part 2, *The Conceptual Completion of the Extension of Quantum Mechanics 1932–1941*, New York, Heidelberg, Berlin: Springer 2000/01.

Romizi, Donata: *Dem wissenschaftlichen Determinismus auf der Spur. Von der klassischen Mechanik zur Entstehung der Quantenphysik*, Freiburg/München: Verlag Karl Alber 2019.

Röseberg, Ulrich: *Niels Bohr. Leben und Werk eines Atomphysikers 1885–1962*, 2. Auflage, Berlin: Akademie-Verlag 1987.

Scheibe, Erhard: *Die Philosophie der Physiker*, München: Beck 2006.

Selleri, Franco: *Die Debatte um die Quantentheorie*. 3., überarbeitete Auflage, Braunschweig: Vieweg 1990.

Smolin, Lee: *Quantenwelt. Wie wir zu Ende denken, was mit Einstein begonnen hat*, München: Deutsche Verlags-Anstalt 2019.

Ter Haar, Dirk: *Quantentheorie. Einführung und Originaltexte*, Braunschweig: Vieweg 1969.

Vogel, Heinrich: *Zum philosophischen Wirken Max Plancks. Seine Kritik am Positivismus*, Berlin: Akademie-Verlag 1961.

Zeilinger, Anton: *Einsteins Schleier. Die neue Welt der Quantenphysik*. 6. Auflage, München: Goldmann 2005.

MORITZ SCHLICK

Texte zur Quantentheorie

1.1 Naturphilosophische Betrachtungen über das Kausalprinzip

1. Kausalität und Naturgesetzlichkeit

Das Kausalprinzip ist nicht selbst ein Naturgesetz, sondern vielmehr der allgemeine Ausdruck der Tatsache, *daß* alles Geschehen in der Natur ausnahmslos gültigen Gesetzen unterworfen ist.[1]

Das Wort Natur denken wir uns dabei im weitesten Sinne genommen, so daß alles Wirkliche überhaupt unter diesen Begriff fällt. Dies hindert nicht, daß wir im folgenden die Wirklichkeit ausschließlich in der Form betrachten, in welcher die Naturwissenschaft sie uns darstellt, nämlich als raum-zeitliche Mannigfaltigkeit.

Zwischen dem Prinzip der Kausalität und den Naturgesetzen besteht also nicht ein Verhältnis der Koordination, sondern jenes ist diesen übergeordnet; und von einer Formulierung des Prinzips muß man verlangen, daß sie dieses Verhältnis richtig zum Ausdruck bringt. Diese Forderung wird z. B. erfüllt durch die von Kant in der ersten Auflage der Kritik der reinen Vernunft für den Kausalsatz aufgestellten Formel, welche lautet: »Alles, was *geschieht* (anhebt zu sein) setzt etwas voraus, worauf es *nach einer Regel* folgt.«[2] Hier wird deutlich gesagt, daß Kausalität bedingt ist durch das Vorhandensein von Regeln, welche die Aufeinanderfolge der Ereignisse bestimmen, und diese Regeln sind eben die Naturgesetze.

Nach dem Kausalprinzip ist jeder beliebige Vorgang V als »Wirkung« eines vorhergehenden Vorganges U (der »Ursache«) aufzufassen und durch ihn vollkommen bestimmt zu denken. Es behauptet also, daß jedes Ereignis eine Ursache habe, sagt aber nichts darüber, wie sie beschaffen und zu finden sei. Das Kausalprinzip lehrt uns, daß zu jedem V ein U gehört; diese Aussage hat nur Sinn unter der Voraussetzung, daß es Regeln gibt, die angeben, welche Vorgänge U es denn nun sind, die zu gewissen gegebenen Vorgängen *V* als deren Ursache gehörten. Nur dadurch, daß solche Regeln gelten, wird *V* durch *U* bestimmt. Die Behauptung der durchgehenden Bestimmtheit der Ereignisse, welche das Kausalprinzip ausspricht, ist daher identisch mit der Behauptung des durchgehenden Bestehens von Naturgesetzen.

Hiernach möchte es scheinen, als müsse jedes Gesetz die Termini Ursache und Wirkung enthalten, da es ja doch eine Verknüpfung zwischen ihnen behaupte. Das ist aber bekanntlich nicht der Fall. Im Gegenteil, gerade in der strengsten Formulierung der Naturregeln, wie sie in der mathematischen Physik vorliegt, begegnen uns jene Begriffe überhaupt nicht. Weder ist es so, daß in den Gleichungen der Naturwissenschaft etwa die linke Seite der Ursache, die rechte der Wirkung entspräche, noch gelingt es im allgemeinen, durch Einführung jener beiden Worte mit Hilfe einer sprachlichen Umformung den Sinn der Gleichung adäquat wiederzugeben. Spricht dies nicht gegen die soeben entwickelte Auffassung des Kausalsatzes?

In Wahrheit liegt kein Widerspruch vor, sondern es bestehen nur gewisse Schwierigkeiten in der tatsächlichen Anwendung der Begriffe Ursache und Wirkung, die dem philosophischen Denken von altersher zu schaffen machten, die aber die moderne Wissenschaft in ihrer strengen Formulierung der Naturgesetze vollkommen gemeistert hat, wobei freilich von causa und effectus explizite nicht mehr die Rede war.[3]

Die bedeutsamste dieser Schwierigkeiten entsteht aus der Erkenntnis der unendlichen Verkettung aller Naturvorgänge untereinander. Sie bewirkt, daß genau betrachtet jedes Geschehen von jedem andern Geschehen in der Welt abhängt; der Fall eines Blattes wird schließlich durch die Bewegungen sämtlicher Gestirne beeinflußt, und schlechthin unvollendbar wäre die Aufgabe, zu einem beliebigen, bis ins letzte Detail bestimmt gedachten Vorgange seine »Ursache« in absoluter Vollständigkeit anzugeben. Man würde dazu nichts Geringeres als die Gesamtheit der bis dahin abgelaufenen Zustände des Universums heranzuziehen haben.

Diese Uferlosigkeit wird nun zum Glück durch die Erfahrung alsbald beträchtlich eingeschränkt. Sie lehrt, daß der gegenseitigen Abhängigkeit aller Ereignisse voneinander in der Natur gewisse leicht formulierbare Bedingungen auferlegt sind. Zunächst nämlich zeigt sich, daß das Geschehen in einem Moment nur bestimmt wird durch die Ereignisse des unmittelbar vorhergehenden Moments, daß also die Abhängigkeiten sich nicht unvermittelt über zeitliche Fernen erstrecken. Unter der Voraussetzung, daß diese Erfahrungseinsicht allgemein gültig ist, kann man dann den Kausalsatz in der Form aussprechen: »Der Zustand der Welt während eines Zeitdifferentials ist durch ihren Zustand während des voraufgehenden Zeitdifferentials eindeutig bestimmt«, aber natürlich ist auch diese Formulierung noch praktisch wertlos, da eben der Gesamtzustand des Universums niemals in der Erfahrung gegeben ist. |

Eine immer weiter ausgedehnte und immer besser bestätigte Empirie hat es nun aber sehr wahrscheinlich gemacht, daß das soeben für die zeitliche Abhängigkeit Bemerkte gleichfalls für die räumliche gilt: im Raume gibt es nach dem Ausweis der Erfahrung ebensowenig eine Fernwirkung wie in der Zeit; die in einem Raumpunkte sich abspielenden Naturprozesse sind also vollständig bestimmt durch diejenigen in seiner unmittelbaren Nachbarschaft und *nur* indirekt, nämlich durch die Vermittelung der letzteren, hängen sie auch von entfernteren Vorgängen ab. (Die Vermittlung könnte auch diskontinuierlich erfolgen, so daß endliche *Differenzen* an die Stelle der Differentiale zu treten hätten. Die Erfahrungen der Quantentheorie warnen davor, diese Möglichkeit aus dem Auge zu verlieren.[4]) Sofern man dies als allgemeingültig betrachten darf, ist damit die Möglichkeit einer brauchbaren Formulierung kausaler Abhängigkeit gegeben, die den besprochenen Bedenken nicht mehr ausgesetzt ist.

Denn wenn wir jetzt einen beliebigen durch eine geschlossene Fläche begrenzten Raumteil ins Auge fassen und nach den Ursachen des Geschehens innerhalb desselben fragen, so brauchen wir alle außerhalb gelegenen Vorgänge nicht mehr in Betracht zu ziehen, sondern dürfen uns auf den Raumteil selbst und auf seine Grenze beschränken, denn alle von außen kommenden Wirkungen müssen ja die Grenzfläche einmal »passieren«, und es genügt, wenn wir sie von diesem Augenblick an verfolgen können. Wir brauchen also nur den Zustand an der Oberfläche während einer bestimmten Zeit zu kennen, und außerdem den Zustand in dem gesamten Raumteil zu Anfang dieser Zeit, um alle während jener Zeit im Innern sich abspielenden Prozesse vollständig angeben zu können, also lauter Größen, die im Prinzip der Erfahrung restlos zugänglich sind. Dies ist eine dem mathematischen Physiker wohlbekannte Wahrheit: sind die »Anfangsbedingungen« und die »Grenzbedingungen« gegeben, so ist alles Geschehen in dem betrachteten Gebiet durch die Differentialgleichungen der Physik eindeutig bestimmt und zu berechnen. Das ist also die nunmehr einwandfreie und erfahrungsmäßig prüfbare Form, in welcher der Kausalsatz in der exaktesten Wissenschaft erscheint, und die er, wie gesagt, nur unter der Voraussetzung der Nichtexistenz von Fernkräften annehmen konnte. Daß das Geschehen in einem Punkte allein von denjenigen Vorgängen abhängt, die sich in seiner unmittelbaren zeitlichen und räumlichen Nachbarschaft abspielen, kommt darin zum Ausdruck, daß Zeit und Raum in den Formeln der Naturgesetze als unendlich kleine Größen auftreten, d. h. diese Formeln sind Differentialgleichungen. Wir können sie in leicht verständlicher Terminologie auch als *Mikrogesetze* bezeichnen. Durch den mathematischen Prozeß der Integration gehen aus ihnen die *Makrogesetze* (oder Integralgesetze) hervor, welche nun die Naturabhängigkeiten in ihrer Erstreckung über räumliche und zeitliche Fernen angeben. Nur die letzteren fallen in die Erfahrung, denn das unendlich Kleine ist nicht beobachtbar. Die in der Natur herrschenden Differentialgesetze können daher nur aus den Integralgesetzen gemutmaßt und erschlossen werden, und diese Schlüsse sind streng genommen niemals eindeutig, da man den beobachteten Makrogesetzen stets durch verschiedene Hypothesen über die zugrunde liegenden Mikrogesetze gerecht werden kann. Unter den verschiedenen Möglichkeiten wählt man natürlich diejenige, die sich durch die größte Einfachheit auszeichnet. Es ist das Endziel der exakten Naturwissenschaft, alles Geschehen auf möglichst wenige und möglichst einfache Differentialgesetze zurückzuführen.[5]

Denken wir uns dies Endziel erreicht, so ist eben jener Satz, daß die Mikrogesetze im Verein mit den Anfangs- und Grenzbedingungen den Ablauf aller Vorgänge in dem umgrenzten Bezirk eindeutig bestimmen, mit dem Kausalsatz identisch.

Wollen wir die Kausalbegriffe in der alten Form verwenden, so werden wir den Gesamtzustand des Bezirks während eines Zeitdifferentials als Wirkung des unmittelbar vorhergehenden und als Ursache des direkt folgenden Gesamtzustandes zu betrachten haben. Es ist aber klar, daß dies nur eine von vielen möglichen Arten ist, die infolge der gegenseitigen Abhängigkeit bestehende eindeutige Bestimmtheit aller Zustände zu formulieren. Man kann ebensogut irgend einen Zustand des Systems als Ursache eines *beliebigen* später folgenden ansehen, wenn das Interesse sich gerade auf diese beiden, nicht auf die dazwischenliegenden konzentriert. Dagegen erlaubt der Sprachgebrauch nicht, einen Zustand als Ursache irgend eines *voraufgegangenen* zu bezeichnen, obwohl (immer die Bekanntheit der Grenzbedingungen vorausgesetzt) dieser sich aus jenem mit Hilfe der strengen Naturgesetze genau so leicht ergibt wie umgekehrt. Bei den sogenannten Minimalprinzipien der theoretischen Physik werden Anfangs- und Endzustand als feste Daten betrachtet, von denen alle dazwischen liegenden Vorgänge abhängen und aus denen sie sich berechnen lassen. Es besteht hier also eine große Willkür der Auffassung, es ist eigentlich jede berechtigt, sofern sie nur die durchgehende vollkommene Bestimmtheit des Ganzen unangetastet läßt. Das sollte man sich vor allem bei Untersuchungen über die Verschiedenheit und die Berechtigung der kausalen und der finalen oder teleologischen Anschauungen vor Augen halten; manche falsche Fragestellung auf diesem Gebiete ist der Unklarheit in bezug auf die besprochenen einfachen Verhältnisse entsprungen.[6]

Den durchgängigen Zusammenhang der Vorgänge untereinander, der seinen Ausdruck in der unabänderlichen Bestimmtheit alles Geschehens | findet, dürfen wir als einen *kausalen*[1]) bezeichnen; die Kausalbegriffe Ursache und Wirkung aber werden wir nur als eine Formulierung – und nicht als die glücklichste – ansehen, die jenen Tatbestand wiederzugeben sucht. Die beiden Begriffe behalten eine hervorragende praktische Brauchbarkeit besonders in den Fällen, wo die Abhängigkeiten der Natur sich in gewisser Weise voneinander isolieren lassen und die Anwendung der Millschen Regeln der Induktion gestatten, durch die man dann zur Auffindung der Makrogesetze gelangt.[7] Durch experimentelle Veranstaltungen bemüht man sich, den einfachsten Fall zu realisieren, daß man nämlich eine Größe A um einen Betrag ΔA ändert (= Vorgang U in unserer früheren Bezeichnungsweise) und die Änderung einer Größe B um den Betrag ΔB beobachtet (= Vorgang V), während der Einfluß aller übrigen Abhängigkeiten unmerkbar klein gesetzt ist.

Wie nun die auf solchen Wegen gewonnenen Makrogesetze aufeinander reduziert und schließlich als Resultate universeller Mikrogesetze gedeutet werden, das ist eine methodische Frage, die für unsern gegenwärtigen Zweck außer Betracht bleiben kann.[8]

2. Die Gleichförmigkeit der Natur

Die einzelnen Regeln, welchen der Ablauf der Naturprozesse folgt, lernen wir allein durch die *Erfahrung* kennen. Darüber besteht seit Hume und Kant kein ernstlicher Zweifel mehr. Um zu wissen, welchen Vorgang V irgend ein U nach sich zieht, müssen wir U und V wenigstens einmal beobachtet haben. Wir vermögen also einen kausalen Zusammenhang in der Natur nur dann zu er-

---

[1]) Im Gegensatz zum funktionalen, welcher nicht eine reale, sondern eine rein begrifflich-analytische Beziehung bedeutet, wie sie etwa zwischen den Zahlen x und $\log x$ besteht.

kennen, wenn in ihr gleiche Vorgänge wiederkehren; denn wenn jedes Ereignis in der Welt vollkommen neu und noch nie dagewesen wäre, so wüßten wir ja nie, was für ein Ereignis als Folge dazu gehört, es mangelte den Kausalbegriffen an jeder Möglichkeit der Anwendung, wir kämen gar nicht zu ihrer Aufstellung.

An diesem Punkte könnte man versucht sein, zwei Bedenken zu erheben. Erstens könnte man meinen, es sei sehr wohl möglich, mit Hilfe der Naturgesetze die Wirkung noch nie dagewesener Ursachen zu bestimmen. Wenn z. B. ein Ingenieur eine ganz neuartige Brücke baut, so weiß er ihre Tragfähigkeit, ihre Spannungsverhältnisse usw. vorher anzugeben, obwohl doch die Brückenkonstruktion durch ihn überhaupt zum erstenmal zur Existenz gelangt. Hierauf ist natürlich zu entgegnen, daß solche Komplexe, die als etwas Neues in unserer Erfahrung auftreten, sich in den gedachten Fällen zerlegen lassen in Teile, die für sich bereits beobachtet waren, und die nun in ihrer Kombination dem Ganzen äquivalent sind. Und die Kombination selber bedeutet auch nicht etwas ganz »Neues«, da der Einfluß (oder die Einflußlosigkeit) des Kombinierens gleichfalls schon bekannt war.

Der zweite Einwand, der sich erheben ließe, geht tiefer. Er behauptet, daß genau Gleiches in der Welt überhaupt nicht vorkomme. Denn »die Natur ist nur *einmal* da« (Ernst Mach, *Die Mechanik in ihrer Entwicklung*[3], Leipzig: Brockhaus 1897, S. 474), und da jeder Vorgang in ihr mit allen andern zusammenhängt, so ist ein beliebiges Geschehen streng genommen völlig einzigartig und kehrt in genau gleicher Gestalt niemals wieder. Es scheint also, als dürfe das Vorkommen streng gleicher Vorgänge nicht zur Bedingung der Aufstellung des Kausalsatzes gemacht werden. – Gegen diesen Einwand muß man geltend machen, daß das Erscheinen absolut gleicher Prozesse, dessen Unmöglichkeit prinzipiell zugegeben werden kann, für den gedachten Zweck auch nicht erforderlich ist, sondern daß eine weitgehende Ähnlichkeit statt der völligen Gleichheit genügt. Denn durch Abstraktion der unwesentlichen und störenden Momente wird die Ähnlichkeit für unser Bewußtsein in Gleichheit übergeführt. Mit

Recht hat man daher auf die Rolle der Abstraktion bei der Bildung und Anwendung der Kausalbegriffe hingewiesen (Mach a.a.O., B. Erdmann, *Über Inhalt und Geltung des Kausalgesetzes*, Halle (Saale): Niemeyer 1905, S. 9f.). Es ist aber zu betonen, daß es im allgemeinen in Wirklichkeit gar keines Abstraktionsprozesses bedarf, um Gleichheiten in Ähnlichkeiten aufzufinden, denn die Tatsachen der Bewußtseinsschwelle sorgen von selbst dafür, daß geringe Unterschiede in den beobachteten Ereignissen unbemerkt bleiben, und daß ein Gleichheitserlebnis sich einstellt, wo in Wahrheit nur eine Ähnlichkeit vorgelegen haben kann. Dies letztere lehrt uns aber meist nur die theoretische Überlegung: nur die Einsicht in die gegenseitige Verschlungenheit aller Vorgänge zwingt uns die Verschiedenheit auch derjenigen Vorgänge oder Gegenstände zu behaupten, die wir gemeinhin als gleich ansehen. Es ist also meist gerade umgekehrt als man es darzustellen pflegt: nicht zur Herausschälung von Gleichheiten aus beobachteten Ähnlichkeiten bedarf es einer besonderen intellektuellen Anstrengung, sondern es sind im Gegenteil ziemlich weitgehende wissenschaftliche Erkenntnisse nötig, um uns zu überzeugen, daß nur die Unvollkommenheit unserer Sinne uns die Abwesenheit von Unterschieden vortäuscht, die in Wirklichkeit vorhanden sein müssen. Vergeblich würden wir uns bemühen, die Verschiedenheit zweier Pendelschläge einer guten Uhr zur Wahrnehmung zu bringen: wir können sie nur theoretisch-deduktiv erschließen. Und dieses Schließen geschieht nach Regeln, die ihrerseits auf der Beobachtung von Gleichmäßigkeiten beruhen.

So bleibt denn unanfechtbar bestehen, daß wir zu keiner *Kenntnis* von Kausalzusammenhängen gelangen und überhaupt den Begriff eines solchen nicht bilden würden, wenn es in der Welt keine | »gleichen« Gegenstände oder Vorgänge gäbe, wobei das Wort »gleich« allerdings nicht in seiner allerstrengsten Bedeutung zu nehmen ist.

Wenn wir aber auch in einem Universum ohne Gleichförmigkeit keine Gesetze und folglich keine Kausalität zu *erkennen* vermöchten, so kann man vielleicht doch fragen, ob nicht dessen ungeachtet Kausalität in einer derartigen Welt *vorhanden sein* kann. Eine solche Frage darf jedoch nur mit der größten Vorsicht gestellt werden. Gewiß ist es rein begrifflich etwas anderes, ob wir nach einem objektiven Bestehen der Kausalität forschen oder nach ihrer *Konstatierbarkeit*, aber es wäre natürlich vollkommen müßig, nach der Existenz einer Sache zu fragen, von der wir wissen, daß sie unserer Kenntnis prinzipiell und absolut entzogen wäre, wenn sie existierte. Über schlechthin unprüfbare und folglich falsch gestellte Fragen geht die Wissenschaft mit Recht zur Tagesordnung über.[9] Dagegen bekäme die Problemstellung einen Sinn, wenn jene Unmöglichkeit der Feststellung nicht eine absolute, sondern mehr praktischer, zufälliger Natur wäre. Dieser Fall verdient wohl, ins Auge gefaßt zu werden. Es wäre möglich, daß das Bestehen von Kausalität in der Natur sich mit einem *Merkmal* verknüpfte, das zwar prinzipiell erfahrbar ist, uns aber doch nur zum Bewußtsein kommen und in seiner Bedeutung erkannt werden kann, wenn Gleichförmigkeit des Geschehens sich damit verbindet. Dieses Merkmal könnte entweder in dem Vorhandensein von *Naturgesetzen auch ohne Gleichförmigkeit* bestehen oder in einem noch unbekannten Moment, das in der Geltung der Naturgesetze nur seinen Ausdruck findet. Jedenfalls wäre dann Gleichförmigkeit nicht mehr *das* wesentliche Merkmal der Kausalität, sondern nur ein unentbehrliches Mittel, um den Gedanken der Gesetzmäßigkeit überhaupt zu fassen und daraufhin jenes andere Moment als wesentliches Merkmal der Kausalität zu deuten.

Es ist eine verbreitete Meinung, daß die Dinge sich wirklich so verhalten wie hier geschildert, und schon deswegen müssen wir diese Ansicht ernstlich prüfen. Wir untersuchen also zunächst, ob der Begriff der Kausalität auch sinnvoll anwendbar ist auf eine Welt, in der gleiche Vorgänge sich nie wiederholen. Da Kausalität jedenfalls durchgängige Gesetzmäßigkeit bedeutet, so lautet also unsere Frage: Ist die Gleichförmigkeit der Natur eine wesentliche Bedingung dafür, daß sie von Gesetzen beherrscht wird, oder ließe sich die Welt auch dann festen Regeln unterworfen denken, wenn in ihr auf gleiche Vorgänge stets verschiedene folgten?

Die Frage läßt sich auch so formulieren: Muß jedes Naturgesetz *allgemein* sein, d. h. auf eine Mehrzahl realer Fälle passen, die nur durch Raum und Zeit getrennt sind – oder sind auch *individuelle* Naturgesetze möglich, derart, daß jeder Vorgang in der Welt seiner eigenen, besonderen Regel folgt, die für keinen andern gilt und daher jede Gleichförmigkeit im Universum ausschließt? Könnte man auch im letzteren Falle sagen, die Welt unterstehe restlos der Kausalität, weil ja doch für jedes Geschehen in ihr ein Gesetz seines Verlaufs da sei, nach dem es sich richtet?

Um die Frage zu beantworten, wollen wir überlegen, ob es möglich ist, Gesetze von solcher Form zu konzipieren, wie es dem Gedanken der individuellen Kausalität entspricht.[10]

Nichts erscheint leichter als das!

Wir brauchen nur anzunehmen, daß in den mathematischen Ausdruck der Naturgesetze Raum und Zeit explizite eingehen, und zwar als Argumente nichtperiodischer Funktionen. Denn wenn das Weltgeschehen durch Regeln dieser Art bestimmt wird, können im Universum auf gleiche Vorgänge niemals gleiche Wirkungen, sondern immer nur andere folgen. Käme nämlich je während eines Zeitdifferentials ein schon einmal dagewesenes Ereignis wieder, so müßte es ein anderes Ereignis nach sich ziehen als in allen übrigen Fällen seines Vorkommens, weil das Folgeereignis nach unserer Annahme durch die räumlichen und zeitlichen Bestimmungen des Antezedens mitbedingt wäre, und diese sind eben jedesmal andere. Zwei *gleiche* Ereignisse müssen sich immer durch Ort oder Zeit ihres Auftretens unterscheiden, denn täten sie das nicht, sondern stimmten auch in diesen Beziehungen überein, so läge nicht Gleichheit, sondern Identität vor: wir hätten es überhaupt nur mit einem einzigen, nicht mit zwei Vorgängen zu tun.

Das Geschehen in einer derartigen Welt wäre ganz und gar chaotisch. Jede Regelmäßigkeit wäre aufgehoben. Irgendein chemischer Versuch beispielsweise würde bei solcher Ordnung der

Dinge ein anderes Resultat ergeben, je nachdem er in diesem Zimmer oder nebenan, jetzt oder nach einer Viertelstunde angestellt würde: aber auch die ganze Umgebung müßte sich geändert haben nebst dem Beobachter selber, dessen persönliche Identität unter solchen Umständen vielleicht gar nicht erhalten bleiben könnte. Es ist zweifelhaft, ob ein so unordentliches Universum selbst unter gewissen stark einschränkenden Voraussetzungen für uns auch nur vorstellbar wäre.

In einer derartigen Welt hätten Raum und Zeit absolute Bedeutung. Denn wenn die Koordinaten des Raumes und der Zeit in der gedachten Weise in alle Naturgesetze eingehen, so müssen sie auf ein ganz bestimmtes Bezugssystem bezogen werden, sonst wäre das Geschehen nicht eindeutig festgelegt. Ein Wechsel des Bezugssystems würde eine ganz andere Formulierung der Naturgesetze nötig machen: die räumlichen und zeitlichen Bestimmungen wären also nicht relativ. Hierauf wird noch zurückzukommen sein.[11]

Was für ein Schluß läßt sich aus dem Ergebnis unseres Gedankenexperimentes ziehen? Es scheint die begriffliche Möglichkeit einer Welt zu lehren, die jeder Gleichförmigkeit ermangelt, in der aber dennoch alles Geschehen nach festen Gesetzen erfolgt. Diese Gesetze müßten uns (vorausgesetzt, daß wir existieren könnten) freilich gänzlich verborgen bleiben, aber ihr objektives Vorhandensein scheint davon doch nicht berührt zu werden. Denn wenn auch dem menschlichen Intellekt die Auffindung eines Gesetzes nur beim Bestehen von Gleichförmigkeiten möglich ist, so sind doch Intelligenzen denkbar, die an diese Bedingung nicht gebunden sind, und das genügt doch wohl sicher, um der Behauptung der Existenz der Gesetze Sinn zu geben. Wir denken die Gesetze unabhängig davon, ob gerade der Mensch darum weiß oder nicht: er macht sie nicht, sondern findet sie nur. Kurz, die Nichtfeststellbarkeit der Gesetze scheint nicht eine absolute und prinzipielle, sondern eine zufällige, durch die Besonderheit der menschlichen Organisation bedingte und daher von Nichtexistenz wohl unterscheidbar zu sein.[12]

So ergibt sich augenscheinlich, daß die gedachte ungeordnete Welt genau so gut von der Kausalität regiert wäre wie die in Gleichförmigkeit und Regelmäßigkeit prangende Welt, der unser wirkliches Leben angehört, und in der die Kausalität für uns so leicht feststellbar ist. Es würde folgen, daß Gleichförmigkeit keineswegs zu den notwendigen Bedingungen der Kausalität zu rechnen ist, daß vielmehr als deren einziges Merkmal das Bestehen von im übrigen gänzlich beliebigen Gesetzen anzusehen sei.

Diese Schlußfolgerung erscheint zunächst unbedenklich und entspricht, wie gesagt, der herrschenden Meinung[2]. Wir wollen sie aber nicht annehmen, ohne sie mit der größten Sorgfalt auf ihre Bündigkeit zu prüfen, denn es gibt eine Frage, die uns stutzig machen und Zweifel an ihrer Richtigkeit erwecken muß.

3. Zufälliges und notwendiges Geschehen

Die Frage, welche uns bedenklich machen muß, ist diese: Wie würde sich von dem gedachten chaotischen aber doch gesetzmäßigen Universum eine schlechthin *zufällige* Welt unterscheiden?

Wenn wir versuchen, uns eine Welt vorzustellen, die von bloßem Zufall, nicht von Gesetzen regiert wird, in welcher also die Ereignisse aufeinander folgen, ohne sich gegenseitig zu beeinflussen, so daß niemals eines die Ursache oder die Wirkung eines anderen wäre – wenn wir eine solche Welt zu denken suchen, so gelangen wir zu einem Universum von genau derselben Art, wie wir es uns vorhin ausgemalt haben. Welcher prinzipielle Unterschied läßt sich zwischen beiden entdecken?

---

[2] Vgl. z. B. Hugo Bergmann, »Der Begriff der Verursachung und das Problem der individuellen Kausalität«, in: *Logos* Band V (1914), S. 91. Ferner Franz Erhardt, *Tatsachen, Gesetze, Ursachen*, Rostock: Stiller'sche Hof- und Universitäts-Buchhandlung 1912, S. 8. Johannes v. Kries, *Logik. Grundzüge einer kritischen und formalen Urteilslehre*, Tübingen: Mohr (Siebeck) 1916, S. 50. Auch mich selbst muß ich hier zitieren: *Allgemeine Erkenntnislehre*, Berlin: Springer 1918, S. 322.

Wir können uns zwei genau gleiche Welten denken derart, daß in der einen ganz dieselben Vorgänge sich aus Zufall abspielen wie in der andern aus Kausalität. Wenn irgend eine beliebige scheinbar regellose Folge von Weltzuständen gegeben ist, so können wir sie nach Gutdünken auch als Ausfluß einer Gesetzmäßigkeit auffassen. Denn das Stück, das auf der Weltbühne gespielt wird, mag so chaotisch und wirr sein wie nur möglich: immer ließe es sich doch durch strenge Gesetze darstellen, wenn man diese nur passend wählt; für die tollsten Unregelmäßigkeiten ließe sich stets eine ausreichende Erklärung finden: sie würde nämlich durchweg in den besondern Werten der Raum- und Zeitkoordinaten der fraglichen Vorgänge erblickt werden können. Und bei physikalischem Geschehen brauchten wir nicht einmal zu fürchten, daß wir zur Darstellung beliebiger Naturläufe nicht mit analytischen Funktionen auskämen, denn selbst wenn man nur solche benutzen dürfte, so wäre es doch mit ihrer Hilfe möglich, sich jedem beliebigen Gesetz bis zu jedem gewünschten Grade der Genauigkeit anzuschmiegen. Wirklich ermitteln könnten wir die Funktionen freilich durchaus nicht, aus den in der vorigen Betrachtung erläuterten Gründen; aber hier kommt es nur auf die Denkbarkeit, d. h. auf die Widerspruchslosigkeit der Sache an.

Läßt sich wirklich kein Unterschied angeben zwischen einem durch Zufall verworrenen Universum und einem durch Kausalität verwirrten? Wir wollen zusehen, auf welchen Wegen man nach solch einem Unterschied suchen könnte. Ließe sich keiner finden, so wäre das Resultat der vorigen Betrachtung zu verwerfen, wonach es schien, als seien Kausalität und Naturgesetzlichkeit ganz unabhängig von jeder Gleichförmigkeit der Welt, und die Gleichförmigkeit, d. h. eine gewisse Unabhängigkeit von Ort und Zeit, würde doch ein notwendiges Merkmal des Kausalitätsbegriffs bilden.

Das konträre Gegenteil zum Zufall ist die Notwendigkeit. Man müßte also sagen: in der kausal regierten Welt geht jeder Zustand in den folgenden vermöge einer Notwendigkeit über, die in der vom Zufall aufgebauten Welt fehlt. Wir müssen sorgfältig prüfen, welchen Sinn diese Aussage hat. Nur wenn sich mit ihr überhaupt ein Sinn verbinden läßt, können wir unsern bisherigen Begriff des Naturgesetzes aufrecht erhalten, der die Gleichförmigkeit des Geschehens nicht zu seinen Merkmalen zählt.

Man wird zuerst geneigt sein, das Wesen der kausalen Notwendigkeit darin zu erblicken, daß der folgende Zustand auf den vorhergehenden nicht bloß *folgt*, sondern durch ihn *bestimmt* wird. Und welchen Sinn hat hier das Wort »bestimmen«? Es muß jedenfalls bedeuten, daß es eine Regel, eine Formel gibt, mit Hilfe deren das Kommende aus dem Vergangenen abgeleitet werden kann. Es war aber das Ergebnis unserer vorhergehenden Betrachtung, daß eine solche Formel *unter allen Umständen* existiert. Stets, also auch bei »zufälligem« Geschehen, lassen sich geeignete Weltregeln erfinden, die dem Verlauf der tatsächlichen Ereignisse, wie er auch sein mag, vollkommen angepaßt sind, so daß der folgende Zustand jeweils als die richtige Fortsetzung des vorhergehenden erscheint. Die Möglichkeit einer solchen Formel kann also nicht das kennzeichnende Merkmal der Notwendigkeit sein.

Jetzt wird man meinen, der Sinn dieses Wortes und mithin der Unterschied zwischen zufälligem und gesetzmäßigem Geschehen liege darin, daß bei dem ersteren jene Formel immer erst *nach*träglich aufgestellt werden könnte, weil ja alle Zustände des Gesamtverlaufs bekannt sein müssen, um die richtigen, den Verlauf beschreibenden Funktionen zu finden; dagegen ließe sich bei kausalem Geschehen der Ablauf *voraussagen*, weil eben die Ereignisse gezwungen wären, einer bestimmten Formel zu folgen, die ein für allemal festliege.[13]

Dieser Versuch einer Unterscheidung verfehlt aber seinen Zweck. Erstens nämlich ist jedes Gesetz, jede objektive Regel als rein begriffliches Gebilde unzeitlich; es hat keinen Sinn zu fragen, ob es vor oder nach einem bestimmten Zeitpunkt existiere. Die Existenz eines Begriffes ist zeitlos und bedeutet nur, daß er widerspruchsfrei ist, daß er überhaupt gedacht werden kann. Allerdings kann man nach dem Zeitpunkt fragen, wann sich ein Begriff von uns aufstellen läßt. Und hier könnte man nun ein Erkennungszeichen kausaler Notwendigkeit darin zu finden hoffen, daß die tatsächliche Formulierung eines Gesetzes bei ihr eben im voraus geschehen könne. Aber auch diese zweite Hoffnung ist trügerisch, denn auch dazu taugt jene Bestimmung nicht. Wir hatten ja gesehen, daß es der *Voraussetzung* einer Wiederkehr des Gleichen bedarf, um eine vorhandene Gesetzmäßigkeit festzustellen; ohne sie wäre uns die Auffindung der wahren Regeln des Geschehens durch Beobachtung gänzlich unmöglich. *Ohne* Beobachtung aber könnte die richtige Formel nur *erraten* werden. Ein Erraten ist aber natürlich auch für ein völlig gesetzloses Universum ebensogut möglich: auch wenn die Zukunft durch nichts bestimmt wäre als den blinden Zufall, könnte ihr Ablauf eben doch richtig geraten werden. Wieder gelingt es nicht, auf diesem Wege einen Unterschied zwischen einer gesetzhaften und einer gesetzlosen Welt zu entdecken oder zu konstruieren: in beiden Fällen wäre eine Übereinstimmung der Formel mit der Wirklichkeit in gleicher Weise zufällig, und es besteht keine angebbare Differenz.

So ist es ein vergebliches Bemühen, den Begriff des nichtgleichförmigen und doch notwendigen Weltablaufs durch Zergliederung von dem des zufälligen Geschehens zu unterscheiden. Um ihm trotzdem noch einen Sinn zu retten, hat man angenommen, das eigentlich entscheidende Merkmal der Notwendigkeit lasse sich überhaupt nicht definieren, denn es sei ein letztes, nur zu erlebendes Moment, und daher keiner Beschreibung zugänglich. Es wäre das S. 464 Sp. 1 erwähnte Moment, welches dann als Grund aller Naturgesetzlichkeit zu gelten hätte. Diese Möglichkeit ist noch zu prüfen.

Es herrscht Einigkeit darüber, daß das gesuchte Moment nicht zu finden ist in der sinnlichen Erfahrung. Kausalität und Notwendigkeit sind nichts Wahrnehmbares, nichts, was sich an den Ereignissen und ihrer Abfolge beobachten ließe. Das gilt selbst in unserer wirklichen ganz und gar gleichförmigen und wiederholungsreicher Welt – wieviel mehr nicht in einem Universum ohne solche Regelmäßigkeiten! Es bliebe also nur übrig, nach dem fraglichen Merkmal in der psychologischen Erfahrung zu forschen: vielleicht werden wir uns in der inneren Erfahrung unmittelbar dessen bewußt, was Notwendigkeit ist? Derartiges wird in der Tat von manchen angenommen. Man meint, das Gesuchte sei in unsern Urteilsakten zu finden, nämlich in den Akten des apodiktischen Urteilens. »Der hier vorkommende Begriff der Notwendigkeit ist gewonnen durch Reflexion auf ein modales, stellungnehmendes Verhalten unserer Seele« (H. Bergmann, *Logos*, V, S. 85). Das notwendige Geschehen würde sich vom zufälligen unterscheiden wie das apodiktische Urteil (das die Form hat »S muß P sein«) vom problematischen (»S kann P sein«).

Ich vermag nicht einzusehen, daß man auf diese Weise zu einer haltbaren Definition des Notwendigkeitsbegriffs geführt wird. Sie erhält für die objektive Welt nur Sinn, wenn man annimmt, daß in den Naturvorgängen ein gewisser Zwang auftreten könne, der demjenigen analog ist, den wir beim apodiktischen Urteilen fühlen. Hier würde also das gesuchte Moment der Notwendigkeit, das wir im objektiven Geschehen selbst nicht finden können, auf dieses durch einen Analogieschluß aus der inneren Reflexion übertragen. Ein solcher Schluß ist aber zweifellos ganz unstatthaft. Denn wer möchte im Ernst behaupten, der Übergang von der Ursache zur Wirkung dürfe als eine Art Urteil aufgefaßt werden, das die Natur bei Gelegenheit eines jeden Vorganges in ihr fälle? Dergleichen poetisch-metaphysische Vorstellungen bringen uns unserm Ziel um keinen Schritt näher. Ferner ist wohl zu beachten, daß man nicht etwa das Zwangsgefühl beim apodiktischen Urteilen auffassen darf als das Erlebnis eines Kausalnexus im psychischen Geschehen, denn wenn man ein assertorisches oder problematisches Urteil fällt, so sind die psychischen Vorgänge dabei natürlich genau so gut kausal determiniert, und doch tritt jenes Notwendigkeitserlebnis nicht auf. Es ist tatsächlich wohl nur ein Gefühl, und die Kausalität selber kommt

Betrachtungen über das Kausalprinzip

in ihm ebensowenig zum Bewußtsein wie beim Willensakt, von dem ja schon Hume feststellte, daß nur die Aufeinanderfolge von Wollen und | Handlung erlebt werde, nicht aber das Auseinanderfolgen[3].

So erhalten wir also auch auf diesem Wege keine Antwort auf die Frage nach einer gültigen Definition des Notwendigkeitsbegriffs, die das Merkmal der Gleichförmigkeit nicht voraussetzte.

Unser Problem darf nicht verwechselt werden mit der Frage nach dem psychologischen Ursprung der Vorstellung der Notwendigkeit. Er ist wohl ein mehrfacher, und darf mit Recht teilweise in dem Erlebnis apodiktischen Urteilens gefunden werden, ebenso aber auch dort, wo Hume ihn suchte: in der assoziativen Gewöhnung, vermöge deren die Vorstellung des Consequens sich mit derjenigen des Antezedens verknüpft, wenn die Aufeinanderfolge beider vorher oft erlebt wurde. Jene Gewöhnung aber *setzt*, wie Hume selber so scharf betont hat, die Gleichförmigkeit des Geschehens *voraus*, und auf sie sehen wir uns also selbst an dieser Stelle verwiesen.

Der Umstand, daß die Notwendigkeitsvorstellung psychologisch auf mehrere Quellen zurückgeht, hat, nebenbei bemerkt, zu sehr schädlichen Begriffsverwirrungen in der Philosophie geführt. Es wurde nämlich in den Begriff der Notwendigkeit aus der psychischen Erfahrung das *Zwangs*mäßige aufgenommen, d. h. der gewaltsamen Überwindung eines widerstrebenden Wollens. Notwendigkeit und Zwang sind aber zwei gänzlich verschiedene Begriffe, die nichts miteinander gemein haben sollten. Das konträre Gegenteil der Notwendigkeit ist der *Zufall*, das des Zwanges die *Freiheit*. Bei genauer Beachtung dieses Unterschiedes ist z. B. das Problem der sogenannten Willensfreiheit

---

[3] Joseph Geyser (*Allgem. Philosophie des Seins und der Natur*, Münster: Schöningh 1915, S. 97) sucht die Ansicht aufrecht zu halten, daß wir in der psychischen Wirklichkeit das Auseinanderfolgen direkt erleben und vom bloßen Aufeinander unterscheiden können. Dieses Unterscheiden dürfte aber eine andre, rein psychologisch zu klärende Bedeutung haben.

so gut wie gelöst: Notwendig ist unser Handeln immer, das ist aber nicht dasselbe wie erzwungen, und daher auch nicht dasselbe wie unfrei; es ist vielmehr überall frei zu nennen, wo es nicht wesentlich durch Hemmungen (Fesseln, Drohungen) bestimmt wird, die den Absichten des Handelnden zuwiderlaufen. Ist diese Verwechslung an sich schon ein böser Fehler, so wird sie noch durch einen schweren Anthropomorphismus vermehrt, wenn wir nun gar die Notwendigkeit des Weltgeschehens als eine Art von Zwang auffassen. Dies tun wir aber, wenn wir uns die Naturgesetze als Gebote, als Befehle vorstellen, denen die Dinge gehorchen müssen, als möchten die Dinge ihnen wohl ausweichen, wenn sie nur könnten. In Wahrheit enthalten die Naturgesetze aber gewiß kein Müssen oder Sollen, sondern beschreiben nur, was tatsächlich geschieht. Notwendigkeit im falschen Sinne des Müssens »is something that exists in the mind, not in objects«[4].

Das Ergebnis ist, daß sich ein unmittelbar zu erlebender Unterschied zwischen Notwendigkeit und Zufall nicht angeben läßt. Wie sollte das auch möglich sein, da doch zufälliges Geschehen in unserem Sinne sicherlich nicht von uns erlebt wird?

Damit sind die Möglichkeiten, in einer von jeder Gleichförmigkeit entblößten Welt von notwendigem Geschehen im Gegensatz zu zufälligem zu reden, überhaupt erschöpft. Wir täuschten uns also, als wir in der vorigen Betrachtung glaubten, den Begriff kausaler Notwendigkeit auf ein chaotisches Universum anwenden zu können. Wir ermöglichten uns diese Anwendung dadurch, daß wir Naturgesetze konzipierten, die von Raum und Zeit explizite abhängen, denn durch diesen Kunstgriff konnten wir jedes beliebige, noch so unordentliche, Geschehen dem Gesetzesbegriff unterwerfen. Jetzt wird offenbar, daß dieser Gesetzesbegriff zu weit gefaßt war: nicht bloß zur *Auffindung* der Gesetze bedarf es der Gleichförmigkeit der Natur, sondern sie ist auch nötig, um dem *Begriff der Gesetzmäßigkeit* überhaupt

---

[4] Hume, *Treatise on human nature*, book I, part III, Of the idea of necessary connection.

einen angebbaren, von der Zufälligkeit unterschiedenen Sinn zu verleihen. Es genügt nicht, daß überhaupt eine Formel denkbar ist, durch welche das Naturgeschehen sich darstellen läßt – dies ist *ausnahmslos* möglich –, sondern die Formel muß auch *bestimmter Art* sein. Es müssen nämlich beliebig viele Fälle ihrer Anwendung möglich sein. Ein Naturgesetz ist also nur dann eines, wenn es *allgemein* ist; der Begriff der individuellen Kausalität hat uns zum Widerspruch geführt. (H. Poincaré hat in einem Aufsatze »L'évolution des lois« [welcher das erste Kapitel des Buches »Dernières pensées« bildet] die Frage behandelt, ob die Naturgesetze sich mit der Zeit ändern könnten, also die Frage, die wir so formuliert haben, ob die Zeit vielleicht explizite in die Gesetze eingehe; er kommt mit vollem Recht zu dem Ergebnis, daß diese Annahme unter allen Umständen abzuweisen sei, weil eine solche Möglichkeit niemals in den Bereich wissenschaftlicher Erfahrung fallen könne. Auch hier also das Resultat, daß für uns der Begriff der Gesetzmäßigkeit ohne Gleichförmigkeit seinen Inhalt verliert. Poincaré glaubt für seine Schlüsse die Voraussetzung machen zu müssen, daß nur die Möglichkeit einer *langsamen* Änderung der Gesetze mit der Zeit in Betracht gezogen werde; ich glaube aber, daß auch ohne diese Voraussetzung derselbe Nachweis genau so gut geführt werden kann – wir wollen uns aber an dieser Stelle nicht auf die dazu nötigen erkenntnistheoretischen Betrachtungen einlassen –.[14])

Sollen nun gleiche Fälle im Naturgeschehen existieren können, so muß irgend ein Prinzip der Trennung vorausgesetzt werden, welches da macht, daß Vorkommnisse *gleich* sein können, ohne doch *identisch* zu sein. Das Prinzip muß gleiche Dinge in der Welt auseinanderhalten, ohne sie inhaltlich irgendwie zu beeinflussen. Bekanntlich ist dies Auseinander in der Natur auf zwei für unser Bewußtsein qualitativ verschiedene Weisen realisiert, nämlich im Nebeneinander des Raumes und im Nacheinander der Zeit. Zwei im übrigen vollkommen gleiche Dinge unterscheiden sich durch den Ort oder die Zeit ihres Daseins.

Diese Prinzipien des Auseinander, welche die Voraussetzung des Begriffs der Gesetzmäßigkeit und der Kausalität bilden, würden mit Recht, in Anlehnung an Kants Terminologie, als *Formen* bezeichnet werden, weil eben die inhaltlichen Bestimmungen der Dinge von ihnen nicht abhängen. Daß gerade Raum und Zeit diese Formen sind, ist eine Tatsache, die wir hinnehmen müssen. Andere Formen können wir uns nicht vorstellen, wenn sie auch denkbar sind. Raum und Zeit könnten ihre Funktion als Formen nicht erfüllen, wenn sie explizite in die Differentialgesetze des Naturgeschehens eingingen, denn dann käme ihnen eben doch eine inhaltliche Bedeutung zu, Ort und Zeit eines Ereignisses wären etwas für dasselbe Charakteristisches, untrennbar zu seinem Wesen Gehörendes. Wir hatten oben bemerkt, daß Raum und Zeit, wenn die Naturgesetze von ihnen abhingen, eine absolute Bedeutung gewinnen würden. Wir können daher jetzt sagen: Kausalität setzt voraus, daß Raum und Zeit nicht etwas Absolutes in dem bezeichneten Sinne sind.

Dieser höchst wichtige Zusammenhang von Raum und Zeit mit der Kausalität ist kaum jemals richtig gewürdigt worden, jedoch hat ihn bereits der große Physiker Maxwell aufs schärfste hervorgehoben und benutzt, um das Kausalprinzip ganz richtig in folgender Weise zu formulieren[5]:

»The difference between one event and another does not depend on the mere difference of the times or the places at which they occur, but only on differences in the nature, configuration, or motion of the bodies concerned.« Und er fügt hinzu: »It follows from this, that if an event has occurred at a given time and place it is possible for an event exactly similar to occur at any other time and place.«

Damit ist dem Raum und der Zeit eine Homogenität zugesprochen, die in der Tat unerläßlich für sie ist, wenn sie wirklich bloß *Formen* sein sollen, wie die Kausalität es fordert. Diese

---

[5] James Clerk Maxwell, *Matter* and *Motion*, New York: The MacMillan Co 1920, Ende des ersten Kapitels, S. 13.

Homogenität ist von allgemeinster Art (und deshalb verträglich mit den raum-zeitlichen Inhomogenitäten, die nach der Gravitationstheorie *durch die Materie* bedingt werden), sie ist nach dem eben Gesagten mit der Absolutheit des Raumes und der Zeit unvereinbar, und von ihr gilt daher der Satz Poincarés: »... la relativité de l'espace et son homogénité sont une seule et même chose«.[6]

Nun ist aber die Relativität des Raumes und der Zeit durch die neuen Fortschritte unserer physikalischen Anschauungen in einem viel weiteren und tieferen Sinne statuiert worden. Man muß die Frage aufwerfen, ob diese weitestgehende Relativierung ebenfalls eine unumgängliche Voraussetzung für die Möglichkeit der Kausalität bildet, oder ob hier nicht ein so enger Zusammenhang besteht wie mit jener besonderen Relativität, von welcher wir fanden, daß ohne sie nicht sinnvoll von einer allgemeinen Gesetzmäßigkeit der Natur gesprochen werden kann. Wie es sich damit auch verhalten mag – jedenfalls verspricht die Untersuchung der Frage einige Einsicht in die Voraussetzungen und Grenzen der Kausalität und soll deshalb hier begonnen werden.

4. Kausalprinzip und Relativität

Wir gehen aus von der Betrachtung eines Beispiels, das Einstein zur anschaulichen Verdeutlichung eines Grundgedankens seiner allgemeinen Relativitätstheorie benutzt hat.[7] Wir denken uns zwei flüssige Körper von gleicher Beschaffenheit und Größe in sehr großer Entfernung von allen übrigen Körpern frei in der Welt schwebend und relativ zueinander in Rotation befindlich, und zwar um die gegenseitige Verbindungslinie mit konstanter Winkelgeschwindigkeit. Die eine der beiden Massen sei kugel-

---

[6] Henri Poincaré, *Science et méthode*, Paris: Flammarion 1908, S. 113.
[7] Albert Einstein, *Die Grundlage der allgemeinen Relativitätstheorie*, Leipzig: Barth 1916, S. 8.

förmig, die andere zeige abgeplattete Gestalt, nämlich die Form eines Rotationsellipsoids. Worauf ist die Verschiedenheit der Gestalt beider Körper zurückzuführen? Newton würde darauf vom Standpunkt seiner Dynamik antworten: der Grund für die Abplattung der einen Masse ist darin zu suchen, daß sie im Raume rotiert, während die andere ruht und daher keine Abweichung von der Kugelgestalt zeigt. Damit wären dem Raume absolute Eigenschaften zugeschrieben, denn von einer Rotation relativ zu ihm würde ja das Auftreten der die Abplattung verursachenden Zentrifugalkräfte abhängen.

Diese Vorstellungsweise ist nun, wie mit Nachdruck wohl zuerst Mach hervorgehoben hat, höchst unbefriedigend. Denn, so formuliert es Einstein, der »Galileische Raum [...], der hierbei eingeführt wird (bzw. die Relativbewegung zu ihm), ist eine *bloß fingierte* Ursache, keine beobachtbare Sache«. Und er fährt fort: »Es ist also klar, daß die Newtonsche Mechanik der Forderung der Kausalität in dem betrachteten Falle nicht wirklich, sondern nur scheinbar Genüge leistet ....«[15]

Hieraus ergibt sich deutlich: ist die geschilderte Vorstellungsweise tatsächlich wesentlich für die alte Mechanik, dann verletzt sie das Kausalprinzip, und es ist bewiesen, daß allein der modernen relativistischen Mechanik wissenschaftliche Wahrheit zukommen kann; denn Erfüllung des Kausalprinzips ist ja conditio sine qua non der Naturerkenntnis. Die Frage, ob auch die extremste, von Einstein in die Wissenschaft eingeführte Relativität des Raumes sich gleich der bisher besprochenen allein aus dem Kausalsatz herleiten lasse, wäre bejaht.

Aber in Wahrheit reicht der Tatbestand zur | Herleitung des gedachten Ergebnisses nicht aus. Bei näherer Prüfung finden wir nämlich, daß die alte Mechanik den Forderungen des Kausalsatzes nicht etwa widerspricht, sondern nur die Grenzen seiner Anwendbarkeit sind in ihr enger gezogen als in der allgemeinen Relativitätstheorie; und das ist etwas ganz anderes. Die Frage nach den Grenzen einer jeden kausalen Naturbetrachtung gehört mit zum Gegenstande unserer Untersuchung.

Es stünde sehr schlecht um die Grundlagen der Galilei-Newtonschen Mechanik, wenn sie in unserm Beispiele genötigt wäre, eine Ursache der abgeplatteten Gestalt des einen Körpers anzugeben und sie in einer Rotation relativ zum absoluten Raume zu finden; denn eine Kausalerklärung kann nur dann als geglückt gelten, wenn sie in letzter Linie auf eine vera causa, auf etwas tatsächlich Beobachtbares zurückführt, und das ist der absolute Raum gewiß nicht.[16] Aber in Wahrheit ist die alte Mechanik zu einer solchen Erklärung gar nicht genötigt. Wir erinnern uns, daß die Begriffe von Ursache und Wirkung nur auf *Vorgänge* angewandt werden dürfen. Die Gestalt eines Körpers als solche ist aber kein Vorgang, man darf daher streng genommen nach einer Ursache der Gestalt gar nicht fragen, sondern muß sie als Tatsache hinnehmen, wie etwa das Vorhandensein der beiden Körper überhaupt als Tatsache hinzunehmen ist, die einer Kausalerklärung nicht unterliegt. Der einzige *Vorgang*, der sich in unserm Falle abspielt, ist die Rotation des einen Körpers in bezug auf den andern: im Zeitdifferential dt dreht er sich um einen Winkel $d\varphi$, und die *Ursache* dieses Vorgangs ist einfach die Drehung desselben Körpers im unmittelbar vorhergehenden Zeitdifferential um denselben Winkel. Damit ist vom Standpunkt der alten Mechanik alles restlos erklärt, was überhaupt einer Kausalerklärung bedarf und fähig ist.[17]

Dennoch haftet der ganzen Überlegung unleugbar etwas Paradoxes und tief Unbefriedigendes an, und den verborgenen Grund davon müssen wir aufsuchen.

Man wird zunächst bemerken, daß es sich eigentlich nicht um die Erklärung der Form des einen Körpers handelt, sondern vielmehr um den *Unterschied* der Gestalt der beiden Körper. In jeder andern Beziehung sind sie gleich, befinden sich unter gleichen Umständen, denn jeder rotiert in bezug auf den andern mit der gleichen Winkelgeschwindigkeit – warum sind sie verschieden von Gestalt?

Nun ist Verschiedenheit wiederum kein Vorgang, man darf also nicht nach einer *Ursache* fragen. (Wohl aber könnte man, wenn es sich um die Verschiedenheit zweier *Vorgänge* handelte, nach dem *Grunde* derselben fragen und ihn in der Verschiedenheit der Ursachen beider Vorgänge finden.) Aber es besteht die Möglichkeit, daß die Form eines Körpers nur ein *Anzeichen* sein mochte für gewisse in oder an ihm sich abspielende Prozesse, die nun eine Kausalerklärung gestatten. Ein Beispiel möge zeigen, wie dies gemeint ist. Der naive Mensch betrachtet die *Farbe* eines Gegenstandes als eine ruhende »Eigenschaft« des Körpers; dennoch darf man mit Recht nach einer Ursache der Farbe fragen, weil die wissenschaftliche Analyse zu dem Ergebnis führt, daß farbiges Licht in der physischen Wirklichkeit als ein *Vorgang* (von Schwingungen) aufzufassen ist. Etwas ähnliches scheint nun in unserm Fall tatsächlich vorzuliegen. Dies kann man sich etwa dadurch klarmachen, daß man an dem Einsteinschen Beispiel eine kleine Variation vornimmt, in der an Stelle des bloßen Gestaltunterschiedes eine Verschiedenheit der Prozesse auftritt. Zu diesem Zwecke denken wir uns die flüssigen Massen durch zwei feste Körper ersetzt, die relativ zueinander um die Verbindungslinie rotieren. Auf beiden sei ein kleines Klötzchen mit einer Klammer befestigt. Werden diese Klammern plötzlich gelöst, so bleibt das Klötzchen auf dem einen Körper ruhig liegen, auf dem andern aber fliegt es in der Richtung der Tangente (vom dem ersten Körper aus beurteilt) davon. Welches ist die Ursache dieses Davonfliegens?

Die Lösung der Klammer kann es nicht sein, denn diese findet auf beiden Körpern gleichmäßig statt; es bleibt also als Ursache nur übrig der Gesamtprozeß: Lösung der Klammer plus Drehung, denn andere Vorgänge sind ja nicht vorhanden. Sagte man nun: »Aber auch die Drehung ist doch für beide Körper dieselbe, da der erste in bezug auf den zweiten mit derselben Winkelgeschwindigkeit rotiert wie der zweite in bezug auf den ersten!«, so konnte Newton antworten: »Bewegung relativ zum Körper 1 ist eben nicht dasselbe wie Bewegung relativ zum Körper 2! Die Erfahrung lehrt eben, daß der eine Körper in der Natur *ausgezeichnet* ist, und dadurch wird es praktisch, die Bewegungen auf ein in ihm ruhendes Koordinatensystem zu beziehen; die so bezogenen Bewegungen *nenne* ich *absolute*«. Newton drückte sich nicht ganz so aus, aber de facto entspricht diese Formulierung durchaus den Grundlagen seiner Mechanik, und logisch ist nichts gegen sie einzuwenden. Daß es keinen bevorzugten Körper, kein ausgezeichnetes Bezugssystem geben könne, läßt sich aus dem bloßen Begriff der Bewegung nicht beweisen, denn hier kann nur die Erfahrung entscheiden. Zwar wenn man die Bewegung rein kinematisch, nämlich als Ortsveränderung mathematischer Punkte auffassen dürfte, dann würde es dem Begriff der Bewegung widersprechen, wollte man zwei beliebig zueinander bewegte Bezugssysteme nicht als völlig gleichwertig betrachten; aber in der Natur haben wir es immer nur mit der Bewegung von *Körpern*, also mit der Dynamik zu tun, und die reine Kinematik ist ein Abstraktionsprodukt, über dessen Anwendbarkeit auf die Wirklichkeit nur durch die Beobachtung etwas ausgemacht werden kann. So durfte Newton ohne einen Verstoß gegen den Kausalsatz die Annahme für erlaubt halten, daß gewisse Körper in der Natur bevorzugt seien und daher am besten als Bezugskörper benutzt würden. Sie dürften »ruhend« heißen, und eine Rotation relativ zu ihnen würde an dem Wegfliegen jenes Probekörperchens erkannt werden. Dies Davonfliegen, d. h. das Auftreten von Zentrifugalbeschleunigungen, wäre aufzufassen als *Definition* der dynamischen Drehung, nicht etwa als *Wirkung* der kinematischen Drehung. Natürlich wäre es prinzipiell auch möglich, das Bezugssystem in einen beliebigen andern Körper zu verlegen, an welchem sich Zentrifugalbeschleunigungen zeigen, und diesen durch die Benennung »ruhend« auszuzeichnen, aber es liegt auf der Hand, daß dies Vorgehen unpraktisch wäre.

Es könnte also sehr wohl sein, daß in unserm Beispiel der eine Körper schlechthin vor dem andern ausgezeichnet wäre, ebenso wie etwa ein Körper vor einem andern ein größeres Volumen voraus haben könnte, ohne daß man nach einer Ursache des Unterschiedes fragen dürfte. Die alte Dynamik widersprach also dem Kausalprinzip nicht.

Und gerade weil sie es nicht tat, ist das Verdienst der allgemeinen Relativitätstheorie Einsteins um so größer, denn ohne durch einen wirklichen Fehler der alten Anschauung dazu gezwungen zu sein, bringt sie jene wundersame Vereinheitlichung des naturwissenschaftlichen Weltbildes zuwege, auf welcher ihre Größe in physikalischer wie in philosophischer Beziehung ruht. Dennoch bedeutet die erwähnte Theorie nicht etwa nur eine logische Vereinfachung, sondern einen tatsächlichen *Fortschritt der Kausalerklärung*; sie erschließt dem Ursachenbegriff eine neue Zone jenseits der Grenze, die bis dahin seiner Herrschaft gesetzt schien. Es erscheint deshalb doppelt sonderbar, daß man gelegentlich geglaubt hat[8], die Vereinbarkeit der Relativitätstheorie mit dem Kausalprinzip trete nicht deutlich genug zutage, und eine besondere Rechtfertigung der Theorie in dieser Hinsicht für nötig hielt.

Es liegt uns ob, jenen Prozeß der Grenzerweiterung genauer zu betrachten, um daraus womöglich Schlüsse über die Grenzen kausaler Erkenntnis überhaupt zu ziehen.

Bekanntlich schritt die Relativitätstheorie dadurch über die Newtonsche Mechanik hinaus, daß sie auf den von Newton vernachlässigten Umstand hinwies, daß die in der beschriebenen Weise ausgezeichneten Körper gerade diejenigen sind, die relativ zum Fixsternhimmel ruhen. Mit andern Worten: der bevorzugte Körper ist, wie die Erfahrung lehrt, in Wahrheit das System der Fixsterne. *Dies* System aber ist gegenüber allen sonst zur Wahrnehmung gelangenden Körpern *ohnehin* ausgezeichnet, nämlich durch seine ungeheure Größe und Masse; und wenn es gelang, die erste Art der Bevorzugung (Eignung als Bezugssystem der Mechanik) auf die zweite (Größe der räumlichen Ausdehnung

---

[8] Siehe Helge Holst, *Die kausale Relativitätsforderung und Einsteins Relativitätstheorie*, Kopenhagen: Høst & Søn (= Det Kgl. Danske Videnskabernes Selskab, Mathematisk-fysiske Meddelelser, II, 11), welche Arbeit sich wieder auf J. Petzoldt beruft (»Verbietet die Relativitätstheorie Raum und Zeit als etwas Wirkliches zu denken?«, in: *Ber. d. Deutsch. Physik. Ges.* 20 (1918), S. 189).

und Masse) zurückzuführen, so war dies erkenntnistheoretisch überaus befriedigend. Wir sind eben durchaus nicht geneigt, die verschiedene Bedeutung der Körper als Bezugssysteme mit derselben Bereitwilligkeit als eine letzte, nicht weiter reduzierbare Eigenschaft anzuerkennen, wie ihre Größe. Jene Zurückführung war als Postulat schon früher, z. B. von Mach, aufgestellt worden, aber erst Einstein zeigte den Weg, auf welchem die Reduktion, und zwar mit Hilfe einer Kausalerklärung, wirklich ausgeführt werden konnte. Auf diesem Wege wurden dann alle Bewegungen völlig relativiert, zur Erkenntnis des Charakters einer Bewegung genügten rein kinematische Feststellungen: der kinematische Bewegungsbegriff fiel mit dem dynamischen in der Wirklichkeit vollkommen zusammen, und diese Vereinfachung ist es, die für das erkenntnistheoretische Gewissen eine so große Erleichterung bedeutet.[18]

Wie ließ sich die Verknüpfung herstellen, wie der Zusammenhang finden zwischen den eben hervorgehobenen Eigentümlichkeiten des Fixsternhimmels, nämlich einerseits seiner gewaltigen Ausdehnung und Masse, andrerseits seiner Eigenschaft als Galilei-Newtonscher Bezugskörper (Inertialsystem)?

Da wir erkannt hatten, daß die Begriffe Ursache und Wirkung nur auf *Prozesse* anzuwenden sind, so wäre es falsch zu sagen, die große Masse des Fixsternsystems sei die Ursache seiner ausgezeichneten Bedeutung als Bezugskörper; aus demselben Grunde wäre die Behauptung unzulässig, das »Vorhandensein« der Fixsternmassen sei die Ursache des Auftretens von Zentrifugalkräften an einem in bezug auf sie rotierenden Körper. Es war vielmehr ein viel tieferes Eindringen in das Wesen der Trägheitsvorgänge nötig, um beispielsweise in unserm oben besprochenen Fall zweier zueinander rotierender Körper das verschiedene Verhalten der beiden streng naturgesetzlich abzuleiten. Es genügte nicht, darauf hinzuweisen, daß der Körper 1 in bezug auf den ganzen Fixsternhimmel sich drehe, der Körper 2 jedoch nur in bezug auf den kleinen Körper 1, so daß man es mit zwei ganz verschiedenen Vorgängen zu tun habe, denen auch verschiedene

Wirkungen entsprechen müßten; sondern es zeigte sich, daß eine befriedigende Lösung der Aufgabe erst möglich wurde durch die Einführung des ganz aus dem modernen physikalischen Denken geborenen Begriffs des jede Masse umgehenden *Gravitationsfeldes* (bzw. Trägheitsfeldes). Alle Vorgänge, die in unserm Beispiel als Ursachen wie als Wirkungen in Betracht kommen, sind *Bewegungen von Materie im Gravitationsfelde*; sie sind für die beiden betrachteten Körper verschieden und, was wichtig ist, durch *Differential*gleichungen darstellbar, | weil es für jedes Teilchen nur auf seine unmittelbare raum-zeitliche Umgebung ankommt. Die Zustände im Gravitationsfelde selbst sind als *Vorgänge* aufzufassen, jeweils unmittelbar verursacht durch diejenigen in der nächsten Nachbarschaft, mittelbar in letzter Linie durch alle vorhandenen Massen;[19] und diese Auffassung wurde möglich, nachdem die spezielle Relativitätstheorie gelehrt hatte, die Massen als Energien zu betrachten, womit auch ihnen *Prozeß*charakter zugesprochen war. Es ist vom erkenntnistheoretischen Gesichtspunkt bemerkenswert, daß das Gravitationsfeld nicht etwas in demselben Sinne Wahrnehmbares darstellt, wie die Bewegungen sichtbarer Körper zueinander.[20] Bleibt man aber bei der Betrachtung der letzteren stehen, so gelangt man nicht über das bloße Postulat der Relativität aller Bewegungen hinaus und weiß nicht einmal, ob es sich überhaupt erfüllen läßt. Erst durch die Aufstellung jener Differentialgleichungen, welche die mathematischen Zeichen für ein kontinuierliches Gravitationsfeld sind, gelang es zu zeigen, daß die Naturgesetze sich wirklich in einer Form ausdrücken lassen, die völlig unabhängig ist vom Bezugssystem (beliebigen Transformationen gegenüber kovariant), daß mithin in der Natur wirklich alle Bewegungen als relativ aufgefaßt werden können, jenes Postulat also erfüllbar ist. Mach, der das Postulat aufstellte, kam bekanntlich nur zu den ganz unbrauchbaren Formeln, die man in seiner historisch-kritischen Darstellung der Mechanik findet (3. Auflage, S. 228f.). Die Sachlage erscheint mir für die Beurteilung der Machschen Erkenntnistheorie nicht unwesentlich.[21]

Zurückblickend erkennen wir, daß die allgemeine Relativitätstheorie tatsächlich eine Erweiterung des Bereichs der kausalen Naturerklärung erzielt, und zwar dadurch, daß es ihr gelingt, gewisse früher für irreduzibel gehaltene Eigenschaften der Körper als *Prozesse* zu deuten: die Eignung zum Bezugskörper der Mechanik wurde mit Hilfe von Einsteins genialen Konzeptionen als Vorgang, als Geschehen aufgefaßt, nämlich als Verhalten des Körpers zum umgebenden Gravitationsfelde, und dieses Feld ist selbst ein realer Prozeß, mittelbar verursacht durch den Einfluß der sonst noch in der Welt vorhandenen Massen. Stünde es schlechthin fest, daß die erwähnten Eigenschaften der Körper so gedeutet werden müssen und nicht anders aufgefaßt werden können, dann wäre in der Tat die Forderung der Kausalität nur durch das allgemeine Relativitätsprinzip zu erfüllen, und unsere oben aufgeworfene Frage, ob die Relativität des Raumes auch in dem allerallgemeinsten Sinne aus dem Kausalsatz sich ableiten ließe, wie es mit der beschränkteren, früher besprochenen, auf dem Maxwellschen Wege möglich war – diese Frage wäre bejaht; eine nicht-relativistische Naturauffassung widerspräche dann tatsächlich dem Kausalprinzip.

Freilich ist nicht ersichtlich, wie in diesem Falle (abgesehen von der nachträglichen glänzenden Bewährung der Theorie) ein strenger Beweis dafür geführt werden sollte, daß die fragliche Eigenschaft als Prozeß angesehen werden müsse, und auch in manchem andern Falle scheint ein solcher Beweis nicht möglich zu sein. Aber trotz vielleicht mangelnden Beweises gibt es für den Naturforscher – und dies kann nicht genug betont werden – im allgemeinen keine festere Überzeugung als die vom Prozeßcharakter der wahrnehmbaren Eigenschaften der Materie. Wo solche Deutung überhaupt möglich erscheint, da gilt sie stets auch als zutreffend. Sollte unser Fall eine Ausnahme davon machen? Es spricht m. E. im höchsten Maße zugunsten der allgemeinen Relativität, daß die Voraussetzung so bewährter und fundamentaler Prinzipien genügt, um sie als bloße Folgerung aus dem Kausalsatz erscheinen zu lassen.

5. Die Kausalität der Eigenschaften

Es ist nötig, restlose Klarheit zu gewinnen über das eben angezogene Prinzip, welches die Reduktion von »Eigenschaften« auf »Prozesse« fordert, wo immer sie möglich ist. Diese Reduktion ist – wie schon an einem früher berührten Beispiele zu erkennen – der wichtigste Weg, auf welchem unsere Naturerklärung prinzipielle Fortschritte macht. Das hier zugrundeliegende Problem hat in der naturphilosophischen Literatur öfters eine gewisse Rolle gespielt. Es läßt sich in der Frage formulieren: Kann es zwei Körper geben, die in allen Eigenschaften übereinstimmen, ausgenommen in einer einzigen?

Zunächst kann natürlich nicht der geringste *Widerspruch* darin gefunden werden, wenn ein Gegenstand die Eigenschaften ABCDE besäße, ein anderer aber die Eigenschaften XBCDE; rein logisch gesprochen bestünde also die Möglichkeit, daß zwei Körper sich in ihren Beschaffenheiten völlig glichen und nur in einem einzigen Punkte – z. B. der chemischen Reaktionsfähigkeit, oder der Farbe, oder der Siedetemperatur – voneinander verschieden wären. Dazu war nur erforderlich, daß die Merkmale voneinander unabhängig waren, und warum sollten sie das nicht sein? So konnte man darüber streiten, ob die Aussage, daß dem Stoffe S die Beschaffenheit B zukomme, als ein Naturgesetz aufzufassen sei oder als eine bloße *Definition* des Körpers. Die moderne Wissenschaft aber hat erkannt, daß die Beschaffenheiten der Materie nicht tote Qualitäten, sondern lebendige Prozesse sind, und damit ist der Sachverhalt geklärt, die Frage entschieden. Denn Vorgänge sind nichts isoliertes, sondern haben Ursachen und Wirkungen; es ist schon eine Abstraktion, in dem stetigen Flusse des Geschehens überhaupt eine endliche Zahl von »Eigenschaften« herauszuheben und zu sondern, eine ganz unabhängig für sich stehende Beschaffenheit kann es nicht gehen. Jetzt ist es in der Tat ein | aus dem Kausalprinzip fließendes Postulat, daß zwei Stoffe, die in *einer* Eigenschaft voneinander abweichen, außerdem noch in andern Qualitäten differieren müssen. Denn wenn die Eigenschaft auf einem Vorgang beruht, so ist ja auch die *Ursache* dieses Vorganges notwendig bei beiden Körpern verschieden, diese ist wiederum ein Prozeß und stellt eine neue Eigenschaft des Körpers (oder seiner Umgebung) dar; in ihr ist also eine zweite Differenz gegeben, die irgendwie konstatierbar sein muß.

Hat man z. B. zwei Stoffe, die sich chemisch genau gleich verhalten und als einzige physikalische Differenz ein abweichendes optisches Drehungsvermögen zeigen, so führt man dies bekanntlich zurück auf verschiedene Anordnung der Atome im Molekül, mithin auf eine gewisse Verschiedenheit der im Molekül sich abspielenden Prozesse. Diese aber müssen sich schließlich noch auf andere Weise als bloß durch das optische Drehungsvermögen sichtbar machen lassen, indem man nämlich jene verborgenen Vorgänge mit andern künstlich erzeugten Prozessen so kombiniert, daß eine neue beobachtbare Wirkung herauskommt. Es ist die Kunst des Experimentators, hierzu geeignete Verfahrungsweisen zu ersinnen. So wahr der Kausalsatz gilt, muß es solche Verfahrungsweisen prinzipiell geben.

Auf diese Weise löst die moderne Naturansicht alle Qualitäten in Vorgänge auf und ermöglicht dadurch die Anwendung des Kausalprinzips auf die Verknüpfung der Eigenschaften untereinander. Die Zusammengehörigkeit bestimmter Eigenschaften der Stoffe ist nicht Definition, sondern Naturgesetz. Das Urteil, »An diesem Orte befindet sich ein Wasserstoffatom« heißt weiter nichts als: »An diesem Orte spielen sich bestimmte Prozesse ab«. Die Natur besteht eben in letzter Linie aus Vorgängen, Ereignissen, Prozessen, nicht aus qualitätsbegabten Substanzen.

6. Wesentliche und zufällige Bestimmungen

Gibt es nun aber nicht doch Eigenschaften, die wir nicht als Prozesse verstehen können, die folglich der kausalen Erklärung spotten und in denen daher unsere physikalische Erkenntnis eine unübersteigbare Schranke und natürliche Grenze findet?

Nach den vorausgehenden Betrachtungen wäre diese Frage zu bejahen, denn wir hatten eine solche irreduzible Eigenschaft z. B. kennengelernt in der *Größe* eines Körpers, in seinem räumlichen Umfange. Wir können noch hinzufügen, daß man auch nicht nach einer eigentlichen Kausalerklärung dafür suchen darf, daß ein Gegenstand sich jetzt gerade an einem bestimmten Orte oder, was dasselbe ist, sich dort gerade zu einer bestimmten Zeit befindet: kurz, es sind die »äußerlichen« Bestimmungen der gegenseitigen Ordnung der Körper, welche einer kausalen Erklärung widerstreben (denn die Größe und Form eines Gegenstandes läßt sich auf die Ordnung seiner Teile zurückführen).

Man wird einwenden, daß es in vielen Fällen doch möglich und erforderlich sei, nach der Ursache solcher äußeren Bestimmungen zu forschen. Denn ich darf doch fragen, warum jener Schlüssel gerade jetzt in jener Schublade liegt, oder warum die antiken römischen Ziegel größer sind als die heute gebräuchlichen, oder warum die Erde zurzeit gerade im nördlichen Winter in ihr Perihel gelangt, usw. Darauf ist zu entgegnen: erstens liegt hier ein laxer Sprachgebrauch vor, der verwirren kann. Dasjenige, nach dessen Ursache hier gefragt wird, ist in Wahrheit gar nicht der Ort des Schlüssels oder die Gestalt der Ziegel, sondern es sind die Handlungen, welche dem Schlüssel die bestimmte Lage, dem Ziegel die bestimmte Größe gaben. Die Lage des Schlüssels, die Form der Ziegel sind für uns der *Erkenntnisgrund* gewisser Vorgänge, aber nicht deren *Wirkung* in dem strengen Sinne des Wortes, den wir um der Exaktheit des naturphilosophischen Denkens willen fixieren mußten. Hat man dann die Ursachen der fraglichen Vorgänge ermittelt, so ist damit – und dies ist das zweite, was zu bemerken war – nicht ein prinzipieller Fortschritt der wissenschaftlichen Erkenntnis erzielt, nicht irgend ein Naturgesetz ausgesprochen, wie es bei der oben behandelten Reduktion einer »Eigenschaft« auf einen Prozeß der Fall war, sondern es sind nur gewisse tatsächliche Angaben über das Naturgeschehen durch andere ersetzt, die aber den ersten genau äquivalent sind.

Ein Beispiel wird am besten zeigen, was hier gemeint ist. Gesetzt, wir fragen, warum die äußersten Planeten größer sind als die inneren und weisen zur Erklärung auf die mutmaßliche Konstitution des Urnebels hin, aus welchem das Sonnensystem sich wahrscheinlich entwickelte, so taucht sofort die Frage auf: Woher die Konstitution des Urnebels? Und wenn es gelänge, auch darauf eine Antwort zu finden und dann die Kette der Fragen und Antworten noch weiter zu verlängern, so ständen doch alle Glieder der Kette auf gleicher Erkenntnisstufe; die Zahl der zu erklärenden Tatsachen würde bei diesem Fortschritt nicht verringert werden, sondern konstant bleiben. Jeder Zustand, bei dem wir die Kette abbrechen mögen, würde genau den gleichen »zufälligen« Charakter tragen wie der vorhergehende oder nachfolgende. Die Fragen richten sich eben nicht auf Naturgesetze, sondern auf die Bedingungen, unter denen die Gesetze tatsächlich zur Entfaltung kommen; und diese Bedingungen bezeichnen wir vom Standpunkte der Wissenschaft aus als »zufällig«. Sie können nicht auf Elementareres zurückgeführt werden, sondern müssen schlechthin auf irgendeine Weise gegeben sein.

Hier scheinen wir an der Grenze des Naturerkennens zu stehen, die im Wesen der Sache liegt und oft die Aufmerksamkeit der Forscher auf sich gezogen hat. Der Tatbestand ist auf mannigfache Weise formuliert worden. In der exaktesten Wissenschaft tritt uns der Gegensatz, um den es sich hier handelt, entgegen als der Unterschied zwischen den Differentialgleichungen des Naturgeschehens einerseits und den »Anfangs- und Grenzbedingungen« andrerseits. Die letzteren geben erst die Möglichkeit zur Anwendung der ersteren, sie erfüllen die leere Form der Naturgesetze erst mit Inhalt, indem sie die Integrationskonstanten darin bestimmen. Sie lassen sich wohl durch andere Grenzbedingungen ersetzen (indem man eben die raum-zeitlichen Grenzen anders zieht), jedoch können sie nicht auf die Gesetze zurückgeführt, nicht aus den Differentialgleichungen abgeleitet werden. Zur völligen Bestimmung der Wirklichkeit genügt nicht die Kenntnis ihrer Gesetze, sondern ebenso wichtig ist die Bekanntschaft mit der Anfangskonstellation, die wir als *zufällig* zu bezeichnen pflegen. Freilich muß der Umstand, daß in der Welt gerade die erfahrungsgemäß in ihr geltenden Gesetze herrschen, so wesentlich er auch für das Antlitz des Universums ist, wohl in demselben Sinne »zufällig« genannt werden; und das gleiche gilt schließlich von dem Umstande, daß es überhaupt so etwas wie Naturgesetze und Kausalität gibt.

Eine sehr treffende und leicht verständliche Terminologie hat v. Kries eingeführt[9], indem er *nomologische* und *ontologische* Bestimmung der Wirklichkeit einander gegenüberstellt: »Die erstere beträfe die Gesamtheit in der Wirklichkeit ausgedrückter Gesetze, die ontologische dagegen die durch diese Gesetze nicht bestimmten, rein tatsächlichen Verhaltungsweisen«. Einen etwas andren Ausdruck gibt H. Poincaré demselben Tatbestande, wenn er zwischen *wesentlichen* und *zufälligen* Konstanten unterscheidet[10]. Die ersteren sind diejenigen Zahlengrößen, die zum Ausdruck eines Gesetzes gehören (z. B. die Potenz -2 in der Formel des Newtonschen Attraktionsgesetzes), zu den letzteren aber sind die zu rechnen, die zur Festlegung der Anfangs- und Grenzbedingungen dienen (z. B. die Dauer des Erdumlaufs gleich 366¼ Sterntagen). Poincaré erklärt die Unterscheidung für »etwas künstlich [...], jedenfalls [...] in ihrer Anwendung sehr willkürlich und immer mißlich [...], solange die Natur noch Geheimnisse besitzt«. Es ist leicht zu verstehen, warum Poincaré die Trennung für fließend hielt, wenn man z. B. daran denkt, daß in früheren Zeiten etwa die Atomgewichte und sonstigen Eigenschaften der chemischen Elemente recht wohl als zufällige Größen aufgefaßt werden konnten, während die moderne Entwicklung, beginnend mit der Aufstellung des periodischen Systems und endend mit der Elektronentheorie des Atombaus, sie als wesentliche aufzufassen gelehrt hat, die aus gesetzmäßigen Zusam-

---

[9] Siehe z. B. v. Kries, *Logik*, Tübingen 1916, S. 53.
[10] Poincaré, *Wissenschaft und Hypothese*, Leipzig: Teubner 1904, S. 120 f.

menhängen heraus begriffen werden können. Dennoch erscheint es ganz wohl möglich, eine prinzipielle Grenze zu ziehen zwischen wesentlichen und zufälligen Bestimmungen in dem besprochenen Sinne, wenn man nur im Auge behält, daß die tatsächlichen Erkenntnisse der Wissenschaft eben noch nicht überall zu jener Grenze vorgedrungen, zum Teil noch sehr weit von ihr entfernt sind. Sie wird erst dann erreicht sein, wenn wirklich alle Qualitäten restlos in Prozesse aufgelöst sind. Obgleich dann die Natur nicht eigentlich mehr »Geheimnisse besäße«, weil ihre Gesetze ausnahmslos durchschaut wären, bliebe ein Rest von rein tatsächlichen Bestimmungen übrig, die sämtlich bekannt sein müßten, bevor man mit Hilfe der Naturgesetze einen beliebigen Zustand des Universums errechnen könnte, und dies sind dann die *zufälligen* Konstanten oder, in v. Kries' Ausdrucksweise, die ontologischen Bestimmungsstücke der Wirklichkeit. Sie geben die raum-zeitliche Verteilung der Ereignisse in einem beliebigen Anfangszustand an.[22]

Ein an moderne physikalische Begriffsbildungen gewöhntes Denken könnte hier stutzig werden. Man könnte nämlich fragen: wie ist eigentlich der hier verwendete Begriff des Ereignisses, des Vorgangs, festgelegt? Als Vorgang oder Prozeß bezeichneten wir jede zeitliche Änderung, und eine solche drückt sich mathematisch aus als Differentialquotient nach der Zeit. Nun hat aber bekanntlich in den Grundformeln der gegenwärtigen Physik die Zeitkoordinate ihre ausgezeichnete Stellung gegenüber den Raumkoordinaten eingebüßt, ja, die Koordinaten der allgemeinen Relativitätstheorie haben im allgemeinen überhaupt nicht mehr die Bedeutung von Raum- und Zeitstrecken, sondern sie sind sozusagen Zahlen für eine untrennbare Mischung aus beiden. Wie ist mit diesem Umstande die Sonderstellung des Begriffes »Vorgang« vereinbar, die ihm nach unsern Betrachtungen für das Kausalprinzip zuzukommen scheint?

Eine kurze Überlegung kann zeigen, daß hier keine Schwierigkeit und kein Widerspruch besteht und kann vielleicht noch zu einer vertieften Auffassung kausaler Abhängigkeit führen. Wir betrachten die räumlich-zeitlich ausgedehnte Welt in der bekannten Weise als eine vierdimensionale Mannigfaltigkeit, und zwar wollen wir uns zunächst, um die Ideen zu fixieren, die Zeit einfach als vierte Koordinate vorstellen, die auf den drei gewöhnlichen kartesischen Raumkoordinaten senkrecht steht. Nun läßt sich nach unsern früheren Überlegungen die Aussage des Kausalprinzips (unter Voraussetzung der Nichtexistenz von Fernwirkungen) für ein abgeschlossenes räumliches Gebiet G folgendermaßen auffassen: Ist eine vierdimensionale »Scheibe« von der Basis G und der Dicke dt gegeben, so ist dadurch die in der Richtung t unmittelbar anschließende Scheibe mitbestimmt. Oder, wenn wir es für eine endliche Zeit t formulieren wollen: Ist von einem vier|dimensionalen »Zylinder« von der Höhe t eine unendlich dünne Schicht an der Basis G und in gleicher Weise der gesamte Mantel des Zylinders gegeben, so ist das ganze Innere des Zylinders (sein Gehalt an Ereignissen) dadurch bestimmt. Aber bereits nach der speziellen Relativitätstheorie ist nicht eine bestimmte Richtung in der vierdimensionalen Welt als Richtung der Achse t ausgezeichnet, sondern diese ist innerhalb gewisser Grenzen frei wählbar. Die dreidimensionale Zylinderbasis G, deren Weltpunkte alle »gleichzeitig« sind, kann in verschiedenen zueinander geneigten Lagen angenommen werden. Der Begriff des »Vorgangs«, für den ja der in der jeweiligen Zeitrichtung genommene Differentialquotient maßgebend ist, wird auf diese Weise relativiert, und es kommt dadurch auch in den Begriff des Kausalzusammenhanges eine gewisse Relativität hinein. Aber irgendeine prinzipielle Schwierigkeit oder gar ein Widerspruch wird hierdurch nicht hervorgerufen. Nach wie vor determiniert eine in der vierdimensionalen Welt gedachte »Scheibe« die nächstfolgende: nur ist ihre Lage in der Welt nicht von vornherein fest vorgeschrieben, die kausale Deutung der Ordnung der Weltpunkte kann auf verschiedene Weise erfolgen. Die Willkür erreicht ihren höchsten bei der Naturbeschreibung möglichen Grad in der allgemeinen Relativitätstheorie; der besprochene »Zylinder« kann sich ganz und gar deformieren, und die

Verhältnisse gestatten nicht mehr einen anschaulich übersichtlichen Ausdruck. Eins aber bleibt, und darauf kommt es uns hier allein an: es muß ein dreidimensionales Gebiet gegeben sein, das sich zum mindesten unendlich wenig auch in die vierte Dimension erstreckt – dann ist dadurch auch die unmittelbar anschließende Weltschicht mitbestimmt durch »kausale Abhängigkeit«. *Alles Wirkliche ist vierdimensional; dreidimensionale Körper sind genau so gut bloße Abstraktionen wie Linien oder Flächen.* Die kausale Bestimmtheit der Welt erstreckt sich nur in *einer* Dimension; und diese nennen wir dann die Zeitrichtung. Ist sie einmal gewählt, so ist das in den drei übrigen Dimensionen Liegende als schlechthin *zufällig* anzusehen.

Damit ist zweifellos eine unübersteigliche Schranke der kausalen Betrachtungsweise bezeichnet. Nur auf die Erstreckung in der Zeitrichtung findet das Kausalprinzip Anwendung. Wenn es Gesetze gibt, deren Geltungsbereich gänzlich innerhalb der drei andern Dimensionen bleibt, so würden wir die durch sie bestimmten Zusammenhänge niemals als *kausale* bezeichnen. Sie würden einen gänzlich andern Charakter tragen. Das ist so gewiß, als für unsere Bewußtseinswirklichkeit zeitliche Dauer und räumliche Ausdehnung etwas ganz Verschiedenes und Unvergleichbares sind.[23]

Das wird noch deutlicher, wenn wir uns einmal die Frage vorlegen, wie solche Gesetze in concreto beschaffen wären, wenn es sie in der Wirklichkeit gäbe. Die Frage nach dem Vorhandensein solcher Gesetze würde nicht bloß bedeuten, ob jene »zufälligen« Daten in strenger, mathematischer Form darstellbar sind (das ist stets der Fall, denn *beliebige* Anfangsbedingungen können prinzipiell in analytische Form gefaßt werden), sondern das Kennzeichen der Gesetzmäßigkeit ist auch hier wieder, wie früher, die Unabhängigkeit von absoluten Koordinatenwerten.

Unter der (vermutlich unrichtigen) Voraussetzung, daß es sich nicht weiter verständlich machen ließe, warum die Elektrizität gerade nur in bestimmten Quantitäten existenzfähig ist, ließe sich zum Beispiel die Tatsache der Gleichheit aller Elektronen der Welt, wo sie sich auch befinden mögen, als eine Gesetzlichkeit der gedachten Art auffassen.

Oder, falls es gewiß wäre, daß überall in endlichen Teilen des Universums nur solche Vorgänge sich abspielen, die mit Entropievermehrung verbunden sind (also Übergänge von Zuständen geringerer zu solchen von höherer »Wahrscheinlichkeit«), so setzte das einen Anfangszustand von bestimmter Gesetzmäßigkeit voraus (Hypothese der molekularen Unordnung), die gleichfalls von der fraglichen Art wäre.

Das Problem, ob es dergleichen Gesetze, die mit Kausalität nichts zu tun haben, überhaupt gibt, und wie sie gegebenenfalls zu denken wären, ist von höchster Wichtigkeit für die Gestaltung des Weltbildes. Vielleicht wird erst nach seiner Lösung eine befriedigende logische Theorie des »induktiven« Erkennens möglich sein. Denn man kann die logische Induktion auffassen als das Verfahren, mit dessen Hilfe wir die Kausalzusammenhänge ermitteln, indem wir sie von allem bloß »zufälligen« Zusammentreffen unterscheiden.

1.2 Erkenntnistheorie und moderne Physik

Es ist heut kein Zweifel mehr, dass die theoretische Philosophie nur Bestand hat in enger Verknüpfung mit den Einzelwissenschaften, sei es, daß sie in ihnen einen Grund sucht, auf dem sie weiterbauen will, sei es, dass jene für sie nur den Gegenstand ihrer eigenen Analysen bilden, durch welche sie sich die ersten Prinzipien der Erkenntnis erst selbst aufsucht. Es gilt erst recht, wenn, wie ich glaube, Philosophie überhaupt nichts andres sein kann als die Tätigkeit, durch die wir alle unsere Begriffe klären. Und es ist weiter kein Zweifel, daß hier unter allen Wissenschaften die *Physik* an der Spitze steht. Die Physik nämlich nimmt eine ausgezeichnete Stellung ein, weil in ihr zwei Momente vereint sind, die sich in den übrigen Wissenschaften nur getrennt finden: erstens ihre Exaktheit, die quantitative Bestimmtheit ihrer Gesetze, wodurch sie sich von allen andern Wirklichkeitswissenschaften, zumal den historischen, unterscheidet; zweitens der Umstand, dass sie zum Gegenstande die *Wirklichkeit hat*, und hierdurch unterscheidet sie sich von der Mathematik.

Selbst wer nicht, wie Kant es tat, nur die schlechthin gewisse, exakte Erkenntnis überhaupt als Erkenntnis gelten lässt, wird doch überzeugt sein, dass sie jedenfalls den Höhepunkt bedeutet, so dass die Philosophie, welche von der exakten Erkenntnis vollständig Rechenschaft geben könnte, damit zugleich das *gesamte* Erkenntnisproblem gelöst hätte. Dies aber eben nur dann, wenn es sich nicht bloss um strenge, sondern zugleich um *Wirklichkeits*erkenntnis handelt, denn für bloss erträumte, ausgedachte Objekte interessiert sich der Philosoph wenig; die Welt des Wirklichen ist es, welche ihm die großen Probleme aufgibt. |

Damit ist den physikalischen Wissenschaften eine einzigartige Bedeutung für die Philosophie gesichert, die nur den Philosophen zu verschiedenen Zeiten nicht immer in gleichem Maße zum Bewusstsein gekommen ist. Nachdem in der Gegenwart einige schon methodisch unzureichende Versuche gemacht wurden, die historischen Wissenschaften den exakten in philosophischer Hinsicht zu koordinieren, ist durch die moderne Entwicklung der Physik, die in hohem Maße philosophischen Charakter angenommen hat, die eigentümliche Stellung dieser Wissenschaft viel deutlicher geworden als jemals zuvor. So deutlich, dass einige ganz prinzipielle Fragen über das Wechselverhältnis der Physik und Erkenntnistheorie beim gegenwärtigen Stande der Forschung möglicherweise zur Entscheidung gebracht werden können.[24]

Die wichtigste dieser Fragen scheint mir zu sein: gewinnt die Philosophie, indem sie sich durch den Anschluss an die exakte Erfahrungswissenschaft über das spekulative Verfahren hinaushebt, ein besseres Kriterium ihrer eignen Wahrheit? Bei einem Satze der Physik weiß man, wie seine Wahrheit sich prinzipiell feststellen lässt: er muss durch die Erfahrung bestätigt werden. Aber die Frage: woran erkennt man eigentlich die Wahrheit eines philosophischen Systems? hatte so wenig eine allgemein befriedigende Antwort gefunden, dass sie oft nur zu dem Zwecke aufgeworfen wurde, um die Philosophie zu verspotten.

Heute aber, nach gewonnener Einsicht in die bis ins einzelne gehende Verwachsung der Philosophie mit den Einzelwissenschaften wird man zum mindesten von der *Erkenntnistheorie* sagen dürfen und sagen müssen: richtig ist diejenige, welche sich im Fortschritt der physikalischen Forschung bewährt.

Diese Formulierung des Wahrheitskriteriums ist aber zunächst so unbestimmt und allgemein, dass es noch genauester Erläuterungen bedarf, um seinen Sinn richtig zu verstehen. Und da liefert uns erst die gegenwärtige Physik die zur vollen Präzisierung und Aufklärung nötigen Erkenntnisfälle.

Ehe wir die einzelnen Fälle betrachten, wollen wir uns fragen, in welchem Sinne man wohl von vornherein erwarten darf, Aussagen der Erkenntnistheorie in der Physik bestätigt zu finden. Kann die Philosophie irgend ein spezielles Versuchsergebnis der Erfahrungswissenschaften voraussagen? Dies darf man gewiss nicht annehmen, denn damit würde sie der Physik ins

Handwerk pfuschen, und heut glaubt niemand mehr, dass man physikalische Resultate auf rein philosophischem Wege gewinnen kann. Die Aufgabe der Erkenntnistheorie ist nicht, vorauszusagen, was in der Natur beobachtet werden wird, sondern sie sagt nur voraus, wie sich die Wissenschaft dazu stellen wird, *wenn* dies oder jenes beobachtet werden wird. Sie prophezeit also nicht Versuchsergebnisse, sondern den Einfluss von Versuchsergebnissen auf das System der Physik.

Der weitaus bedeutsamste Grenzfall ihrer Aussagen liegt dort vor, wo sie bestimmte Prinzipien aufstellt mit der Behauptung, die Wissenschaft werde *stets* an ihnen festhalten, *was auch immer* für Beobachtungen gemacht werden mögen. Kurz: die Erkenntnistheorie macht Aussagen über die Abhängigkeit, im Grenzfall über die Unabhängigkeit des Systems der Physik von *möglichen Beobachtungen*. Die Aussagen sind richtig, wenn im Falle des Eintritts jener Beobachtungen die physikalische Wissenschaft wirklich die vorausgesagte Form annimmt.

Hier gleich das wichtigste Beispiel aus der modernen Physik: Die von den großen Mathematikern des 19. Jahrhunderts (Gauß, Riemann, Helmholtz) betriebene Erkenntnistheorie hatte behauptet, dass ein bestimmter Ablauf der Naturprozesse (ein bestimmtes Verhalten von Lichtstrahlen und Maßstäben) denkbar sei, bei dessen Beobachtung die Physik zur Anwendung nichteuklidischer Geometrien übergehen werde. Diese Voraussage ist bekanntlich durch die Allgemeine Relativitätstheorie auf das glänzendste bestätigt worden, und damit haben die Prämissen, auf Grund deren jene Prophezeiung gemacht wurde, ihren Wahrheitswert erwiesen. Aber welche Rolle spielten diese Prämissen in der Erkenntnistheorie jener Mathematiker? Bilden sie den innersten Kern ihrer Philosophie, der den Charakter des ganzen Gedankengebäudes bestimmt, oder sind sie von weniger prinzipieller Art, sodass sie vielleicht ebensogut in einer ganz andersartigen Theorie der Erkenntnis Platz finden könnten? Diese Frage muß man beantworten, um zu wissen, in welchem Maße und in welcher Hinsicht die moderne Physik eigentlich als eine Bestätigung jener besonderen Erkenntnistheorie, welche bekanntlich die des *Empirismus* war, anzusehen ist.[25] |

Ein wichtiger Schritt zur Entscheidung wird getan sein, wenn festgestellt ist, ob oder in welchem Grade die dem Empirismus entgegenstehende Theorie des Kantischen Apriorismus gleichfalls imstande wäre, die Prinzipien der modernen Physik zu rechtfertigen. Dieser Apriorismus lehrt bekanntlich, dass die Naturwissenschaft stets an gewissen allgemeinen Grundsätzen festhalten werde, *was immer* irgendein Experimentator auch beobachten möge. Diese Grundsätze sollen synthetisch sein, d. h. nicht bloße Tautologien aussprechen, und sie sollen ferner a priori sein. Das letztere bedeutet im Kantischen System ein Doppeltes. Erstens nämlich, dass sie logische Voraussetzungen der Wissenschaft bilden, dass man also ohne sie überhaupt nicht einen Bau zusammenhängender Wahrheiten über die Natur errichten könnte, zweitens aber auch, dass jene Grundsätze für uns *evident* sind, dass wir uns also ihre Ungültigkeit gar nicht vorstellen können, dass mithin unser vorstellendes Bewusstsein unausweichlich an sie gebunden ist. Von diesen beiden Momenten betont die sogenannte logische Kantinterpretation (Marburger Schule) das erste, die psychologische Auffassung dagegen das zweite. Der Streit zwischen beiden Ansichten ist sonderbar, denn ganz zweifellos sind bei Kant beide Bedeutungen miteinander vereinigt; die synthetischen Grundsätze a priori sind bei ihm *sowohl* die logisch notwendigen Voraussetzungen der Wissenschaft *als auch* mit dem psychologischen Zwang der Evidenz behaftet.

Welches sind nun nach der Lehre des Apriorismus die grundlegenden synthetischen Urteile aller Naturwissenschaft? Bei Kant gehörten dazu die Axiome der Euklidischen Geometrie, von denen, wie wir soeben gesehen haben, die moderne Physik beweist, dass sie nicht a priori im ersten Sinne sind, nachdem man sich schon früher klar gemacht hatte, dass sie es im zweiten (psychologischen) Sinne nicht sind. Im letzteren Sinne wird nämlich der Apriorismus in bezug auf die Euklidische Geometrie schon durch psychologische Einsichten widerlegt,[26] was manche Philosophen immer noch zu übersehen scheinen.

In dieser einen Beziehung gewisser (also vorläufig noch nicht aller) geometrischer Axiome entscheidet also die moderne Physik eindeutig zugunsten des Empirismus. Der Apriorismus aber ist verschiedener Gestaltungen fähig, sein Prinzip ist elastisch und braucht nicht gerade in der Kant|schen Form verteidigt zu werden.[27] Er wäre erst dann ganz allgemein widerlegt, wenn sich herausstellte, dass es *überhaupt keine* synthetischen Sätze a priori in der Wissenschaft gibt. Wer ihre Existenz behauptet, muss sie natürlich angeben können. Ein Apriorismus, der keinen einzigen synthetischen Grundsatz a priori wirklich aufzählen kann, hat sich damit selbst das Todesurteil gesprochen. Deshalb habe ich schon vor einigen Jahren die Frage aufgeworfen,[1] welche Naturuteile denn ein moderner Apriorismus angesichts der gegenwärtigen Physik noch als schlechthin unumgängliche Voraussetzungen, aller Wissenschaft, unabhängig von allen möglichen Beobachtungen, hinstellen könnte.

Und auf diese Frage scheint die moderne Naturforschung eine Antwort zu geben in demselben Sinne wie bei der Euklidischen Geometrie: sie zeigt nämlich, dass die physikalische Wissenschaft es *ablehnt*, irgend eins von den Prinzipien, die hier in Frage kommen könnten, als einzig mögliche Grundlage zu betrachten. Gehen wir, um uns hiervon zu überzeugen, die einzelnen Vorschläge durch, die zur Aufrechterhaltung des Apriorismus gemacht worden sind!

Erstens hat man versucht, nachdem ein Teil der Euklidischen Axiome fallen musste, aus den übrigen Axiomen der Geometrie einen Komplex herauszugreifen und ihn als die unerschütterliche Grundlage aller wissenschaftlichen Raumbeschreibung zu proklamieren. Einen älteren Gedanken aufgreifend, hat man die-

---

[1] »Kritizistische oder empiristische Deutung der neuen Physik? Bemerkungen zu Ernst Cassirers Buch ›Zur Einstein'schen Relativitätstheorie‹«, in: *Kantstudien* 26 (1921), S. 96–111.

sen Rang den Axiomen der Analysis situs zuschreiben wollen, also denjenigen Grundsätzen, welche die rein qualitativen Zusammenhangsverhältnisse des Raumes beschreiben ohne Rücksicht auf »metrische« Größenbeziehungen – kurz, die Axiome des »topologischen« Raumes.[2] Aber es gibt Anzeichen in der modernen Physik, dass sie nicht gewillt ist, sich durch jene Axiome für immer fesseln zu lassen. Schon hat H. Weyl eine eigentümliche Theorie der Materie skizziert,[3] nach welcher die letzten Bestandteile des Stoffes, die Elektronen, gleichsam außerhalb des Raumes sind. Diesem kämen so besondere topologische Verhältnisse zu, dass es z. B. unmöglich wäre, eine Raumkugel, in der sich Elektronen befinden, durch stetige Verkleinerung in einen Punkt zusammengezogen zu denken. Noch kühnere Konstruktionen sind wissenschaftlich möglich, und es ist gar nicht abzusehen, zu was für Annahmen die erstaunlichen physikalischen Tatsachen noch nötigen werden, welche die moderne Forschung aufgedeckt hat. So gibt uns der Aspekt der gegenwärtigen Physik eine deutliche Warnung vor dem Versuch, etwa die topologischen Axiome als ein noli me tangere anzusehen.

Zweitens. Noch deutlicher redet die Sprache der neuen Physik gegenüber dem Bemühen, etwa die *Stetigkeit* der Natur als eine notwendige und stets erfüllte Bedingung festzuhalten, die nun in bestimmten synthetischen Sätzen a priori ihren Ausdruck finde. Denn nachdem bereits Riemann vor Jahrzehnten die physikalische Möglichkeit eines unstetigen, aus diskreten Punkten gebildeten Raumes erwogen hatte, hat in unseren Tagen die Planck'sche Quantentheorie den Gedanken der Sprunghaftigkeit, der Diskontinuität, in unserer Naturauffassung so heimisch gemacht, dass unsere Physik die *Möglichkeit* von Unstetigkeiten in

---

[2] Vergl. etwa R. Carnap, *Der Raum. Ein Beitrag zur Wissenschaftslehre*, Ergänzungsheft der *Kantstudien* 56, Berlin: Reuther & Reichard 1922.
[3] H. Weyl, *Was ist Materie? Zwei Aufsätze zur Naturphilosophie*, Berlin: Springer 1924, S. 57f.

keiner Hinsicht prinzipiell bestreiten wird. Auch hier also findet der Apriorismus keinen Halt.[28]

Drittens endlich sei noch die Stellung der gegenwärtigen Physik zu demjenigen Prinzip besprochen, das bei Kant als wichtigster synthetischer Grundsatz a priori erscheint und auch heut noch nicht selten als solcher erklärt wird: ich meine natürlich den *Kausalsatz.* Versteht man, wie es zweckmäßig ist, unter Kausalität das Bestehen von Gesetzmäßigkeit in der Natur, so stellt sie sicherlich eine notwendige Voraussetzung der Wissenschaft dar; Naturerkenntnis wäre ohne Kausalität nicht möglich, denn sie besteht eben im Auffinden von Gesetzen.[29] Manche haben schon aus diesem einfachen Umstande schließen wollen, dass der Kausalsatz als Prinzip a priori im prägnantesten Sinne zu betrachten sei. Aber dies ist zweifellos ganz irrig, zum mindesten ein Mißbrauch der Terminologie. Denn ein erkenntnistheoretischer Apriorismus ist damit nicht begründet. Dieser liegt erst dann vor, wenn die Behauptung hinzugefügt wird, dass wir die Geltung des Kausalsatzes für alle Naturvorgänge stets behaupten würden, was die Wissenschaft uns auch immer für Naturtatsachen aufweisen werde. Mit anderen Worten: wir müssten die | Überzeugung von der tatsächlichen Gültigkeit des Kausalprinzips unumstößlich besitzen. Hier sieht man, wie das logische vom psychologischen Apriori untrennbar ist, wenn es einen bestimmten erkenntnistheoretischen Standpunkt charakterisieren soll, nämlich den Kantschen Gedanken, dass unser Verstand der Natur die Gesetze vorschreibe. Wenn daher E. Cassirer die Meinung äußert, als synthetisches Prinzip a priori bleibe der Gedanke der allgemeinen Naturgesetzlichkeit überhaupt bestehen,[30] oder wenn J. Winternitz[4] unter anderm den Kausalsatz als konstitutives Prinzip der Wissenschaft im Kantschen Sinne bezeichnet,[31] so kann die Ansicht dieser Vertreter eines modifizierten Apriorismus nur so verstanden werden, dass sie die Möglichkeit der

---

[4] *Relativitätstheorie u. Erkenntnislehre*, Leipzig / Berlin: Teubner 1923, S. 206.

Wissenschaft für schlechthin gesichert ansehen und eine Natur, die dem Menschen keine Gesetze zeigen würde, für ein Unding halten.

Wiederum lässt sich aus dem gegenwärtigen Stande der Physik ablesen, dass die Wissenschaft apriorische Bindungen dieser Art nicht anerkennt und jener Ansicht die gesunde Skepsis des Empirismus entgegensetzt. Die quantentheoretische Verfolgung der Vorgänge im Innern der Atome hat viele Physiker zu der Ansicht geführt, daß es dort innerhalb gewisser Grenzen im strengen Sinne ursachlose Prozesse gäbe; auf diese könnte also der Kausalsatz keine Anwendung finden.[5]

Selbst wenn man – wie der Verfasser – für diesen Schluss in dem vorhandenen Tatsachenmaterial keine hinreichende Grundlage erblickt, so könnte der Schluss bei erweitertem Tatsachenmaterial doch vollkommen legitim werden, und dieser Fall lehrt daher folgendes: Obwohl die Physik recht gut weiß, dass der Kausalsatz, die gegenseitige Abhängigkeit der Naturvorgänge voneinander, eine Voraussetzung ihrer eignen Existenz bildet, so nimmt sie doch keineswegs an, dass diese Voraussetzung überall, oder auch nur in einem bestimmten Gebiete, a priori erfüllt sei, sondern sie ermittelt selbst *mit Hilfe ihrer eignen* Methoden (und mit dem Genauigkeitsgrade dieser Methoden), ob und bis zu welchem Grade das der Fall ist – d. h. sie stellt selbst die Grenzen ihres eignen Reiches fest.[32] Dass die Methoden der Naturwissen|schaft zu einer solchen Prüfung imstande sind, lässt sich durch eine nachträgliche Analyse ihres Verfahrens bestätigen. Alles im Widerspruch gegen den Apriorismus, nach welchem das Kausalprinzip kein empirisch prüfbarer Satz sein soll.

Natürlich weiß der Empirist sehr gut, dass es im Prinzip stets *möglich* wäre, durch geeignete Hypothesen den Kausalsatz aufrechtzuerhalten, – ebenso gut wie er weiß, dass man die Eukli-

---

[5] Diese Zeilen wurden, wie der ganze Aufsatz, im Jahre 1925 geschrieben; inzwischen hat die hier geäußerte Ansicht noch weitere Bestätigung erfahren.

dische Geometrie für ausnahmslos gültig ansehen könnte, wenn man durchaus wollte – aber er leugnet, dass der menschliche Geist dies unbedingt tun müsste, und er leugnet ferner, dass die Anwendung der wissenschaftlichen Methoden immer nur zu einer Bestätigung des Kausalprinzips führen könnte. Im Gegenteil, es lassen sich sehr gut Beobachtungen denken, bei denen eine Aufrechterhaltung des Kausalsatzes nur durch einen Verstoß gegen jene Methoden möglich wäre: nämlich durch eine Einführung immer neuer, »ad hoc« konstruierter Hypothesen. Und der moderne Physiker bestätigt die Voraussage des Empiristen in dem Augenblick, wo er Beobachtungen jener Art wirklich vor sich zu haben glaubt.

So lehrt uns eine Überschau über den Stand der modernen Physik, dass sie in überraschender Folge eine Reihe von Fällen vor Augen führt, in denen empiristische und aprioristische Auffassung der Naturerkenntnis miteinander ringen können, und dass sie ohne Ausnahme den vom Empirismus geforderten Weg einschlägt und keinem einzigen ihrer Sätze diejenigen Eigenschaften zuerkennt, welche ein synthetisches Urteil a priori im Sinne des Kantianismus haben müßte.[6]

So dürfen wir denn sagen: die moderne Physik zeigt uns, dass es auch für die Erkenntnistheorie eine Art von Bestätigung durch die Erfahrung, ein objektives Wahrheitskriterium gibt,

---

[6] Zur Vermeidung von Mißverständnissen sei noch einmal hervorgehoben, dass tatsächlich auch für den Empirismus die Wissenschaft Sätze enthält, welche nicht durch Erfahrung gewonnen sind, nämlich die Definitionen, unter denen die interessantesten die verkappten sind. Zu ihnen gehören die sogenannten »Konventionen«. Sie sind, wie alle Definitionen, prinzipiell willkürlich und enthalten keine Erkenntnis, sind daher nicht synthetisch im Kantschen Sinne. Sie werden so gewählt, wie es für den Zweck der Wissenschaft (die Welt durch ein Minimum von Begriffen zu beschreiben) am meisten angemessen erscheint, und können beim Fortschritt der Forschung durch andere ersetzt werden. Sie sind natürlich a priori in dem Sinne, in dem jede Definition, jedes analytische Urteil a priori ist. Die Anerkennung ihrer Existenz ist schlechthin selbstverständlich und hat mit Kantianismus nicht das geringste zu tun.

und dass dieses Kriterium zugunsten der empiristischen Erkenntnistheorie entscheidet.

Eine Bemerkung sei noch hinzugefügt, um irrige Folgerungen aus dem Vorgetragenen zu verhüten.

Die geschilderte Beziehung zwischen der modernen Physik und der Philosophie könnte Bedauern darüber erwecken, dass die Erkenntnistheorie den Anker ihres Wahrheitskriteriums in die Erfahrungswissenschaft werfe, und dadurch an deren Unsicherheit und Veränderlichkeit teilnehme. Aber wenn die Hoffnung, die Philosophie auf einen festeren Boden als den der Erfahrung und Logik zu gründen, auch aufgegeben werden muss (und mehr als eine Hoffnung ist es ohnehin nie gewesen), so müsste dies eben in den Kauf genommen werden gegenüber dem Vorteil, überhaupt ein objektives Kriterium gewonnen zu haben. Sehr merkwürdig ist es, dass sogar ein Vertreter des Apriorismus, Elsbach (in seinem Buche »Kant und Einstein«), die Meinung ausspricht, es könne der Erkenntnistheorie immer nur die Rechtfertigung des jeweiligen, wandelbaren Standes der Wissenschaft, nicht aber der Wissenschaft überhaupt zugemutet werden. Dieser Standpunkt ist kein Kantianismus mehr (Einstein sagt von ihm in seiner Kritik des Elsbachschen Buches, er befinde sich weder mit Mohammed noch mit dem Propheten im Einklang), er ist empiristischer als der Empirismus.[33] Denn der Empirist vermag nicht einzustimmen in die Klage mancher Fernstehenden, dass die Physik sich unaufhörlich wandle, dass ihre Theorien kurzlebig seien und bisher für richtig gehaltene Gesetze jeden Augenblick durch neue Entdeckungen umgestoßen werden könnten. Er weiß vielmehr, dass bisher kein Gesetz *in dem Sinne und mit der Genauigkeit*, mit der es sich einmal bestätigt hat, jemals wieder aufgegeben werden musste. Das Wandelbare an der Physik sind nicht die Abhängigkeitsbeziehungen, die, einmal festgestellt, sich immer wieder bestätigen, sondern die anschaulichen Vorstellungen, die der Interpretation und Interpolation dienen.[34] Die Scheidung zwischen dem rein begrifflichen und empirisch bestätigten Gehalt einer Wissenschaft und den anschaulichen

Bildern, welche den Gehalt | illustrieren, nicht selbst dazugehören, – diese Scheidung ist eine der wichtigsten Leistungen moderner Erkenntnistheorie.[35] Eine Philosophie, welche sie überall reinlich zu machen weiß, darf mit Recht eine Bestätigung durch die moderne Physik im oben dargelegten Sinne als eine Bestätigung durch *die* Wissenschaft schlechthin ansehen.

1.3 Die Kausalität in der gegenwärtigen Physik

1. Vorbemerkungen

Unendlich ist die Zahl der denkbaren, logisch möglichen physikalischen Welten; aber die menschliche Phantasie erweist sich als erstaunlich arm, wenn sie neue Möglichkeiten darin auszudenken und durchzudenken versucht. Ihr Vorstellungsvermögen ist so fest an die anschaulichen Verhältnisse der gröberen Erfahrung gebunden, daß es sich auf eigene Faust kaum einen Schritt von dieser entfernen kann; erst der strenge Zwang der feineren wissenschaftlichen Erfahrung vermag das Denken von seinen gewohnten Standpunkten weiter fortzuziehen. Das bunteste Märchenreich der 1001 Nächte ist nur aus den Bausteinen der Welt des täglichen Lebens durch im Grunde ganz geringfügige Umgruppierungen des vertrauten Materials gebildet. Und wenn man die kühnsten und tiefsten philosophischen Systeme genauer betrachtet, so sieht man, daß von ihnen schließlich dasselbe gilt: war es beim Dichter ein Bauen mit anschaulichen Bildern, so ist es beim Philosophen ein Konstruieren mit abstrakteren, aber doch gewohnten Begriffen, aus denen mit Hilfe ziemlich durchsichtiger Kombinationsprinzipien neue Gebilde geformt werden.

Auch der Physiker verfährt bei seinen Hypothesenbildungen zunächst nicht anders. Das zeigt besonders die Zähigkeit, mit der er jahrhundertelang an dem Glauben festhielt, daß zur Naturerklärung eine Nachbildung der Prozesse durch sinnlich-anschaulich vorstellbare Modelle nötig sei,[36] so daß er z.B. den Lichtäther immer wieder mit den Eigenschaften sichtbarer und greifbarer Substanzen ausstatten wollte, obgleich nicht der geringste Grund dazu vorlag. Erst wenn die beobachteten Tatsachen ihm die Verwendung neuer Begriffssysteme nahelegen oder aufdrängen, sieht er die neuen Wege und reißt sich von seinen bisherigen

Denkgewohnheiten los – dann aber auch bereitwillig, und leicht macht er den Sprung etwa zum Riemannschen Raume oder zur Einsteinschen Zeit, zu Konzeptionen so kühn und tief, wie sie weder die Phantasie eines Dichters noch der Intellekt irgendeines Philosophen zu antezipieren vermocht hätte.

Die Wendung, zu der die Physik der letzten Jahre in der Frage der *Kausalität* gelangt ist, konnte ebenfalls nicht vorausgesehen werden. Soviel auch über Determinismus und Indeterminismus, über Inhalt, Geltung und Prüfung des Kausalprinzips philosophiert wurde – niemand ist gerade auf diejenige Möglichkeit verfallen, welche uns die Quantenphysik als den Schlüssel anbietet, der die Einsicht in die Art der kausalen Ordnung öffnen soll, die in der Wirklichkeit tatsächlich besteht. Erst nachträglich erkennen wir, wo die neuen Ideen von den alten abzweigen, und wundern uns vielleicht ein wenig, früher an der Kreuzungsstelle immer achtlos vorbeigegangen zu sein. Jetzt aber, nachdem die Fruchtbarkeit der quantentheoretischen Begriffe durch die außerordentlichen Erfolge ihrer Anwendung dargetan ist und wir schon einige Jahre Gelegenheit zur Gewöhnung an die neuen Ideen gehabt haben, jetzt dürfte der Versuch nicht mehr verfrüht sein, zur philosophischen Klarheit über den Sinn und die Tragweite der Gedanken zu kommen, welche die gegenwärtige Physik zum Kausalproblem beiträgt.[37]

2. Kausalität und Kausalprinzip

Die Bemerkung, daß philosophische Betrachtungen infolge ihrer engen Bindung an das vorhandene Gedankenmaterial die später gefundenen Möglichkeiten nicht voraussahen, gilt auch von den Erwägungen, die ich vor mehr als zehn Jahren vorgetragen habe (Naturwiss. 1920, 461 ff.).[38] Dennoch ist es vielleicht nicht unzweckmäßig, an einigen Punkten an die älteren Überlegungen anzuknüpfen; der inzwischen erzielte Fortschritt kann dadurch nur um so deutlicher werden.

Es gilt zunächst festzustellen, was der Naturforscher eigentlich meint, wenn er von »Kausalität« spricht. Wo gebraucht er dieses Wort? Offenbar überall da, wo er eine »Abhängigkeit« zwischen irgendwelchen Ereignissen annimmt. (Daß nur Ereignisse, nicht etwa »Dinge«, als Glieder eines Kausalverhältnisses in Frage kommen, versteht sich heute von selbst, denn die Physik baut die vierdimensionale Wirklichkeit aus Ereignissen auf und betrachtet »Dinge«, etwa dreidimensionale Körper, als bloße Abstraktionen.) Was bedeutet aber »Abhängigkeit«? Sie wird in der Wissenschaft jedenfalls immer durch ein *Gesetz* ausgedrückt; Kausalität ist demnach nur ein anderes Wort für das Bestehen eines Gesetzes. Den Inhalt des Kausal*prinzips* bildet nun offenbar die Behauptung, daß *alles* in der Welt gesetzmäßig geschieht; es ist ein und dasselbe, ob wir die Geltung des Kausalprinzips behaupten oder das Bestehen des *Determinismus*. Um den Kausalsatz oder die deterministische These formulieren zu können, müssen wir zuerst definiert haben, was unter einem Naturgesetz oder unter der »Abhängigkeit« der Naturvorgänge voneinander zu verstehen ist. Denn erst wenn wir dies wissen, können wir den Sinn des Determinismus verstehen, welcher besagt, daß *jedes* Ereignis Glied einer Kausalbeziehung sei, daß *jeder* Vorgang zur Gänze von anderen Vorgängen abhängig sei. (Ob nicht der Versuch, eine Aussage über »alle« Naturvorgänge zu machen, zu logischen Schwierigkeiten führen könnte, soll dabei unerörtert bleiben.)

Wir unterscheiden also jedenfalls die Frage nach der Bedeutung des Wortes »Kausalität« oder »Naturgesetz« von der Frage nach der Geltung des Kausalprinzips oder Kausalsatzes und beschäftigen uns zunächst allein mit der ersten Frage.

Die Unterscheidung, die wir damit machen, fällt sachlich mit derjenigen zusammen, die H. Reichenbach in seiner Arbeit »Die Kausalstruktur der Welt« (*Sitzungsber. bayer. Akad. Wiss., Math.-physik. Kl.* 1925, S. 133–175) an den Anfang seiner Untersuchung stellt. Er spricht dort von dem Unterschied zweier »Formen der Kausalhypothese«. Die erste nennt er die »Implikationsform«. Sie liegt vor, »wenn die Physik *Gesetze* aufstellt, d. h. Aussagen macht von der Form: ›wenn *A* ist, dann ist *B*‹«. Die zweite ist die »Determinationsform der Kausalhypothese«; sie ist identisch mit dem Determinismus, welcher besagt, daß der Ablauf der Welt als Ganzes »unveränderlich feststehe, daß mit einem einzigen Querschnitt der vierdimensionalen Welt Vergangenheit und Zukunft völlig bestimmt seien«.[39] Mir scheint es einfacher und treffender, den gedachten Unterschied als den Unterschied zwischen Kausalbegriff und Kausalprinzip zu charakterisieren.

Es handelt sich jetzt also um den Inhalt des Kausalbegriffs. Wann sagen wir, daß ein Vorgang *A* einen anderen *B* »bestimme«, daß *B* von *A* »abhänge«, daß *B* mit *A* durch ein *Gesetz* verknüpft sei? Was bedeuten in dem Satze ›wenn *A*, so *B*‹ die das Kausalverhältnis anzeigenden Worte ›wenn – so‹?

3. Gesetz und Ordnung

In der Sprache der Physik wird ein Naturvorgang dargestellt als ein Verlauf von Werten bestimmter physikalischer Größen. Wir merken schon hier an, daß natürlich in dem Verlauf immer nur eine endliche Zahl von Werten gemessen werden kann, daß also die Erfahrung immer nur eine diskrete Mannigfaltigkeit von Beobachtungszahlen liefert, und ferner, daß jeder Wert als mit einer bestimmten Ungenauigkeit behaftet angesehen wird.

Es sei uns nun eine Menge solcher Beobachtungszahlen gegeben, und wir fragen ganz allgemein: Wie muß diese Menge beschaffen sein, damit wir sagen, es sei durch sie ein *gesetzmäßiger* Verlauf dargestellt, es bestehe eine kausale Beziehung zwischen den beobachteten Größen? Wir dürfen dabei voraussetzen, daß die Daten bereits eine natürliche Ordnung besitzen, nämlich die räumlich-zeitliche, d. h. jeder Größenwert bezieht sich auf eine bestimmte Stelle des Raumes und der Zeit. Es ist zwar richtig, daß wir erst mit Hilfe kausaler Betrachtungen dazu gelangen, den Ereignissen ihre definitive Stelle in der physikalischen Raum-Zeit anzuweisen, indem wir von der phänomenalen Raum-Zeit, welche die natürliche Ordnung unserer Erlebnisse darstellt, zur physikalischen Welt übergehen; aber diese Komplikation kann außer Betracht bleiben für unsere Überlegungen, die sich ganz auf den Bereich des physikalischen Kosmos beschränken. Als fundamentalste Voraussetzung liegt ferner eine Annahme zugrunde, auf die ich nur im Vorübergehen hinweise, da sie in einer früheren Arbeit bereits besprochen wurde (l. c., S. 463): es ist die Voraussetzung, daß in der Natur irgendwelche »Gleichheiten« auftreten in dem Sinne, daß verschiedene Weltbezirke überhaupt miteinander *vergleichbar* sind, so daß wir z. B. sagen können: »dieselbe« Größe, die an diesem Orte den Wert f_1 hat, hat an jenem Ort den Wert f_2. Die Vergleichbarkeit ist also eine der Vorbedingungen der Meßbarkeit. Es ist nicht leicht, den eigentlichen Sinn dieser Voraussetzung anzugeben, wir dürfen aber hier darüber hinweggehen, da diese letzte Analyse für unser Problem gleichfalls irrelevant ist.

Nach diesen Bemerkungen reduziert sich unsere Frage nach dem Inhalt des Kausalbegriffes auf diese: Was für eine Eigenschaft muß die räumlich-zeitlich geordnete Menge der Größenwerte haben, damit sie als Ausdruck eines »Naturgesetzes« aufgefaßt wird? Diese Eigenschaft kann nichts anderes sein als wieder eine *Ordnung*, und zwar, da die Ereignisse extensiv in Raum und Zeit bereits geordnet sind, eine Art von *intensiver* Ordnung. Diese Ordnung muß in einer *zeitartigen* Richtung stattfinden, denn bekanntlich sprechen wir bei einer Ordnung in raumartiger Richtung (populär ausgedrückt: bei »gleichzeitigen«, koexistierenden Ereignissen) nicht von Kausalität; der Begriff des Wirkens findet dort keine Anwendung. Regelmäßigkeiten in raumartiger Richtung, falls es solche geben sollte, würde man »Koexistenzgesetze« nennen.[40]

Nach Beschränkung auf die Zeitdimension müssen wir aber nun, glaube ich, sagen: *Jede* Ordnung der Ereignisse in der Zeitrichtung, welcher Art sie auch sonst sein möge, ist als kausale Beziehung aufzufassen.[41] Nur das vollständige Chaos, gänzliche

Regellosigkeit, wäre als akausales Geschehen, als reiner Zufall zu bezeichnen; jede Spur einer Ordnung würde schon Abhängigkeit, also Kausalität bedeuten. Ich glaube, daß diese Verwendung des Wortes »kausal« einen besseren Anschluß an den natürlichen Sprachgebrauch ergibt, als wenn man das Wort, wie es viele naturphilosophische Autoren zu tun scheinen, auf eine solche Ordnung beschränken würde, die wir etwa als »Vollkausalität« bezeichnen könnten, womit so etwas wie »völlige Determiniertheit« des betrachteten Geschehens gemeint sein soll (wir können uns natürlich hier nur inexakt ausdrücken). Wollte man die Bedeutung des Wortes auf Vollkausalität einschränken, so | setzte man sich der Gefahr aus, in der Natur überhaupt keine Verwendung dafür zu finden, während wir doch das Bestehen von Kausalität *in irgendeinem Sinne* als Erfahrungstatsache vorfinden. Und die Grenze zwischen Gesetz und Zufall an irgendeiner anderen Stelle zu ziehen, wäre erst recht kein Anlaß.

Die einzige Alternative, vor der wir stehen, ist also: Ordnung oder Unordnung? Identisch mit Ordnung ist Kausalität und Gesetz, identisch mit Unordnung Regellosigkeit und Zufall.

Das bisherige Resultat scheint also zu sein: ein durch eine Menge von Größenwerten beschriebener Naturvorgang heißt kausal oder gesetzmäßig, wenn jene Werte in zeitartiger Richtung überhaupt irgendeine Ordnung aufweisen. Diese Definition wird aber erst sinnvoll, wenn wir wissen, was unter »Ordnung« zu verstehen ist, wie sie sich vom Chaos unterscheidet. Eine höchst bedenkliche Frage!

4. Definitionsversuche der Gesetzmäßigkeit

Daß wir im täglichen Leben wie in der Wissenschaft den Unterschied zwischen Ordnung und Unordnung, zwischen Gesetzmäßigkeit und Regellosigkeit ziemlich deutlich machen, ist sicher. Wie sollen wir ihn fassen? Im ersten Augenblick scheint die Antwort nicht so schwer zu sein. Wir brauchen ja, so scheint es, nur nachzusehen, auf welche Weise die Physik tatsächlich Naturgesetze darstellt, in welcher Form sie die Abhängigkeit von Ereignissen beschreibt. Nun, diese Form ist die mathematische *Funktion*. Die Abhängigkeit eines Ereignisses von anderen wird dadurch ausgedrückt, daß die Werte eines Teiles der Zustandsgrößen als Funktionen der übrigen dargestellt werden. Jede Ordnung von Zahlen wird mathematisch durch eine Funktion dargestellt; und so scheint es, als ob das gesuchte Kennzeichen der Ordnung, das sie von der Regellosigkeit unterscheidet, die Ausdrückbarkeit durch eine Funktion sei.

Aber kaum ist dieser Gedanke der Identität von Funktion und Gesetz ausgesprochen, so sieht man auch schon, daß er unmöglich richtig sein kann. Denn wie immer die Verteilung der gegebenen Größen sein möge: es lassen sich bekanntlich *stets* Funktionen finden, welche gerade diese Verteilung mit beliebiger Genauigkeit darstellen. Und dies bedeutet, daß jede beliebige Verteilung der Größen, jede nur denkbare Folge von Werten als eine Ordnung anzusehen wäre. Es gäbe kein Chaos.

Auf diese Weise gelingt es also nicht, Kausalität von Zufall, Ordnung von Unordnung zu unterscheiden und Regel und Gesetz zu definieren. Es scheint nur übrigzubleiben – und dieser Weg wurde auch in unseren früheren Betrachtungen eingeschlagen – an die Funktionen, welche die beobachteten Wertfolgen beschreiben, gewisse Anforderungen zu stellen und durch sie den Begriff der Ordnung festzulegen. Wir würden sagen müssen: Wenn die Funktionen, welche die Größenverteilung beschreiben, einen so und so bestimmten Bau haben, dann soll der dargestellte Ablauf als gesetzmäßig, sonst als ungeordnet gelten.

Damit sind wir in eine ziemlich verzweifelte Lage geraten, denn es ist klar, daß auf diesem Wege der Willkür Tor und Tür geöffnet wird, und eine auf so willkürlicher Basis ruhende Unterscheidung von Gesetz und Zufall könnte niemals befriedigen, es sei denn, es ließe sich eine so prinzipielle und scharfe Unterscheidung im Bau der Funktionen festlegen, die zugleich so sichere empirische Anwendungsmöglichkeit besäße, daß jedermann sie sogleich als die richtige Formulierung der Begriffe Gesetzmäßigkeit und Regellosigkeit anerkennen würde, wie man sie in der Wissenschaft zu verwenden pflegt.

Hier bieten sich sogleich zwei Wege dar, die man beide einzuschlagen versucht hat. Der erste wurde bereits von Maxwell benutzt, um die Kausalität zu definieren. Er besteht darin, daß wir vorschreiben: es dürfen in den Gleichungen, die den fraglichen Ablauf beschreiben, die Raum- und Zeitkoordinaten nicht explizite vorkommen. Diese Forderung ist dem Gedanken äquivalent, der populär in dem Satze ausgesprochen zu werden pflegt: Gleiche Ursachen, gleiche Wirkungen. In der Tat, sie bedeutet ja, daß ein Vorgang, der sich irgendwo und irgendwann in bestimmter Weise abspielt, an jedem beliebigen anderen Orte und zu jeder beliebigen Zeit unter denselben Bedingungen sich genau in derselben Weise abspielen wird; mit anderen Worten: die Vorschrift besagt die *Allgemeingültigkeit* des dargestellten Zusammenhanges. Die allgemeine Geltung ist aber, wie man längst erkannt hat, gerade das, was man bei den Naturgesetzen mit dem fragwürdigen Ausdruck »Notwendigkeit« bezeichnete, so daß es scheint, als wäre der wesentliche Charakter des Kausalverhältnisses durch diese Bestimmung richtig getroffen.

Zu der Maxwellschen Definition der Naturgesetzlichkeit, für die ich früher (an der mehrfach zitierten Stelle) selbst eingetreten bin,[42] ist folgendes zu sagen:

Zweifellos tritt in der Physik der Gesetzesbegriff nur so auf, daß diese Forderung immer erfüllt ist; tatsächlich denkt kein Forscher daran, Naturgesetze aufzustellen, in denen ein ausdrücklicher Bezug auf bestimmte Ort- und Zeitstellen des Universums vorkäme. Träten Raum und Zeit in den physikalischen Gleichungen explizite auf, so würden sie eine ganz andere Bedeutung haben, als sie in unserer Welt tatsächlich besitzen; die für unser Weltbild schlechthin grundlegende Relativität von Raum und Zeit wäre dahin, und sie könnten nicht mehr die eigentümliche Rolle von »Formen« des Geschehens spielen, die sie in unserem Kosmos haben. Es stünde uns also wohl frei, die Maxwellsche Bedingung der Kausalität aufrechtzuerhalten – wäre sie aber eine notwendige Bedingung? Das werden wir kaum sagen dürfen, | denn sicherlich ist eine Welt denkbar, in der alles Geschehen durch Formeln wiedergegeben werden müßte, in denen Raum und Zeit explizite auftreten, ohne daß wir leugnen würden, daß diese Formeln richtige Gesetze darstellen und daß diese Welt völlig geordnet wäre. Soviel ich sehe, wäre es z. B. denkbar, daß regelmäßige Messungen des Elementarquantums der Elektrizität (Elektronenladung) für diese Größe Werte ergeben würden, die ganz gleichmäßig, etwa in jeweils 7 Stunden, und wieder 7 Stunden, und dann in 10 Stunden, um 5 % auf und ab schwanken, ohne daß man auch nur die geringste »Ursache« dafür finden könnte; und darüber würde sich vielleicht noch eine andere Schwankung lagern, für die man eine absolute Ortsveränderung der Erde im Raume verantwortlich machen würde. Dann wäre die Maxwellsche Bedingung nicht erfüllt, aber man würde die Welt gewiß nicht ungeordnet finden, sondern ihre Gesetzmäßigkeit formulieren und mit ihrer Hilfe Voraussagen machen können. Wir werden deshalb zu der Ansicht neigen, daß die Maxwellsche Definition zu eng sei, und uns fragen, was denn wohl in dem soeben fingierten Falle als Kriterium der Gesetzmäßigkeit zu gelten habe.

Nun, das Entscheidende in dem gedachten Falle scheint zu sein, daß wir den Einfluß von Raum und Zeit so leicht berücksichtigen konnten, daß sie auf eine so *einfache* Weise in die Formeln eingehen. Würde nämlich in unserem Beispiele etwa die Elektronenladung sich jede Woche und Stunde ganz anders verhalten, in einer völlig »unregelmäßigen Kurve« verlaufen, so könnten wir zwar ihre Abhängigkeit von der Zeit hinterher immer noch durch eine Funktion darstellen, aber diese würde sehr kompliziert sein; wir würden dann sagen, daß keine Gesetzmäßigkeit vorliege, sondern daß die Schwankungen der Größe vom »Zufall« regiert würden. Fälle solcher Art brauchen wir nicht erst in Gedanken zu konstruieren, sondern die neuere Physik nimmt bekanntlich an, daß sie etwas ganz Alltägliches sind: die diskontinuierlichen Vorgänge im Atom, welche die Bohrsche Theorie als Sprünge eines Elektrons aus einer Bahn in eine andere deutete, werden als rein zufällig, als »ursachlos« aufgefaßt, obwohl wir uns ihr Eintreffen natürlich nachträglich als Funktion der Zeit aufgezeichnet denken können; aber diese Funktion wäre sehr kompliziert, nicht periodisch, nicht überschaubar, und nur deswegen sagen wir, daß keine Regelmäßigkeit bestehe. Sowie sich über die Sprünge die geringste *einfache* Behauptung aufstellen ließe, wenn z. B. die zeitlichen Abstände immer größer würden, so erschiene uns das sofort als eine Gesetzmäßigkeit, wenn auch die Zeit explizite in die Formel einginge.

Hiernach sieht es so aus, als ob wir von Ordnung, Gesetz, Kausalität immer dann sprechen, wenn der Ablauf der Erscheinungen durch Funktionen *einfacher* Gestalt beschrieben wird, während Kompliziertheit der Formel das Kennzeichen der Unordnung, der Gesetzlosigkeit, des Zufalls wäre. So gelangt man sehr leicht dazu, Kausalität durch die *Einfachheit* der beschreibenden Funktionen zu definieren. Einfachheit ist aber ein halb pragmatischer, halb ästhetischer Begriff. Wir können diese Definition deshalb vielleicht die ästhetische nennen. Auch ohne angeben zu können, was hier eigentlich mit »Einfachheit« gemeint ist, müssen wir es doch als Tatsache konstatieren, daß jeder Forscher, dem es gelungen ist, eine Beobachtungsreihe durch eine sehr einfache Formel (z. B. lineare, quadratische, Exponentialfunktion) darzustellen, sofort ganz sicher ist, ein *Gesetz* gefunden zu haben. Also hebt auch die ästhetische Definition, ebenso wie die Maxwellsche, offenbar ein Merkmal der Kausalität hervor, das wirklich als entscheidendes Kriterium angesehen wird. Für welchen der beiden Versuche, den Begriff der Gesetzmäßigkeit zu fassen, sollen wir uns entscheiden? Oder sollen wir durch Kombination von beiden eine neue Definition bilden?

5. Unzulänglichkeit der Definitionsversuche

Wir resümieren die Lage:

Für die Maxwellsche Definition spricht, daß alle bekannten Naturgesetze ihr tatsächlich genügen und daß sie als adäquater Ausdruck des Satzes »Gleiche Ursachen, gleiche Wirkungen« betrachtet werden kann. *Gegen* sie spricht, daß Fälle *denkbar* sind, in denen wir sicherlich Regelmäßigkeit sehen würden, ohne daß das Kriterium erfüllt wäre.

Für die »ästhetische« Definition spricht, daß sie auch für die eben gedachten Fälle noch zutrifft, in denen die andere versagt, und daß auch zweifellos im Betrieb der Wissenschaft selbst die »Einfachheit« der Funktionen als Kennzeichen von Ordnung und Gesetz benutzt wird. *Gegen* sie aber spricht, daß Einfachheit offenbar ein ganz relativer und unscharfer Begriff ist, so daß eine strenge Definition der Kausalität nicht erreicht wird und Gesetz und Zufall sich nicht genau voneinander unterscheiden lassen. Es wäre ja möglich, daß wir dies letztere eben in den Kauf nehmen müssen, und daß ein »Naturgesetz« tatsächlich nicht etwas so scharf Faßbares ist, wie man zunächst denken möchte; aber eine solche Ansicht wird man gewiß erst annehmen, wenn man sicher ist, daß keine andere Möglichkeit bleibt.

Es ist sicher, daß man den Begriff der Einfachheit nicht anders als durch eine Konvention festlegen kann, die stets willkürlich bleiben muß. Wohl werden wir eine Funktion ersten Grades als einfacher zu betrachten geneigt sein als eine zweiten Grades, aber auch die letztere stellt zweifellos ein tadelloses Gesetz dar, wenn sie die Beobachtungsdaten mit weitgehender Genauigkeit beschreibt; die Newtonsche Gravitationsformel, in der das Quadrat der Entfernung auftritt, gilt doch gerade meist als Musterbeispiel eines einfachen Naturgesetzes. Man kann ferner z. B. übereinkommen, von allen stetigen Kurven, die durch | eine vorgegebene Zahl von Punkten mit genügender Annäherung hindurchgehen, diejenige als die einfachste zu betrachten, die im Durchschnitt überall den größten Krümmungsradius aufweist (hierüber eine noch unveröffentlichte Arbeit von Marcel Natkin[43]); aber solche Kunstgriffe erscheinen unnatürlich, und allein die Tatsache, daß es *Grade* der Einfachheit gibt, macht die auf sie gegründete Definition der Kausalität unbefriedigend.

Die Sachlage wird noch dadurch verschlimmert, daß es bekanntlich gar nicht auf die Einfachheit eines isolierten Naturgesetzes ankommt, sondern vielmehr auf die Einfachheit des Systems aller Naturgesetze; so hat z. B. die wahre Zustandsgleichung der Gase keineswegs die einfache Boyle-Mariottesche Form, wir wissen aber, daß gerade ihre komplizierte Gestalt sich durch ein besonders einfaches System von Elementargesetzen erklären läßt. Für die Einfachheit eines Formel*systems* Regeln zu finden, dürfte aber prinzipiell noch viel schwieriger sein. Sie blieben stets vorläufig, so daß scheinbare Ordnung mit fortschreitender Erkenntnis sich als Unordnung herausstellen könnte.

So scheint weder das Maxwellsche noch das ästhetische Kriterium eine wirklich befriedigende Antwort auf die Frage zu geben, was Kausalität eigentlich sei: die erste erscheint zu eng, die zweite zu vag. Durch eine Kombination beider Versuche wird kein prinzipieller Fortschritt erreicht, und man sieht bald ein, daß die Mängel sich nicht durch irgendwelche Verbesserungen auf dem eingeschlagenen Wege beheben lassen. Die hervorgehobenen Unvollkommenheiten haben offenbar einen tiefliegenden Grund, und das bringt uns auf den Gedanken, den bisherigen Ausgangspunkt einer Revision zu unterziehen und uns zu überlegen, ob wir denn mit unserer Fragestellung überhaupt auf dem richtigen Wege waren.

6. Prophezeiung als Kriterium der Kausalität

Wir gingen bisher davon aus, daß eine bestimmte Werteverteilung vorgegeben sei, und fragten: Wann stellt sie einen gesetzmäßigen, wann einen zufälligen Ablauf dar? Es könnte sein, daß sich diese Frage durch bloße Betrachtung der Werteverteilung überhaupt nicht beantworten läßt, sondern daß es notwendig ist, über diesen Bereich hinauszugehen.

Betrachten wir für einen Augenblick die Konsequenzen, die das über den Kausal*begriff* Gesagte für das Kausal*prinzip* hat! Wir denken uns in einem physikalischen System während einer bestimmten Zeit für möglichst viele Punkte des Innern und an den Grenzen die Zustandsgrößen durch Beobachtung möglichst genau festgelegt. Man pflegt nun zu sagen, das Kausalprinzip gelte, wenn aus dem Zustand des Systems während einer sehr kleinen Zeit und aus den Grenzbedingungen alle übrigen Zustände des Systems sich ableiten lassen. Eine solche Ableitung ist aber *unter allen Umständen* möglich, denn nach dem Gesagten kann man stets Funktionen finden, die alle beobachteten Werte mit beliebiger Genauigkeit darstellen, und sowie wir solche Funktionen haben, können wir mit ihrer Hilfe aus irgendeinem Zustande des Systems alle früheren oder späteren *bereits beobachteten* Zustände berechnen. Die Funktionen sind ja gerade so gewählt, daß sie eben alles in dem System Beobachtete darstellen. Mit anderen Worten: das Kausalprinzip wäre *unter allen Umständen* erfüllt. Ein Satz aber, der für jedes beliebige System gilt, wie es auch beschaffen sein möge, sagt überhaupt nichts über dieses System, er ist *leer*, er stellt eine bloße Tautologie dar, es ist zwecklos, ihn aufzustellen. Wenn also der Kausalsatz wirklich etwas sagen soll, wenn er einen Inhalt hat, so muß die Formulierung, von der wir ausgingen, falsch sein, denn sie hat sich als tautologisch herausgestellt. Fügen wir aber die Bedingungen hinzu, daß die benutzten Gleichungen die Raum- und Zeitkoordinaten nicht explizite enthalten sollen, oder daß sie sehr »einfach« sein sollen, so bekommt das Prinzip zwar einen wirklichen Inhalt, aber im ersten Fall gilt das Bedenken, daß wir einen zu engen Begriff der Kausalität formuliert haben; und im zweiten Fall würde das einzige Merkmal dies sein, daß die Berechnung leichter wäre; wir werden aber den Unterschied zwischen Chaos und Ordnung gewiß nicht so formulieren wollen, daß wir sagen, das erstere sei nur einem ausgezeichneten

Mathematiker zugänglich, die letztere schon einem mittelmäßigen.

Wir müssen also von neuem beginnen und den Sinn des Kausalsatzes auf einem anderen Wege zu fassen suchen. Unser bisheriger Fehler war, daß wir uns nicht genau genug an das tatsächliche Verfahren hielten, durch das man in der Wissenschaft tatsächlich prüft, ob Vorgänge voneinander abhängig sind oder nicht, ob ein Gesetz, ein kausaler Ablauf vorliegt oder nicht. Wir untersuchten bisher nur die Art, wie ein Gesetz *aufgestellt* wird; um aber seinen eigentlichen Sinn kennenzulernen, muß man zusehen, wie es *geprüft* wird. Es gilt ganz allgemein, daß uns der Sinn eines Satzes immer nur durch die Art seiner Verifikation offenbart wird. Wie also geschieht die Prüfung?

Nachdem es uns gelungen ist, eine Funktion zu finden, welche eine Menge von Beobachtungsresultaten befriedigend miteinander verbindet, sind wir im allgemeinen noch keineswegs zufrieden, auch dann nicht, wenn die gefundene Funktion einen sehr einfachen Bau hat; sondern nun kommt erst die Hauptsache, die unsere bisherigen Betrachtungen noch nicht berührt hatten: wir sehen nämlich zu, ob die erhaltene Formel nun auch solche Beobachtungen richtig darstellt, die wir zur Gewinnung der Formel *noch nicht benutzt* hatten. Für den Physiker als Erforscher der Wirklichkeit ist es das einzig Wichtige, das schlechthin Entscheidende und Wesentliche, daß die aus irgendwelchen Daten abgeleiteten Gleichungen sich | nun auch für *neue* Daten bewähren. Erst wenn dies der Fall ist, hält er seine Formel für ein Naturgesetz. Mit anderen Worten: Das wahre Kriterium der Gesetzmäßigkeit, das wesentliche Merkmal der Kausalität ist das *Eintreffen von Voraussagen*.

Unter dem Eintreffen einer Voraussage ist nach dem Gesagten nichts anderes zu verstehen als die Bewährung einer Formel für solche Daten, die zu ihrer Aufstellung nicht verwendet wurden. Ob diese Daten schon vorher beobachtet worden waren oder erst nachträglich festgestellt werden, ist dabei vollständig gleichgültig. Dies ist eine Bemerkung von großer Wichtigkeit: Vergangene und zukünftige Daten sind in dieser Hinsicht vollständig gleichberechtigt, die Zukunft ist nicht ausgezeichnet; das Kriterium der Kausalität ist nicht Bewährung in der Zukunft, sondern Bewährung überhaupt.

Daß die Prüfung eines Gesetzes erst erfolgen kann, *nachdem* das Gesetz aufgestellt ist, versteht sich von selbst, aber dadurch ist keine Auszeichnung der Zukunft gegeben; das Wesentliche ist, daß es gleichgültig ist, ob die verifizierenden Daten in der Vergangenheit oder Zukunft liegen; nebensächlich ist, wann sie bekannt oder zur Verifikation benutzt werden. Die Bewährung bleibt dieselbe, ob nun ein Datum bereits vor der Aufstellung einer Theorie bekannt war, wie die Anomalie der Merkurbewegung, oder durch die Theorie prophezeit wurde, wie die Rotverschiebung der Spektrallinien. Nur für die *Anwendung* der Wissenschaft, für die Technik, ist es von fundamentaler Bedeutung, daß die Naturgesetze Künftiges, noch von niemandem Beobachtetes vorauszusagen gestatten. So haben denn ältere Philosophen, Bacon, Hume, Comte, längst gewußt, daß Wirklichkeitserkenntnis zusammenfällt mit der Möglichkeit von Voraussagen.[44] Sie haben also im Grunde das Wesentliche der Kausalität richtig erfaßt.

7. Erläuterung des Resultates

Wenn wir das Eintreffen von Voraussagen als wahres Kennzeichen eines Kausalverhältnisses anerkennen – und mit einer alsbald zu erwähnenden wichtigen Einschränkung werden wir es anerkennen müssen –, so ist damit zugleich zugestanden, daß die bisherigen Definitionsversuche nicht mehr in Betracht kommen. In der Tat, wenn wir wirklich neue Beobachtungen richtig voraussagen können, so ist es vollkommen gleichgültig, wie die Formeln gebaut waren, mit denen wir das zustande brachten, ob sie einfach oder kompliziert erscheinen, ob Zeit und Raum explizite auftreten oder nicht. Sobald jemand die neuen Beobachtungsdaten aus den alten berechnen kann, werden wir zugeben, daß er die Gesetzmäßigkeit der Vorgänge durchschaut hat; Voraussage ist also ein hinreichendes Merkmal der Kausalität.

Daß die Bewährung aber auch ein notwendiges Merkmal ist und daß das Maxwellsche und das ästhetische Kriterium nicht ausreichen, erkennt man leicht, wenn man sich den Fall ausmalt, daß man für einen bestimmten beobachteten Vorgang eine sehr genau geltende Formel von außerordentlicher Einfachheit gefunden hatte, daß aber diese Formel sofort versagte, wenn wir sie auf den weiteren Verlauf des Vorganges, also auf neue Beobachtungen anzuwenden versuchten. Wir würden dann offenbar sagen, die einmalige Verteilung der Größenwerte habe uns eine Abhängigkeit der Naturereignisse vorgetäuscht, die in Wirklichkeit gar nicht bestehe; es sei vielmehr bloßer Zufall gewesen, daß jener Ablauf sich durch einfache Formeln beschreiben ließ; daß kein Naturgesetz vorliege, werde eben dadurch bewiesen, daß unsere Formel keiner Prüfung standhalte, denn bei dem Versuch, die Beobachtungen zu wiederholen, findet der Ablauf ja ganz anders statt, die Formel paßt nicht mehr. Eine zweite Alternative scheint allerdings die zu sein, daß man sagt, das Gesetz habe zwar während der einmaligen Beobachtungsreihe gegolten, dann aber zu bestehen aufgehört; es ist aber klar, daß dies nur eine andere Sprechweise für das tatsächliche Fehlen einer Gesetzmäßigkeit wäre, die Allgemeingültigkeit des Gesetzes wäre doch negiert; die beobachtete einmalige »Regelmäßigkeit« wäre gar keine, sondern Zufall. Die Bestätigung von Voraussagen ist also das *einzige* Kriterium der Kausalität; nur durch sie spricht die Wirklichkeit zu uns; das Aufstellen von Gesetzen und Formeln ist reines Menschenwerk.

Hier muß ich zwei Bemerkungen einschalten, die unter sich zusammenhängen und von prinzipieller Wichtigkeit sind. Erstens sagte ich bereits vorhin, daß wir die »Bewährung« einer Regelmäßigkeit doch nur mit einer Einschränkung als hinreichendes Merkmal der Kausalität anerkennen dürfen: diese Einschränkung besteht darin, daß die Bestätigung einer Voraussage das Vorliegen von Kausalität im Grunde niemals *beweist*, sondern immer nur *wahrscheinlich* macht. Spätere Beobachtungen können ja das vermeintliche Gesetz stets Lügen strafen, und dann müßten wir sagen, daß es »nur zufällig gestimmt hat«. Eine endgültige Verifikation ist also, prinzipiell gesprochen, unmöglich. Wir entnehmen daraus, daß eine Kausalbehauptung logisch überhaupt nicht den Charakter einer *Aussage* hat, denn eine echte Aussage muß sich endgültig verifizieren lassen. Wir kommen gleich kurz darauf zurück, ohne doch hier, wo wir nicht Logik treiben, das scheinbare Paradoxon ganz aufklären zu können.

Die zweite Bemerkung bezieht sich darauf, daß zwischen dem Kriterium der Bewährung und den beiden vorhin verworfenen Definitionsversuchen doch ein merkwürdiger Zusammenhang besteht. Er liegt einfach darin, daß *tatsächlich* die verschiedenen Kennzeichen Hand in Hand gehen: gerade von denjenigen Formeln, die dem Maxwellschen Kriterium genügen und außerdem durch die ästhetische Einfachheit ausgezeichnet sind, erwarten wir mit großer Sicherheit, daß sie | sich bewähren werden, daß die mit ihrer Hilfe gemachten Aussagen eintreffen – und wenn wir auch darin manchmal enttäuscht werden, so ist es doch Tatsache, daß die Gesetze, die sich wirklich als gültig herausgestellt haben, immer auch von einer tiefen Einfachheit waren, und die Maxwellsche Definition erfüllten sie immer. Was es mit dieser »Einfachheit« auf sich habe, ist allerdings schwer zu formulieren, und es wurde mit dem Gedanken viel Mißbrauch getrieben; wir wollen kein zu großes Gewicht darauf legen. Daß wir uns viel »einfachere« Welten als die unserige denken können, ist gewiß. Es gibt auch eine »Einfachheit«, die allein eine Sache der *Darstellung* ist, d. h. zu dem Symbolismus gehört, durch den wir die Tatsachen ausdrücken; ihre Betrachtung führt auf die Frage des »Konventionalismus« und interessiert uns in diesem Zusammenhange nicht.

Jedenfalls sehen wir: entspricht eine Formel den beiden zuerst aufgestellten und unzureichend befundenen Kriterien, so halten wir es für wahrscheinlich, daß sie wirklich der Ausdruck eines

Gesetzes, einer tatsächlich bestehenden Ordnung ist, daß sie sich also *bewähren* wird. Hat sie sich bewährt, so halten wir es wiederum für wahrscheinlich, daß sie sich auch weiter bewähren wird (und zwar ist gemeint: ohne Einführung neuer Hypothesen. Denn die physikalischen Gesetze sind im allgemeinen so gebaut, daß sie sich durch ad hoc neu eingeführte Hypothesen immer aufrechterhalten lassen; werden diese aber zu kompliziert, so sagt man, das Gesetz bestehe doch nicht, man habe die richtige Ordnung noch nicht gefunden). Das Wort Wahrscheinlichkeit, das wir hier verwenden, bezeichnet übrigens etwas völlig anderes als den Begriff, der in der Wahrscheinlichkeitsrechnung behandelt wird und in der statistischen Physik auftritt (vgl. hierüber F. Waismann, Logische Analyse des Wahrscheinlichkeitsbegriffs, *Erkenntnis* 1 (1930/31), S. 238, mit dessen Ausführungen ich mich prinzipiell vollständig identifiziere[45]).

Um der logischen Sauberkeit willen (um diese ist es dem Philosophen in erster Linie zu tun) ist es von höchster Wichtigkeit, sich die Sachlage genau zu vergegenwärtigen. Es hat sich gezeigt, daß im Grunde Kausalität in dem Sinne überhaupt nicht definierbar ist, daß man bei einem *vorgegebenen* Ablauf auf die Frage antworten könnte: war er kausal oder nicht? Nur in bezug auf den *einzelnen Fall*, auf die einzelne Verifikation kann man sagen: es verhält sich so, wie die Kausalität es fordert. Für das Weiterkommen in der Naturerkenntnis (um diese ist es dem Physiker in erster Linie zu tun) genügt dies zum Glück durchaus. Wenn ein paar Verifikationen – unter Umständen eine einzige – geglückt sind, so bauen wir praktisch fest auf das verifizierte Gesetz mit der Zuversicht, mit der wir kein Bedenken tragen, unser Leben einem nach den Naturgesetzen konstruierten Motor anzuvertrauen.

Es ist ja oft bemerkt worden, daß man von einer absoluten Verifikation eines Gesetzes eigentlich nie sprechen kann, da wir sozusagen stets stillschweigend den Vorbehalt machen, es auf Grund späterer Erfahrungen modifizieren zu dürfen. Wenn ich nebenbei ein paar Worte über die logische Situation sagen darf, so bedeutet der eben erwähnte Umstand, daß ein Naturgesetz im Grunde auch nicht den logischen Charakter einer »Aussage« trägt, sondern vielmehr eine »Anweisung zur Bildung von Aussagen« darstellt. (Diesen Gedanken und Terminus verdanke ich Ludwig Wittgenstein.[46]) Wir hatten das oben schon von der Kausalbehauptung angedeutet, und in der Tat ist eine Kausalbehauptung identisch mit einem Gesetz: die Behauptung »der Energiesatz *gilt*« sagt z.B. nicht mehr und nicht weniger über die Natur als das, was der Energiesatz selbst sagt. Prüfbar sind bekanntlich immer nur die Einzelaussagen, die aus einem Naturgesetz abgeleitet werden, und diese haben stets die Form: »unter den und den Umständen wird dieser Zeiger auf jenen Skalenstrich weisen«, »unter den und den Umständen tritt an dieser Stelle der photographischen Platte eine Schwärzung ein«, und ähnlich. Von dieser Art sind die verifizierbaren Aussagen, von dieser Art ist jede Verifikation.

Die Verifikation überhaupt, das Eintreffen einer Voraussage, die Bewährung in der Erfahrung, ist also das Kriterium der Kausalität schlechthin, und zwar in dem praktischen Sinne, in dem allein von der Prüfung eines Gesetzes gesprochen werden kann. In diesem Sinne aber *ist* die Frage nach dem Bestehen der Kausalität prüfbar. Es kann kaum genug betont werden, daß die Bewährung durch die Erfahrung, das Eintreffen einer Prophezeiung ein *Letztes*,

nicht weiter Analysierbares ist. Es läßt sich durchaus nicht in irgendwelchen Sätzen sagen, wann sie eintreten muß, sondern es muß einfach abgewartet werden, ob sie eintritt oder nicht.

8. Kausalität und Quantentheorie

In den bisherigen Überlegungen wurde nichts anderes ausgesprochen, als was sich nach meiner Meinung aus dem Verfahren des Naturforschers herauslesen läßt; es wurde nicht irgendein Kausalbegriff konstruiert, sondern nur die Rolle festgestellt, die er in der Physik tatsächlich spielt. Das Verhalten der Mehrzahl der Physiker gegenüber gewissen Ergebnissen der Quantentheorie beweist nun, daß sie das Wesentliche der Kausalität tatsächlich gerade dort sehen, wo auch die vorstehenden Betrachtungen es fanden, nämlich in der Möglichkeit der *Voraussage*. Wenn die Physiker behaupten, daß eine genaue Geltung des Kausalprinzips mit der Quantentheorie nicht vereinbar sei, so liegt der Grund, ja der *Sinn* dieser Behauptung einfach darin, daß jene Theorie genaue *Voraussagen* unmöglich macht. Dies müssen wir uns recht klarzumachen suchen.

Auch in der gegenwärtigen Physik ist es als Sprechweise mit unten zu erwähnenden Ein|schränkungen wohl erlaubt zu sagen, daß jedes physikalische System als ein System von Protonen und Elektronen anzusehen sei, und daß sein Zustand dadurch vollkommen bestimmt sei, daß zu jeder Zeit Ort und Impuls sämtlicher Partikel bekannt sei. Nun wird bekanntlich in der Quantentheorie eine gewisse Formel abgeleitet – es ist die sog. »Ungenauigkeitsrelation« von Heisenberg –,[47] welche lehrt, daß es unmöglich ist, für eine Partikel *beide* Bestimmungsstücke, Ort *und* Geschwindigkeit, mit beliebig großer Genauigkeit anzugeben, sondern je schärfer der Wert der einen Koordinate festgelegt ist, eine desto größere Ungenauigkeit muß man bei der Angabe der anderen in den Kauf nehmen. Wissen wir etwa, daß die Ortskoordinate innerhalb eines kleinen Intervalles Δp liegt, so läßt sich die Geschwindigkeitskoordinate q nur so genau angeben, daß ihr Wert bis auf ein Intervall Δq unbestimmt bleibt, und zwar so, daß das Produkt $\Delta p \, \Delta q$ von der Größenordnung des Planckschen Wirkungsquantums h ist. Prinzipiell könnte also die eine Koordinate mit beliebig großer Schärfe bestimmt werden, ihre absolut genaue Beobachtung würde aber zur Folge haben, daß wir über die andere Koordinate schlechthin *gar nichts* mehr sagen könnten.

Diese Unbestimmtheitsrelation ist so oft, auch in populärer Form, dargestellt worden, daß wir die Situation nicht näher zu schildern brauchen; uns muß es darauf ankommen, ihren eigentlichen *Sinn* restlos genau zu verstehen. Wenn wir nach dem Sinn irgendeines Satzes fragen, so heißt das immer – nicht nur in der Physik –: durch welche besonderen Erfahrungen prüfen wir seine Wahrheit? Wenn wir uns also z. B. den Ort eines Elektrons durch Beobachtung mit einer Ungenauigkeit Δp bestimmt denken, was bedeutet es dann, wenn ich etwa sage, die Richtung der Geschwindigkeit dieses Elektrons lasse sich nur mit einer Ungenauigkeit $\Delta \theta$ angeben? Wie stelle ich fest, ob diese Behauptung wahr oder falsch ist?

Nun, daß ein Teilchen in einer bestimmten Richtung geflogen ist, läßt sich schlechterdings nur dadurch prüfen, daß es in einem bestimmten Punkte ankommt. Die Geschwindigkeit eines Teilchens angeben, *heißt* absolut nichts anderes als voraussagen, daß es nach einer gewissen Zeit in einem gewissen Punkte eintreffen wird. »Die Ungenauigkeit der Richtung beträgt $\Delta \theta$« bedeutet: bei einem bestimmten Versuch werde ich das Elektron innerhalb des Winkels $\Delta \theta$ antreffen, ich weiß aber nicht, *wo* daselbst. Und wenn ich »denselben« Versuch immer wiederhole, so werde ich das Elektron immer an verschiedenen Punkten innerhalb des Winkels vorfinden, nie aber weiß ich *vorher*, an welchem Punkte. Würde der Ort der Korpuskel mit absoluter Genauigkeit betrachtet, so hätte dies zur Folge, daß wir nun prinzipiell überhaupt nicht mehr wissen, in welcher Richtung das Elektron nach einer kleinen Zeit anzutreffen sein wird. Nur spätere Beobachtung könnte uns nachträglich darüber belehren, und bei sehr häufiger Wiederholung »desselben« Experimentes müßte sich zeigen, daß im Durchschnitt keine Richtung ausgezeichnet ist.

Die Tatsache, daß man Ort und Geschwindigkeit eines Elektrons nicht beide völlig genau messen kann, pflegt man so auszudrücken, daß man sagt, es sei unmöglich, den Zustand eines Systems zu einem bestimmten Zeitpunkt vollständig anzugeben, und deshalb werde das Kausalprinzip unanwendbar. Da dieses nämlich behaupte, daß die künftigen Zustände des Systems durch seinen Anfangszustand bestimmt seien, da es also voraussetze, daß der Anfangszustand prinzipiell genau angebbar sei, so breche das Kausalprinzip zusammen, denn diese Voraussetzung sei eben nicht erfüllt. Ich möchte diese Formulierung nicht für falsch erklären, aber sie erscheint mir doch unzweckmäßig, weil sie den wesentlichsten Punkt nicht deutlich zum Ausdruck bringt. Wesentlich aber ist, daß man einsieht: die Unbestimmtheit, von der in der Heisenberg-Relation die Rede ist, ist in Wahrheit eine Unbestimmtheit der *Voraussage*.[48]

Es steht prinzipiell nichts im Wege (dies betont z. B. auch Eddington in ähnlichem Gedankenzusammenhang[49]), den Ort eines Elektrons zweimal, zu zwei beliebig nahe beieinanderliegenden Zeitpunkten, zu bestimmen und diese beiden Messungen als einer Orts- und Geschwindigkeitsmessung äquivalent zu betrachten, aber der springende Punkt ist: mit Hilfe der so erlangten Daten über einen Zustand sind wir niemals imstande, einen zukünftigen Zustand genau vorauszusagen. Würden wir nämlich durch die beobachteten Orte und Zeiten eine Geschwindigkeit des Elektrons in der üblichen Weise definieren (durchlaufene Strecke dividiert durch die Zeit), so wäre doch im nächsten Augenblick seine Geschwindigkeit eine andere, weil ja bekanntlich angenommen werden muß, daß seine Bahn durch den Akt der Beobachtung in ganz unkontrollierbarer Weise gestört wird. Nur dies ist der wahre Sinn der Behauptung, daß ein Momentanzustand nicht genau festlegbar sei, nur die Unmöglichkeit der Voraussage ist also tatsächlich der Grund, warum der Physiker ein Versagen des Kausalsatzes für vorliegend erachtet.

Es ist also zweifellos, daß die Quantenphysik das Kriterium der Kausalität genau dort findet, wo auch wir es entdeckt haben, und von einem Scheitern des Kausalprinzips nur deshalb spricht, weil es unmöglich geworden ist, beliebig genaue Voraussagen zu machen. Ich zitiere M. Born [»Über den Sinn der physikalischen Theorien«, *Die Naturwissenschaften* 17, Heft 7 (1929), S. 117]: »Die Unmöglichkeit, alle Daten eines Zustandes exakt zu messen, verhindert die Vorherbestimmung des weiteren Ablaufs. Dadurch verliert das Kausalitätsprinzip in seiner üblichen Fassung jeden Sinn. Denn wenn es prinzipiell unmöglich ist, alle Bedingungen

(Ursachen) eines Vorganges zu kennen, ist es | leeres Gerede, zu sagen, jedes Ereignis habe eine Ursache.«

Die Kausalität als solche, das Bestehen von Gesetzen, aber wird nicht geleugnet; es gibt noch gültige Voraussagen, nur bestehen sie nicht in der Angabe exakter Größenwerte, sondern sie sind von der Form: die Größe a wird in dem Intervall $a + \Delta a$ liegen.

Das Neue, was die jüngste Physik zur Kausalitätsfrage beiträgt, besteht nicht darin, daß die Geltung des Kausalsatzes überhaupt bestritten wird, auch nicht darin, daß etwa die Mikrostruktur der Natur durch statistische statt durch kausale Regelmäßigkeiten beschrieben würde, oder darin, daß die Einsicht in eine bloß wahrscheinliche Geltung der Naturgesetze den Glauben an ihre absolute Gültigkeit verdrängt hätte – alle diese Gedanken sind schon früher, zum Teil vor langer Zeit, ausgesprochen worden –, sondern das Neue besteht in der bis dahin nie vorausgeahnten Entdeckung, daß durch die Naturgesetze selbst eine prinzipielle Grenze der Genauigkeit von Voraussagen festgesetzt ist. Das ist etwas ganz anderes als der naheliegende Gedanke, daß tatsächlich und praktisch eine Genauigkeitsgrenze von Beobachtungen vorhanden sei, und daß die Annahme absolut genauer Naturgesetze auf jeden Fall entbehrlich sei, um von allen Erfahrungen Rechenschaft zu geben. Früher mußte es immer so scheinen, als ob die Frage des Determinismus prinzipiell unentschieden bleiben müsse; die jetzt vorliegende Art der Entscheidung, nämlich mit Hilfe eines Naturgesetzes selbst (der Heisenberg-Relation), ist nicht vorhergesehen worden. Allerdings, wenn man jetzt von einer Entscheidbarkeit spricht und die Frage zuungunsten des Determinismus für beantwortet hält, so ist die Voraussetzung, daß jenes Naturgesetz wirklich als solches besteht und über jeden Zweifel erhaben ist. Daß wir dessen absolut sicher sind oder je sein könnten, wird ein besonnener Forscher sich natürlich hüten zu behaupten. Im Bau der Quantenlehre aber bildet die Unbestimmtheitsrelation einen integrierenden Bestandteil, und wir müssen ihrer Richtigkeit so lange vertrauen, als nicht neue

Versuche und Beobachtungen zu einer Revision der Quantentheorie zwingen (in Wirklichkeit wird sie von Tag zu Tag immer besser bestätigt). Aber es ist schon eine große Errungenschaft der modernen Physik, gezeigt zu haben, daß eine Theorie von einer derartigen Struktur in der Naturbeschreibung überhaupt möglich ist; es bedeutet eine wichtige philosophische Verdeutlichung der Grundbegriffe der Naturwissenschaft. Der prinzipielle Fortschritt ist klar: es kann jetzt *in demselben Sinne* von einer empirischen Prüfung des Kausalprinzips gesprochen werden wie von der Prüfung irgendeines speziellen Naturgesetzes. Und daß man in irgendeinem Sinne davon mit Recht reden kann, wird durch die bloße Existenz der Wissenschaft bewiesen.

9. Ist der Kausalsatz in der Quantentheorie falsch oder nichtssagend?

Es ist für das Verständnis der Sachlage unerläßlich, zwei Formulierungen miteinander zu vergleichen, in die sich die Kritik am Kausalprinzip in der Physik kleidet. Die einen sagen, die Quantenlehre habe gezeigt (natürlich unter der Voraussetzung, daß sie in ihrer jetzigen Form zutreffend ist), daß das Prinzip in der Natur *nicht gelte*; die anderen meinen, es sei seine *Leerheit* dargetan. Die ersten glauben also, es mache eine bestimmte Aussage über die Wirklichkeit, die sich durch die Erfahrung als falsch herausgestellt habe; die anderen halten den Satz, in dem es scheinbar ausgesprochen wird, für gar keine echte Aussage, sondern für eine nichtssagende Wortfolge.

Als Zeuge für die erste Ansicht wird gewöhnlich Heisenbergs vielzitierter Aufsatz in der Z. Physik 43 (1927) angeführt, wo es heißt: »Weil alle Experimente den Gesetzen der Quantenmechanik [...] unterworfen sind, so wird durch die Quantenmechanik die Ungültigkeit des Kausalgesetzes definitiv festgestellt.«[50] Als Vertreter der zweiten Ansicht pflegt Born genannt zu werden (vgl. die oben zitierte Stelle). Von philosophischer Seite haben sich mit diesem Dilemma z. B. Hugo Bergmann (*Der Kampf um das Kausalgesetz in der jüngsten Physik.* Braunschweig 1929) und Thilo Vogel (*Zur Erkenntnistheorie der quantentheoretischen Grundbegriffe.* Diss. Gießen 1928) beschäftigt. Die beiden zuletzt genannten Autoren nehmen mit Recht an, daß jene Physiker, welche das Kausalprinzip ablehnen, im Grunde doch der gleichen Meinung seien, wenn sie auch Verschiedenes sagen, und daß die scheinbare Abweichung auf eine ungenaue Sprechweise der einen Partei zurückzuführen sei. Beide sind der Meinung, daß die Ungenauigkeit auf seiten Heisenbergs liege, daß man also nicht sagen dürfe, die Quantentheorie habe das Prinzip als *falsch* erwiesen. Beide betonen mit Nachdruck, daß der Kausalsatz durch die Erfahrung weder bestätigt noch widerlegt werden könne. Dürfen wir diese Interpretation als richtig betrachten?

Zunächst sei festgestellt, daß wir die Gründe, die H. Bergmann für seine Meinung geltend macht, als ganz irrig zurückweisen müssen. Für ihn ist nämlich der Kausalsatz deswegen nicht zu widerlegen oder zu bestätigen, weil er ihn für ein synthetisches Urteil a priori im Sinne Kants hält. Ein derartiges Urteil soll bekanntlich einerseits eine echte Erkenntnis aussprechen (dies liegt in dem Worte »synthetisch«), andererseits jeder Prüfung durch die Erfahrung entzogen sein, weil die »Möglichkeit der Erfahrung« auf ihm beruhe (dies liegt in den Worten »a priori«). Wir wissen heute, daß diese beiden Bestimmungen sich widersprechen; synthetische Urteile a priori gibt es nicht. Sagt ein Satz überhaupt etwas über die Wirklichkeit aus (und nur, wenn er dies tut, enthält er ja eine Erkenntnis), so muß sich auch durch Beobachtung der Wirklichkeit feststellen lassen, | ob er wahr oder falsch ist. Besteht eine Möglichkeit der Prüfung *prinzipiell* nicht, ist also der Satz mit jeder möglichen Erfahrung verträglich, so muß er nichtssagend sein, er kann keine Naturerkenntnis enthalten. Wenn unter der Voraussetzung der Falschheit des Satzes irgend etwas in der erfahrbaren Welt anders wäre, als wenn der Satz wahr wäre, so könnte er ja geprüft werden; folglich heißt Unprüfbarkeit durch die Erfahrung: das Aussehen der Welt ist ganz unabhängig von der Wahrheit oder Falschheit des Satzes, folglich sagt er überhaupt nichts über sie. Kant war natürlich der Meinung, daß der Kausalsatz sehr viel über die empirische Welt sage, ja sogar ihren Charakter wesentlich bestimme – man erweist also dem Kantianismus oder Apriorismus keinen Dienst, wenn man die Unprüfbarkeit des Prinzips behauptet. – Damit haben wir den Standpunkt H. Bergmanns abgelehnt (dasselbe würde von Th. Vogels Meinung gelten, sofern er einem – wenn auch gemäßigten – Apriorismus zuneigt; doch erscheinen mir seine Formulierungen – am Schluß der zitierten Abhandlung – nicht ganz klar), und so müssen wir in eine neue Prüfung der Frage eintreten: Folgt aus den Ergebnissen der Quantenmechanik eigentlich die Falschheit des Kausalprinzips? oder folgt vielmehr, daß es ein nichtssagender Satz ist?

Eine Wortfolge kann auf zweierlei Weisen nichtssagend sein: entweder sie ist tautologisch (leer), oder sie ist überhaupt kein Satz, keine Aussage im logischen Sinne. Es scheint zunächst, als wenn die letzte Möglichkeit hier nicht wohl in Betracht käme, denn wenn die Worte, durch die man das Kausalprinzip auszusprechen sucht, gar keinen echten Satz darstellen, so müssen sie doch wohl einfach eine sinnlose, ungereimte Folge von Worten sein? Es ist aber zu bedenken, daß es Wortfolgen gibt, die keine Aussagen sind, keinen Sachverhalt mitteilen und doch im Leben außerordentlich bedeutsame Funktionen erfüllen: die sog. *Frage-* und *Befehls*sätze. Und wenn auch das Kausalprinzip grammatisch in der Form eines Aussagesatzes auftritt, so wissen wir doch aus der neueren Logik, daß man aus der äußeren Gestalt eines Satzes herzlich wenig auf seine echte logische Form schließen kann, und es wäre sehr wohl möglich, daß sich hinter der kategorischen Form des Kausalprinzips eine Art von Befehl, eine Forderung verberge, also ungefähr das, was Kant ein »regulatives Prinzip« nannte. Eine ähnliche Meinung über das Prinzip ist tatsächlich von denjenigen Philosophen vertreten worden, die in ihm nur den Ausdruck eines Postulats oder eines »Entschlusses« (H. Gomperz, *Das Problem der Willensfreiheit*, Jena: Diederichs

1907) sehen, das Suchen nach Gesetzen, nach Ursachen, niemals einzustellen; die Ansicht muß also sorgfältig in Betracht gezogen werden.

Hiernach haben wir zwischen folgenden drei Möglichkeiten zu entscheiden:

I. Das Kausalprinzip ist eine Tautologie. In diesem Falle wäre es immer wahr, aber nichtssagend.

II. Es ist ein empirischer Satz. In diesem Falle wäre es entweder wahr oder falsch, entweder Erkenntnis oder Irrtum.

III. Es stellt ein Postulat dar, eine Nötigung, immer weiter nach Ursachen zu suchen. In diesem Falle kann es nicht wahr oder falsch, sondern höchstens zweckmäßig oder unzweckmäßig sein.[51]

I. Über die erste Möglichkeit werden wir uns bald klar sein, zumal wir sie schon oben (§ 6) vorübergehend erwogen haben. Wir fanden dort, daß der Kausalsatz in der Form »Alles Geschehen verläuft gesetzmäßig« sicherlich tautologisch ist, wenn unter Gesetzmäßigkeit verstanden wird »durch irgendwelche Formeln darstellbar«. Aber daraus schlossen wir gerade, daß dies nicht der wahre Inhalt des Prinzips sein könne, und suchten nach einer neuen Formulierung. In der Tat, an einem tautologischen Satze hat die Wissenschaft prinzipiell kein Interesse. Hätte der Kausalsatz diesen Charakter, so wäre der Determinismus selbstverständlich, aber leer; und sein Gegenteil, der Indeterminismus, wäre in sich widersprechend, denn die Negation einer Tautologie ergibt eine Kontradiktion. Die Frage, welcher von beiden recht hätte, könnte gar nicht aufgeworfen werden. Wenn also die gegenwärtige Physik die Frage nicht nur stellt, sondern auch durch die Erfahrung in bestimmtem Sinne beantwortet glaubt, so kann das, was sie mit Determinismus und Kausalprinzip eigentlich meint, sicherlich keine Tautologie sein. Um zu wissen, ob ein Satz tautologisch ist oder nicht, braucht man selbstverständlich überhaupt keine Erfahrung, sondern man muß sich nur seinen Sinn vergegenwärtigen. Wollte jemand sagen, die Physik habe den tautologischen Charakter des Kausalsatzes dargetan, so wäre das ebenso unsinnig, als wenn er sagen wollte, die Astronomie habe gezeigt, daß 2 mal 2 gleich 4 sei.

Seit Poincaré haben wir gelernt, darauf zu achten, daß in die Naturbeschreibung scheinbar gewisse allgemeine Sätze eingehen, die einer Bestätigung oder Widerlegung durch die Erfahrung nicht fähig sind: die »Konventionen«. Die echten Konventionen, die ja eine Art von Definitionen sind, müssen in der Tat als Tautologien aufgefaßt werden; doch an dieser Stelle ist es nicht nötig, darauf näher einzugehen.[52] Wir schließen nur: da wir schon anerkannt haben, daß die gegenwärtige Physik uns jedenfalls irgend etwas über die Gültigkeit des Prinzips der Kausalität lehrt, so kann es kein leerer Satz, keine Tautologie, keine Konvention sein, sondern es muß einen solchen Charakter haben, daß es dem Richterspruche der Erfahrung irgendwie unterworfen ist.

II. Ist der Kausalsatz einfach eine Aussage, deren Wahrheit oder Falschheit durch Naturbeobachtung festgestellt werden kann? Unsere früheren Betrachtungen scheinen diese Interpretation nahezulegen. Ist sie richtig, so würden wir uns bei dem oben berührten scheinbaren Gegensatz zwischen den Formulierungen Heisenbergs und Borns, in denen diese Forscher das Resultat der Quantentheorie aussprechen, auf die Seite Heisenbergs stellen müssen, also gerade umgekehrt wie H. Bergmann und Th. Vogel. Ich nenne jenen Gegensatz scheinbar, denn während Heisenberg von der Ungültigkeit, Born von der Sinnlosigkeit des Kausalsatzes spricht, so fügt doch der letztere hinzu: »in seiner üblichen Fassung«. Es könnte also wohl sein, daß die übliche Formulierung nur einen tautologischen Inhalt ergibt, daß aber der eigentliche Sinn des Prinzips in eine echte Aussage gefaßt werden könnte, welche durch die Quantenerfahrungen als falsch erwiesen wäre. Um dies festzustellen, müssen wir uns noch einmal vergegenwärtigen, zu welcher Formulierung des Kausalsatzes wir uns gedrängt sahen. Nach unseren früheren Ausführungen würde der Sinn des Prinzips etwa durch den Satz wiedergegeben werden können: »Alle Ereignisse sind prinzipiell voraussagbar.« Wenn dieser Satz eine echte Aussage darstellt, so ist seine Wahrheit prüfbar; und nicht nur das, sondern wir dürften wohl sagen, daß seine Prüfung bereits stattgefunden hat und bis jetzt negativ ausgefallen ist.

Wie steht es aber mit unserem Satze? Läßt sich die Bedeutung des Wortes »voraussagbar« wirklich klar angeben? Wir nannten ein Ereignis »vorausgesagt«, wenn es mit Hilfe einer Formel abgeleitet war, die an der Hand einer Reihe von Beobachtungen *anderer* Ereignisse aufgestellt wurde. Mathematisch ausgedrückt: die Vorausberechnung ist eine Extrapolation. Die Leugnung der exakten Voraussagbarkeit, wie die Quantentheorie sie lehrt, würde also bedeuten, daß es unmöglich sei, aus einer Reihe von Beobachtungsdaten eine Formel abzuleiten, die dann auch *neue* Beobachtungsdaten genau darstellt. Was bedeutet aber wiederum dies »unmöglich«? Man kann, wie wir sahen, *nachträglich* immer eine Funktion finden, die sowohl die alten wie die neuen Daten umfaßt; hinterher läßt sich also immer eine Regel finden, welche die früheren Daten mit den neuen verknüpft und beide als Ausfluß derselben Gesetzmäßigkeit erscheinen läßt. Jene Unmöglichkeit ist also nicht eine *logische*, sie bedeutet nicht, daß es eine Formel von der gesuchten Eigenschaft *nicht gibt*; es ist aber auch, streng gesprochen, keine reale Unmöglichkeit, denn es könnte ja sein, daß jemand durch reinen Zufall, durch bloßes Raten, immer auf die richtige Formel verfiele; kein Naturgesetz verhindert das richtige Erraten der Zukunft. Nein, jene Unmöglichkeit bedeutet, daß es unmöglich ist, nach jener Formel zu *suchen*. D. h. es gibt keine Vorschrift zur Auffindung einer solchen Formel. Dies aber läßt sich nicht in einem legitimen Satze ausdrücken.

Unsere Bemühungen, eine dem Kausalprinzip äquivalente prüfbare Aussage zu finden, sind also mißglückt; unsere Formulierungsversuche führten nur zu Scheinsätzen. Dies Ergebnis kommt uns aber doch nicht ganz unerwartet, denn wir sagten schon oben, der Kausalsatz lasse sich *in demselben Sinne* auf seine Richtigkeit prüfen wie irgendein Naturgesetz, deuteten aber bereits an, daß Naturgesetze bei strenger Analyse gar nicht den Charakter von Aussagen haben, die wahr oder falsch sind, sondern vielmehr »Anweisungen« zur Bildung solcher Aussagen darstellen. Steht es mit dem Kausalprinzip ähnlich, so sehen wir uns also hingewiesen auf den Fall

III. Der Kausalsatz teilt uns nicht direkt eine Tatsache mit, etwa die Regelmäßigkeit der Welt, sondern er stellt eine Aufforderung, eine Vorschrift dar, Regelmäßigkeit zu suchen, die Ereignisse durch Gesetze zu beschreiben. Eine solche Anweisung ist nicht wahr oder falsch, sondern gut oder schlecht, nützlich oder zwecklos. Und was uns die Quantenphysik lehrt, ist eben dies, daß das Prinzip innerhalb der durch die Unbestimmtheitsrelationen genau festgelegten Grenzen *schlecht* ist, nutz- oder zwecklos, unerfüllbar. Innerhalb jener Grenzen ist es unmöglich, nach Ursachen zu suchen – dies lehrt uns die Quantenmechanik tatsächlich, und damit gibt sie uns einen Leitfaden zu jenem Tun, das man Naturforschung nennt, eine Gegenvorschrift gegen das Kausalprinzip.

Hier sieht man wieder, wie sehr sich die durch die Physik geschaffene Lage von den Möglichkeiten unterscheidet, die in der Philosophie durchdacht wurden: das Kausalprinzip ist kein *Postulat* in dem Sinne, wie dieser Begriff bei früheren Philosophen auftritt, denn dort bedeutet es eine Regel, an der wir *unter allen Umständen* festhalten müssen. Über das Kausalprinzip aber entscheidet die Erfahrung; zwar nicht über seine Wahrheit oder Falschheit das wäre sinnlos –, sondern über seine Brauchbarkeit. Und die Naturgesetze selbst entscheiden über die Grenzen der Brauchbarkeit: darin liegt das Neue der Situation. Postulate im Sinne der alten Philosophie gibt es gar nicht. Jedes Postulat kann vielmehr durch eine aus der Erfahrung gewonnene Gegenvorschrift begrenzt, d.h. als unzweckmäßig erkannt und dadurch aufgehoben werden.

Man könnte vielleicht glauben, daß die vorgetragene Ansicht zu einer Art von Pragmatismus führe, da ja die Geltung der Naturgesetze und der Kausalität allein in ihrer *Bewährung* beruht, und auf nichts anderem. Aber hier besteht ein großer Unterschied, der scharf betont werden muß. Die Behauptung des Pragmatismus, daß die Wahrheit von Aussagen in ihrer Bewährung, ihrer Brauchbarkeit, und ganz allein darin, bestände, muß gerade von unserem Standpunkt schlechterdings abgelehnt werden. Wahrheit und Bewährung sind für uns nicht identisch; im Gegenteil, weil wir beim Kausalprinzip allein seine Bewährung, allein die Brauchbarkeit seiner Vorschrift prüfen können, dürfen wir nicht von seiner »Wahrheit« reden und sprechen ihm den Charakter einer echten Aussage ab. Allerdings kann man den Pragmatismus psychologisch verstehen und seine Lehre gleichsam damit entschuldigen, daß es wirklich schwer ist und recht eindringender Besinnung bedarf, um den Unterschied einzusehen zwischen | einem wahren Satze und einer brauchbaren Vorschrift, und einem falschen Satze und einer unbrauchbaren Vorschrift, denn die Anweisungen dieser Art treten grammatisch in der Verhüllung gewöhnlicher Sätze auf.

Während es für eine echte Aussage wesentlich ist, daß sie prinzipiell endgültig verifizierbar oder falsifizierbar ist, kann die Brauchbarkeit einer Anweisung niemals schlechthin absolut erwiesen werden, weil spätere Beobachtungen sie immer noch als unzweckmäßig erweisen können. Die Heisenberg-Relation ist ja selbst ein Naturgesetz und trägt als solches den Charakter eine Anweisung; schon aus diesem Grunde kann die aus ihr sich ergebende Ablehnung des Determinismus nicht als Beweis der Unwahrheit einer bestimmten Aussage, sondern nur als Aufzeigung der Unzweckmäßigkeit einer Regel aufgefaßt werden. Es bleibt also stets die Hoffnung, daß das Kausalprinzip bei weiterem Fortschritt der Erkenntnis wieder triumphieren kann.

Der Kenner wird bemerken, daß durch Erwägungen wie die vorstehenden auch das sog. Problem der »Induktion« gegenstandslos wird und damit dieselbe Auflösung findet, die ihm bereits von Hume gegeben wurde. Das Induktionsproblem besteht ja in der Frage nach der logischen Rechtfertigung allgemeiner Sätze über die Wirklichkeit, welche immer Extrapolationen aus Einzelbeobachtungen sind. Wir erkennen mit Hume, daß es für sie keine logische Rechtfertigung gibt; es kann sie nicht geben, weil es gar keine echten Sätze sind. Die Naturgesetze sind nicht (in der Sprache des Logikers) »generelle Implikationen«, weil sie nicht für *alle* Fälle verifiziert werden können, sondern sie sind Vorschriften, Verhaltungsmaßregeln für den Forscher, sich in der Wirklichkeit zurechtzufinden, wahre Sätze aufzufinden, gewisse Ereignisse zu erwarten. Diese Erwartung, dies praktische Verhalten ist es, worauf Hume durch die Worte »Gewöhnung« oder »belief« hinweist. Wir dürfen nicht vergessen, daß Beobachtung und Experiment *Handlungen* sind, durch die wir in direkten Verkehr mit der Natur treten. Die Beziehungen zwischen der Wirklichkeit und uns treten manchmal in Sätzen zutage, welche die grammatische Form von Aussagesätzen haben, deren eigentlicher Sinn aber darin besteht, Anweisungen zu möglichen Handlungen zu sein.

Fassen wir zusammen: Die Ablehnung des Determinismus durch die moderne Physik bedeutet weder die Falschheit noch die Leerheit einer bestimmten Aussage über die Natur, sondern die Unbrauchbarkeit jener Vorschrift, welche als »Kausalprinzip« den Weg zu jeder Induktion und zu jedem Naturgesetz zeigt. Und zwar wird die Unbrauchbarkeit nur für einen bestimmt umgrenzten Bereich behauptet; dort aber mit jener Sicherheit, welche überhaupt der exakten physikalischen Erfahrung der gegenwärtigen Forschung zukommt.

10. Ordnung, Unordnung und »statistische Gesetzmäßigkeit«

Nachdem uns der eigentümliche Charakter des Kausalprinzips klar geworden ist, können wir jetzt auch die Rolle verstehen, die das früher besprochene, dann aber verworfene Kriterium der *Einfachheit* in Wahrheit spielt. Es mußte nur insofern verworfen werden, als es sich zur Definition des Kausalbegriffes nicht eignet; aber wir bemerkten bereits, daß es de facto mit dem wahren

Kriterium, der *Bewährung*, zusammenfällt. Es stellt nämlich offenbar die spezielle, für unsere Welt erfolgreiche Vorschrift dar, durch welche die allgemeine Anweisung des Kausalprinzips, Regelmäßigkeit zu suchen, ergänzt wird. Das Kausalprinzip weist uns an, aus alten Beobachtungen Funktionen zu konstruieren, die zur Voraussage von neuen führen; das Prinzip der Einfachheit gibt uns die praktische Methode, mit der wir diese Anweisung befolgen, indem es sagt: Verbinde die Beobachtungsdaten durch die »einfachste« Kurve – sie wird dann die gesuchte Funktion darstellen!

Das Kausalprinzip könnte aufrecht bleiben, auch wenn die zum Erfolg führende Vorschrift ganz anders lautete; deshalb genügt diese nicht zur Festlegung des Kausalbegriffs, sondern stellt eben eine engere, speziellere Anwendung dar. Tatsächlich reicht sie ja oft nicht zur richtigen Extrapolation aus. Ist auf diese Weise der rein praktische Charakter des Einfachheitsprinzips erkannt, so wird auch verständlich, daß »Einfachheit« nicht streng zu definieren ist, daß aber die Verschwommenheit hier auch gar nichts schadet.

Wollte man etwa durch die Punkte, durch welche bei irgendwelchen Versuchen die Daten quantenhafter Vorgänge dargestellt sind, die einfachste Kurve legen (z. B. Elektronensprünge im Atom), so würde das gar nichts nützen, um irgendwelche Voraussagen zu machen. *Und da wir auch keine andere Regel kennen*, durch die dieser Zweck erreicht würde, so sagen wir eben, daß die Vorgänge *keinem* Gesetze folgen, sondern *zufällig* sind. De facto besteht also doch eine deutliche Übereinstimmung zwischen Einfachheit und Gesetzmäßigkeit, zwischen Zufall und Kompliziertheit. Dies führt uns auf eine nicht unwichtige Betrachtung.

Es wäre denkbar, daß die Extrapolation mit Hilfe der einfachsten Kurve fast immer zu dem richtigen Ergebnis führte, daß aber hin und wieder irgendeine Einzelbeobachtung der Voraussage ohne auffindbaren Grund nicht entspräche. Denken wir uns, um die Ideen zu fixieren, folgenden einfachen Fall. Wir stellen in der Natur durch sehr große Beobachtungsreihen fest, daß ein Ereignis *A* durchschnittlich in 99% der Fälle seines Eintretens von dem Ereignis *B* gefolgt ist, in dem übrigen (unregelmäßig verteilten) 1% aber nicht, ohne daß für die Abweichung in diesem Falle sich auch nur die geringste »Ursache« finden ließe. Von einer solchen Welt würden wir sagen, daß sie noch ganz schön geordnet sei, unsere Prophezeiungen würden im Durchschnitt zu 99% eintreffen (also | immer noch viel besser als gegenwärtig etwa in der Meteorologie oder in vielen Gebieten der Medizin); wir würden ihr daher eine, wenn auch »unvollkommene« Kausalität zuschreiben. Jedesmal wenn *A* eintritt, werden wir mit recht großer Zuversicht *B* erwarten, uns darauf einstellen und dabei nicht schlecht fahren. Wir wollen annehmen, daß die Welt im übrigen sehr übersichtlich sei; wenn es dann der Wissenschaft mit den besten Methoden und größten Anstrengungen nicht gelingt, von der durchschnittlich 1proz. Abweichung Rechenschaft zu geben, so werden wir uns schließlich dabei beruhigen und die Welt für beschränkt geordnet erklären. In einem solchen Falle haben wir ein »statistisches Gesetz« vor uns. Es ist wichtig, zu bemerken, daß ein derartiges Gesetz, wo immer wir ihm in der Wissenschaft begegnen, gleichsam als Resultante zweier Komponenten aufgefaßt wird, indem man die unvollkommene oder statistische Kausalität in eine strenge Gesetzmäßigkeit und einen reinen Zufall zerlegt, die sich überlagern. Im obigen Fall würden wir sagen, es sei ein strenges Gesetz, daß durchschnittlich in 99 unter 100 Fällen *B* auf *A* folgt; und es sei *schlechthin* zufällig, wie sich die 1% abweichenden Fälle auf die Gesamtzahl verteilen. Ein Beispiel aus der Physik: In der kinetischen Gastheorie werden die Gesetze, nach denen jedes einzelne Teilchen sich bewegt, als völlig streng angenommen; die Verteilung der einzelnen Teilchen aber und ihrer Zustände wird in einem Augenblickszustand als völlig »regellos« vorausgesetzt. Aus der Kombination beider Voraussetzungen ergeben sich dann sowohl die makroskopischen Gasgesetze (z. B. van der Waalssche Zustandsgleichung) wie die unvollkommene Regelmäßigkeit der Brownschen Bewegung.

Wir sondern also bei der wissenschaftlichen Beschreibung des Geschehens einen rein kausalen von einem rein zufälligen Teil ab, stellen für den ersten eine strenge Theorie auf und berücksichtigen den zweiten durch die statistische Betrachtungsweise, d. h. durch die »Gesetze« der Wahrscheinlichkeit, die aber tatsächlich keine Gesetze sind, sondern nur (wie gleich zu zeigen) die Definition des »Zufälligen« darstellen. M. a. W., wir beruhigen uns nicht bei einem statistischen Gesetz der oben betrachteten Form, sondern stellen es auf als eine Mischung von *strenger* Gesetzmäßigkeit und *völliger* Gesetzlosigkeit.[53] – Ein anderes Beispiel liegt offensichtlich vor in der Schrödingerschen Quantenmechanik (in der Interpretation von Born). Dort ist die Beschreibung der Vorgänge gleichfalls in zwei Teile gespalten: in die streng gesetzmäßige Ausbreitung der ψ-Wellen, und in das Auftreten einer Partikel oder eines Quants, welches schlechthin zufällig ist innerhalb der Grenzen der »Wahrscheinlichkeit«, die durch den ψ-Wert an der betreffenden Stelle bestimmt ist. (D. h. der Wert von ψ sagt uns z. B., daß an einer bestimmten Stelle *durchschnittlich* 1.000 Quanten pro Sekunde eintreffen. Diese 1.000 weisen aber in sich eine ganz unregelmäßige Verteilung auf.)[54]

Was heißt nun hier »schlechthin zufällig« oder »gesetzlos« oder »gänzlich ungeordnet«? Von dem vorhin betrachteten Fall des gemeinsamen Auftretens von *A* und *B* in durchschnittlich 99 % der Beobachtungen, der ja keine vollkommene Ordnung mehr darstellt, können wir durch allmähliche Übergänge zu vollkommener Unordnung gelangen. Nehmen wir etwa an, die Beobachtung zeige, daß durchschnittlich an den Vorgang *A* in 50 % der Fälle der Vorgang *B* sich anschließt, dagegen in 40 % der Vorgang *C*, und in den übrigen 10 % der Vorgang *D*, so würden wir immer noch von einer deutlichen Regelmäßigkeit, von statistischer Kausalität sprechen, aber einen viel geringeren Grad der Ordnung für vorliegend erachten als im ersten Falle. (Ein Metaphysiker würde vielleicht sagen, der Vorgang *A* habe eine gewisse »Tendenz«, den Vorgang *B* hervorzubringen, eine etwas geringere, den Vorgang *C* zu erzeugen, usf.) Wann würden wir nun behaupten, daß *über-*

haupt keine Regelmäßigkeit besteht, daß also die Ereignisse *A, B, C, D* vollkommen unabhängig voneinander sind (wo dann der Metaphysiker sagen würde, daß dem *A* überhaupt keine Tendenz zur Bestimmung seines Nachfolgers innewohne)?

Nun, offenbar dann, wenn bei einer sehr langen Beobachtungsreihe jede aus den verschiedenen Ereignissen durch Permutation (mit Wiederholung) zu bildende Serie durchschnittlich gleich häufig vorkommt (wobei nur die Serien im Verhältnis zur Gesamtreihe der Beobachtungen klein sein müßten). Wir würden dann sagen, daß die Natur keine Vorliebe für eine bestimmte Abfolge von Vorgängen habe, daß die Abfolge also völlig gesetzlos stattfinde. Eine derartige Verteilung der Ereignisse pflegt man nun eine Verteilung »nach den Regeln der Wahrscheinlichkeit« zu nennen. Wo eine solche Verteilung vorliegt, sprechen wir also von einer vollkommenen Unabhängigkeit der fraglichen Ereignisse, wir sagen, sie seien miteinander nicht kausal verknüpft. Und nach dem Gesagten bedeutet diese Redeweise nicht etwa nur ein *Anzeichen* fehlender Gesetzmäßigkeit, sondern sie ist definitionsgemäß *identisch* damit; die sog. Wahrscheinlichkeitsverteilung ist einfach die *Definition* der völligen Unordnung, des reinen Zufalls. Daß es eine ganz schlechte Ausdrucksweise ist, von »Gesetzen des Zufalls« zu sprechen, dürfte wohl allgemein zugegeben werden (da doch Zufall gerade das Gegenteil von Gesetzmäßigkeit bedeutet). Zu leicht gerät man in die unsinnige Fragestellung (das sog. »Anwendungsproblem« gehört hierher), wie es denn komme, daß auch der Zufall Gesetzen unterworfen sei. Ich kann daher auch der Ansicht Reichenbachs durchaus nicht beipflichten, wenn er glaubt, von einem »Prinzip der wahrscheinlichkeitsgemäßen Verteilung« als Voraussetzung aller Naturforschung sprechen zu sollen, welches zusammen mit dem Prinzip der Kausalität die Grundlage aller physikalischen Erkenntnis bilde. | Jenes Prinzip, meint er, bestehe in der Annahme, daß die bei einem Kausalverhältnis irrelevanten Nebenumstände, die *»Restfaktoren«, »nach den Gesetzen der Wahrscheinlichkeitsrechnung ihren Einfluß ausüben«* (Hans Reichen-

bach, Kausalstruktur der Welt, S. 134). Mir scheint, daß diese
»Gesetze der Wahrscheinlichkeit« nichts weiter sind als die *Definition* der kausalen Unabhängigkeit.

Allerdings ist hier eine Bemerkung einzuschalten, die praktisch ohne Bedeutung, logisch und prinzipiell aber von großer Wichtigkeit ist. Die oben gegebene Definition der absoluten Unordnung (gleichhäufiges durchschnittliches Auftreten aller möglichen Ereignisfolgen) würde erst bei einer unendlich großen Zahl von Beobachtungen korrekt werden. Sie muß nämlich für beliebig große Folgen gelten, und jede von diesen muß nach der früher gemachten Bemerkung als klein gegen die Gesamtzahl der Fälle angesehen werden können; d.h. diese Gesamtzahl muß über alle Grenzen wachsen. Da dies natürlich in Wirklichkeit unmöglich ist, so bleibt es strenggenommen prinzipiell unentscheidbar, ob in irgendeinem Falle endgültig Unordnung vorliegt oder nicht. Daß dies so sein muß, folgt übrigens schon aus unserem früheren Resultat, daß es für einen fertig vorgegebenen Ablauf nicht endgültig entschieden werden kann, ob er »geordnet« ist oder nicht. Es liegt hier dieselbe prinzipielle Schwierigkeit vor, die es unmöglich macht, die Wahrscheinlichkeit irgendwelcher Ereignisse in der Natur durch die relativen Häufigkeiten ihres Eintretens zu definieren; um nämlich zu korrekten Ansätzen zu kommen, wie sie für die mathematische Behandlung (Wahrscheinlichkeits*rechnung*) vorausgesetzt werden, müßte man überall zum Limes für unendlich viele Fälle übergehen – für die Empirie natürlich ein unsinniges Verlangen. Dies wird oft nicht genügend beachtet (vgl. z.B. von Mises, *Wahrscheinlichkeit, Statistik und Wahrheit*, Wien: Springer 1928). Die einzig brauchbare Methode der Definition der Wahrscheinlichkeiten ist vielmehr die durch logische Spielräume (Bolzano, v. Kries, Wittgenstein, Waismann; siehe den oben zitierten Aufsatz des Letzterwähnten).[55]

Doch das gehört nicht mehr zu unserem Thema. Wir gehen dazu über, aus den angestellten Betrachtungen einige Konsequenzen zu ziehen und dabei andere Konsequenzen zu kritisieren, die hier und da aus der gegenwärtigen Situation gezogen worden sind.

11. Was heißt »determiniert«?

Da von Kausalität gewöhnlich in der Weise gesprochen wird, daß man sagt, ein Vorgang *bestimme* einen anderen, oder die Zukunft sei durch die Gegenwart *determiniert*, so wollen wir uns noch einmal die wahre Bedeutung dieser unglücklichen Worte »bestimmen« oder »determinieren« vergegenwärtigen (wobei wir beide als gleichbedeutend ansehen). Daß ein Zustand einen anderen, späteren bestimme, kann zunächst *nicht* heißen, daß zwischen ihnen ein geheimnisvolles Band, genannt Kausalität, irgendwie aufgefunden werden könnte oder auch nur gedacht werden müßte; denn so naive Denkweisen sind für uns, 200 Jahre nach Hume, gewiß nicht mehr möglich. Die positive Antwort haben wir nun am Anfang unserer Überlegungen bereits gegeben: »*A* determiniert *B*« kann durchaus nichts anderes heißen als: *B* läßt sich aus *A* berechnen. Und dies wieder heißt: es gibt eine allgemeine Formel, die den Zustand *B* beschreibt, sobald gewisse Werte aus dem »Anfangszustand« *A* in sie eingesetzt werden und gewissen Variablen, z. B. der Zeit *t*, ein gewisser Wert erteilt wird. Die Formel ist »allgemein«, heißt wiederum, daß es außer *A* und *B* noch beliebig viele andere Zustände gibt, die durch dieselbe Formel auf dieselbe Weise miteinander verknüpft sind. Auf die Beantwortung der Frage ferner, wann man sagen dürfe, es *gebe* eine solche Formel (genannt »Naturgesetz«), war ja ein großer Teil unserer Bemühungen gerichtet; und die Antwort war, daß das Kriterium dafür in nichts anderem gefunden werden kann als in der tatsächlichen Beobachtung des aus *A* berechneten *B*: erst dann kann man sagen, es *gibt* eine Formel (es ist Ordnung vorhanden), wenn man eine aufweisen kann, die mit Erfolg zur Voraussage benutzt wurde.

Das Wort »determiniert« bedeutet also schlechterdings genau dasselbe wie »voraussagbar« oder »vorausberechenbar«. Es bedarf nur dieser schlichten Einsicht, um ein berühmtes für die Kausalfrage wichtiges Paradoxon aufzulösen, dem schon Aristoteles zum Opfer gefallen ist und das noch gegenwärtig Verwirrung stiftet. Es ist das Paradoxon des sog. »logischen Determinismus«. Seine Behauptung ist, daß die Sätze des Widerspruchs und des ausgeschlossenen Dritten für Aussagen über zukünftige Tatbestände nicht gelten würden, wenn der Determinismus nicht bestände. In der Tat, so argumentierte schon Aristoteles, wenn der Indeterminismus recht hat, wenn also die Zukunft nicht schon jetzt festliegt – *bestimmt* ist –, so scheint es, daß der Satz »das Ereignis E wird übermorgen stattfinden« heute weder wahr noch falsch sein könnte. Denn wäre er z.b. wahr, so *müßte* das Ereignis ja stattfinden, es läge jetzt schon fest, entgegen der indeterministischen Voraussetzung. Auch heutzutage wird dies Argument zuweilen für zwingend gehalten, ja zur Basis einer neuartigen Logik gemacht (vgl. J. Lukasiewicz, Philosophische Bemerkungen zu mehrwertigen Systemen des Aussagenkalküls, in: *Comptes rendus des Séances de la Société des Sciences et des Lettres de Varsovie*, Classe III, 23 (1930), S. 63ff). Dennoch muß hier natürlich ein Irrtum vorliegen, denn die logischen Sätze, die ja nur Regeln unserer Symbolik sind, können in ihrer Gültigkeit nicht davon abhängen, ob es eine Kausalität in der Welt gibt; jedem Satze muß Wahrheit oder Falschheit als zeitlose Eigenschaft zukommen. Die richtige Interpretation des Determinismus hebt die Schwierigkeit sofort und läßt den logischen Prinzipien ihre Geltung. Die Aussage »das Ereignis E trifft an dem und dem Tage ein« ist zeitlos – also auch schon jetzt entweder wahr oder falsch, und nur eins von beiden, ganz unabhängig davon, ob in der Welt der Determinismus oder der Indeterminismus besteht. Der letztere behauptet nämlich keineswegs, daß der Satz über das zukünftige E nicht schon heute eindeutig wahr oder falsch sei, sondern nur, daß die Wahrheit oder Falschheit jenes Satzes sich aus Sätzen über gegenwärtige Ereignisse nicht *berechnen* lasse. Dies hat dann zur Folge, daß wir nicht *wissen* können, ob der Satz wahr ist, bevor der entsprechende Zeitpunkt vorbei ist – aber mit seinem Wahrsein oder mit den logischen Grundsätzen hat das nicht das geringste zu tun.

12. Determination der Vergangenheit

Wenn die Physik im Sinne des Indeterminismus heute sagt, die Zukunft sei (innerhalb gewisser Grenzen) *unbestimmt*, so heißt dies nicht mehr und nicht weniger als: es ist unmöglich, eine Formel zu finden, mittels deren wir die Zukunft aus der Gegenwart berechnen können. (Richtiger sollte es heißen: es ist unmöglich, eine solche Formel zu *suchen*, es gibt keine Anweisung zu ihrer Auffindung; sie könnte nur durch puren Zufall *erraten* werden.) Es ist vielleicht trostreich zu bemerken, daß wir in ganz demselben Sinne (und einen anderen Sinn des Wortes »unbestimmt« vermag ich nicht auszudenken) auch von der Vergangenheit sagen müssen, daß sie in gewisser Hinsicht indeterminiert sei. Nehmen wir z. B. an, daß die Geschwindigkeit eines Elektrons genau gemessen und hierauf sein Ort genau beobachtet wurde, so gestatten zwar die Gleichungen der Quantentheorie, auch frühere Orte des Elektrons *genau* zu berechnen (dies hebt auch Heisenberg hervor: *Die physikalischen Prinzipien der Quantentheorie*, Leipzig: Hirzel 1930, S. 15), aber in Wahrheit ist diese Ortsangabe physikalisch sinnlos, denn ihre Richtigkeit ist prinzipiell nicht prüfbar, da es ja prinzipiell unmöglich ist, nachträglich zu verifizieren, ob das Elektron sich zur angegebenen Zeit am berechneten Orte befunden hat. *Hätte* man es aber an diesem Orte beobachtet, so würde es gewiß nicht diejenigen Orte erreicht haben, an denen es später aufgefunden wurde, da ja bekanntlich seine Bahn durch die Beobachtung in unberechenbarer Weise gestört wird. Heisenberg meint (a.a.O., S. 15): »Ob man der genannten Rechnung über die Vergangenheit des Elektrons irgendeine physikalische Realität zuordnen soll, ist also eine reine Geschmacksfrage.« Ich würde mich aber lieber noch stärker ausdrücken, in vollkommener Übereinstimmung mit der, wie ich glaube, unanfechtbaren Grundanschauung Bohrs und Heisenbergs selbst. Ist eine Aussage über einen Elektronenort in atomaren Dimensionen nicht verifizierbar, so können wir ihr auch keinen Sinn zuschreiben; es wird unmöglich, von der »Bahn« einer Partikel zwischen zwei Punkten zu sprechen, an denen sie beobachtet wurde (von Körpern molarer Dimensionen gilt das natürlich nicht. Wenn eine Kugel sich jetzt hier befindet und nach einer Sekunde in 10 m Entfernung, so muß sie während dieser Sekunde die dazwischenliegenden Raumstellen passiert haben, *auch wenn niemand sie wahrgenommen hat*; denn es ist prinzipiell möglich, nachträglich zu verifizieren, daß sie sich an den Zwischenstellen befunden hat). Man kann dies als die Verschärfung eines Satzes der allgemeinen Relativitätstheorie auffassen: wie dort alle Transformationen keine physikalische Bedeutung haben, welche sämtliche Punktkoinzidenzen – Schnittpunkte von Weltlinien – unverändert lassen, so können wir hier sagen, es habe überhaupt keinen Sinn, den Weltlinienstücken zwischen den Schnittpunkten physikalische Realität zuzuschreiben.

Die bündigste Beschreibung der geschilderten Verhältnisse ist wohl die, daß man sagt (wie es die bedeutendsten Erforscher der Quantenprobleme tun), der Gültigkeitsbereich der üblichen Raum-Zeitbegriffe sei auf das makroskopisch Beobachtbare beschränkt, auf atomare Dimensionen seien sie nicht anwendbar.

Doch verweilen wir noch einen Augenblick bei dem soeben erzielten Ergebnis hinsichtlich der Determination der Vergangenheit. – Man findet in der gegenwärtigen Literatur manchmal den Gedanken ausgesprochen, daß die heutige Physik den uralten aristotelischen Begriff der »causa finalis« wieder zu Ehren gebracht habe in der Form, daß das Frühere durch das Spätere bestimmt werde, nicht aber umgekehrt.[56] Der Gedanke tritt bei der Interpretation der Formeln der Atomstrahlung auf, die bekanntlich nach der Theorie von Bohr so vor sich gehen sollte, daß das Atom jedesmal dann ein Lichtquant aussendet, wenn ein Elektron aus einer höheren Bahn in eine niedere springt. Die Frequenz des Lichtquants hängt dann von der Anfangsbahn *und der Endbahn* des Elektrons ab (sie ist der Differenz der Energiewerte beider Bahnen proportional), sie wird also offenbar durch ein *zukünftiges* Ereignis (das Eintreffen des Elektrons in der Endbahn) bestimmt.

Prüfen wir den Sinn dieses Gedankens! Abgesehen davon, daß der Begriff der Zweckursache bei Aristoteles doch einen anderen Inhalt gehabt haben dürfte, besagt der Gedanke gemäß unserer Analyse des Begriffes »bestimmen«, daß es in gewissen Fällen unmöglich sei, ein zukünftiges Ereignis Z aus den Daten vergangener Ereignisse V zu berechnen, daß man aber umgekehrt V aus bekannten Z ableiten könne. Gut, denken wir uns die Formel dazu gegeben und aus ihr ein V berechnet. Wie prüfen wir die Richtigkeit der Formel? Natürlich allein dadurch, daß wir das berechnete mit dem beobachteten V vergleichen. Nun ist V aber bereits vorüber (es lag ja zeitlich vor Z, das auch bereits verflossen und bekannt sein mußte, um in die Formel eingesetzt werden zu können), es kann nicht post festum beobachtet werden. Hat man es also nicht schon vorher festgestellt, so ist der Satz, daß das berechnete V stattgefunden habe, prinzipiell nicht verifizierbar und daher sinnlos. Ist aber V schon beobachtet worden, so haben wir eine Formel vor uns, welche lauter bereits beobachtete Ereignisse miteinander verknüpft. Es gibt keinen Grund, warum eine solche Formel nicht umkehrbar sein sollte. (Denn *mehrdeutige* Funktionen kommen in der Physik praktisch nicht vor.) Wenn sich mit ihrer Hilfe V aus Z berechnen läßt, so muß es ebensogut möglich sein, Z durch sie zu bestimmen, wenn V gegeben ist. Man kommt also auf einen Widerspruch, wenn man sagt, es ließe sich wohl die Vergangenheit aus der Gegenwart berechnen, nicht aber umgekehrt. Logisch ist beides ein und dasselbe. Man beachte wohl: der Kern dieser Überlegung besteht darin, daß die Daten der Ereignisse V und Z vollkommen gleichberechtigt in das Naturgesetz eingehen; sie müssen alle bereits beobachtet sein, wenn die Formel verifizierbar sein soll.

Übrigens entstehen auch hier im Grunde alle Unklarheiten dadurch, daß man nicht reinlich genug scheidet zwischen dem, was als Denkzutat aufgefaßt werden kann, und dem, was wirklich beobachtet wird. Hier zeigt sich wieder der große Vorzug der Heisenbergschen Auffassung, welche vom Atom nur ein rein mathematisches, kein scheinbar anschauliches Modell liefern möchte;[57] bei ihr fällt die Versuchung fort, sog. causae finales einzuführen. Mir scheint die bloße Klärung der Bedeutung des Wortes »Bestimmen« zu zeigen, daß es unter allen Umständen unzulässig ist, anzunehmen (ganz unabhängig von der Frage des Determinismus), ein späteres Ereignis bestimme ein früheres, das Umgekehrte aber gelte nicht.

13. Zur Unterscheidung von Vergangenheit und Zukunft

Die letzten Betrachtungen scheinen zu lehren, daß ein Schluß auf vergangene Ereignisse logisch genau denselben Charakter trägt wie ein Schluß auf zukünftige Vorgänge. Sofern und in dem Maße, wie überhaupt Kausalität vorliegt, kann man mit dem gleichen Rechte sagen, das Frühere determiniere das Spätere, wie: das Spätere bestimme das Frühere. Hiermit stimmt überein, daß alle Versuche, die Zeitrichtung von der Vergangenheit in die Zukunft vor der entgegengesetzten begrifflich auszuzeichnen, überhaupt mißlingen. Dies gilt meines Erachtens auch von dem Versuche H. Reichenbachs (in der zitierten Abhandlung in den Bayerischen Sitzungsberichten), die Einsinnigkeit des Kausalverhältnisses darzutun, mit ihrer Hilfe die positive Zeitrichtung begrifflich festzulegen und damit sogar den Zeitpunkt der Gegenwart, das Jetzt, definieren zu können. Er glaubt, daß die Kausalstruktur in der Richtung auf die Zukunft sich von der umgekehrten Richtung topologisch unterscheide.[58] Die Argumente, welche er dafür vorbringt, halte ich für unrichtig; doch möchte ich dabei nicht verweilen (vgl. übrigens die Kritik der Ideen Reichenbachs durch H. Bergmann in dessen Schrift *Der Kampf um das Kausalgesetz in der jüngsten Physik*, die noch etwas zu vervollständigen wäre), sondern nur hervorheben, daß das Verlangen nach einer

Definition des Jetzt logisch sinnlos ist. Der Unterschied des Früher und Später in der Physik läßt sich objektiv beschreiben – und zwar, soviel ich sehe, tatsächlich nur mit Hilfe des Entropiebegriffs –, aber auf diese Weise wird nur die Richtung Vergangenheit-Zukunft von der entgegengesetzten *unterschieden*; daß aber das wirkliche Geschehen in der ersten Richtung *stattfindet* und nicht in der umgekehrten, läßt sich auf keine Weise sagen, und kein Naturgesetz kann es ausdrücken. Eddington (*The Nature of the Physical World*) beschreibt diesen Umstand anschaulich, indem er hervorhebt, daß eine positive Zeitrichtung (time's arrow) wohl physikalisch definierbar sei, daß es aber nicht möglich sei, den Übergang von der Vergangenheit zur Zukunft, das Werden (becoming), begrifflich zu fassen.[59] H. Bergmann sieht gegen Reichenbach richtig, daß die Physik schlechterdings kein Mittel hat, das Jetzt auszuzeichnen, den Begriff der Gegenwart zu definieren, er scheint aber fälschlich anzunehmen, daß dies mit Hilfe »psychologischer Kategorien« nicht unmöglich sei.[60] In Wahrheit läßt sich die Bedeutung des Wortes Jetzt nur *aufweisen*, ebenso wie man nur aufweisen, nicht definieren kann, was unter »blau« oder unter »Freude« verstanden wird.

Daß die Kausalrelation asymmetrisch, einsinnig sei (wie Reichenbach a.a.O. glaubt), wird durch Umstände vorgetäuscht, die mit dem Entropiesatze zusammenhängen; nur diesem Satze ist es zu danken, daß im täglichen Leben das Frühere leichter aus dem Späteren zu erschließen ist als umgekehrt.[61] Die Berechnung des Späteren ist natürlich nicht ohne weiteres mit einem Schluß auf die Zukunft, die Berechnung des Früheren nicht mit einem Schluß auf die Vergangenheit identisch, sondern dies ist nur der Fall, wenn der Zeitpunkt, von dem aus geschlossen wird, die Gegenwart ist. Reichenbach glaubt (a.a.O., S. 155 f.), daß der letztere Fall tatsächlich dadurch ausgezeichnet sei, daß die Vergangenheit objektiv bestimmt, die Zukunft objektiv unbestimmt sei. Nach kurzer Analyse stellt sich heraus, daß mit »objektiv bestimmt« nur gemeint ist »aus einer Teilwirkung erschließbar«. Die Zukunft sei »objektiv unbestimmt«, weil sie aus einer Teilursache nicht erschlossen werden könne, denn die Gesamtheit aller Teilursachen lasse sich bei fehlender Determination überhaupt nicht definieren. Gegen die Begriffe Teilursache und Teilwirkung wäre allerlei zu sagen; und wir haben schon angedeutet, daß die scheinbar leichtere Erschließbarkeit durch Umstände vorgetäuscht wird, die mit dem Entropieprinzip zusammenhängen. Aber auch wenn das Argument keinen Irrtum enthielte, würde es doch wiederum nur den Unterschied des Früher und Später, nicht den von Vergangenheit und Zukunft charakterisieren. |

14. Unbestimmtheit der Natur und Willensfreiheit

Der psychologische Grund für Gedanken der letzterwähnten Art (und deshalb führte ich sie an) scheint mir darin zu liegen, daß dem Worte »unbestimmt« unausgesprochenerweise außer der schlichten Bedeutung, zu welcher unsere Analyse führte, noch eine Art metaphysischer Nebenbedeutung beigelegt wird, nämlich als ob man einem Vorgange *an sich* Bestimmtheit oder Unbestimmtheit zuschreiben könnte. Das ist aber sinnlos. Da »bestimmt« heißt: berechenbar mit Hilfe gewisser Daten, so hat die Rede von der Bestimmtheit nur Sinn, wenn man hinzufügt: *durch was*? Jeder wirkliche Vorgang, möge er der Vergangenheit oder Zukunft angehören, ist so, wie er ist; es kann nicht zu seinen Eigenschaften gehören, unbestimmt zu sein. Von den Naturvorgängen selber kann nicht mit Sinn irgendeine »Verschwommenheit« oder »Ungenauigkeit« ausgesagt werden, nur in bezug auf unsere Gedanken kann von dergleichen die Rede sein (nämlich dann, wenn wir nicht sicher wissen, welche Aussagen wahr, welche Bilder zutreffend sind). Gerade dies meint offenbar Sommerfeld, wenn er sagt [»Über Anschaulichkeit in der modernen Physik«, in: *Scientia* (Milano) 48 (1930), S. 85 f.]: »Die Unbestimmtheit betrifft nicht die experimentell feststellbaren Dinge. Diese lassen sich unter gehöriger Rücksicht auf die Versuchs-Bedingungen genau behandeln. Sie betrifft nur die Gedankenbilder, mit denen wir die physikalischen Tatsachen begleiten.« Man darf also nicht glauben, daß die moderne Physik für den Ungedanken »an sich unbestimmter« Naturvorgänge Raum habe. Wenn es z. B. nicht möglich ist, bei einem Versuch einem Elektron einen genauen Ort zuzuweisen, und wenn Analoges von seinem Impulse gilt, so heißt dies durchaus nichts anderes, als daß Ort und Impulswert eines punktförmigen Elektrons eben nicht die geeigneten Hilfsmittel sind, um den Vorgang zu beschreiben, der sich in der Natur abspielt. Die modernen Formulierungen der Quantentheorie erkennen dies ja auch an und nehmen Rücksicht darauf.

Ebensowenig wie zur Einführung eines metaphysischen Begriffs der Unbestimmtheit gibt die gegenwärtige Lage der Physik Anlaß zu Spekulationen über das damit zusammenhängende sog. Problem der Willensfreiheit. Das muß scharf betont werden, denn nicht nur Philosophen, sondern auch Naturforscher haben der Versuchung nicht widerstehen können, Gedanken zu äußern wie den folgenden: ›Die Wissenschaft zeigt uns, daß das physische Universum nicht vollständig determiniert ist; daraus folgt 1. daß der Indeterminismus im Rechte ist, die Physik also der Behauptung der Willensfreiheit nicht widerspricht, 2. daß die Natur, da in ihr keine geschlossene Kausalität herrscht, Raum läßt für das Eingreifen seelischer oder geistiger Faktoren.‹

Zu 1 ist zu sagen: Die echte Frage der Willensfreiheit, wie sie in der Ethik auftritt, ist nur infolge grober Irrtümer, die seit Hume längst aufgeklärt sind, mit der Indeterminismusfrage verwechselt worden. Die sittliche Freiheit, welche der Begriff der Verantwortung voraussetzt, steht nicht im Gegensatz zur Kausalität, sondern wäre ohne sie sogar hinfällig (vgl. meine *Fragen der Ethik*, Kapitel 7, 1930).

Zu 2 ist zu sagen: Die Behauptung impliziert einen Dualismus, das Nebeneinander einer geistigen und einer physischen Welt, zwischen denen durch die unvollkommene Kausalität der letzteren eine Wechselwirkung möglich gemacht sein soll. Es ist meines Erachtens keinem Philosophen gelungen, den eigentlichen *Sinn* eines solchen Satzes klarzumachen, d. h. anzugeben, welche

Erfahrungen wir machen müßten, um seine Wahrheit behaupten zu können, und welche Erfahrungen seine Falschheit verbürgen würden. Im Gegenteil, die logische Analyse (für die hier natürlich kein Platz ist) führt zu dem Ergebnis, daß in den Daten der Erfahrung nirgends ein legitimer Grund für jenen Dualismus zu finden ist. Es handelt sich also um einen sinnleeren, unprüfbaren, metaphysischen Satz. Man scheint zu glauben, daß die Möglichkeit des Eingreifens »psychischer« Faktoren in etwaige Lücken der »physischen« Kausalität weltanschauliche Konsequenzen habe, die unseren Gemütsbedürfnissen entgegenkommen. Aber dies dürfte eine Illusion sein (wie denn überhaupt die rein theoretische Interpretation der Welt mit den richtig verstandenen Gemütsbedürfnissen gar nichts zu tun hat); wenn die winzigen Lücken der Kausalität irgendwie ausgefüllt werden könnten, so würde das ja nur heißen, daß die praktisch ohnehin bedeutungslosen Spuren von Indeterminismus, die das moderne Weltbild enthält, teilweise wieder ausgelöscht würden.[62]

Auf diesem Gebiet hat die Metaphysik früherer Zeiten gewisse Irrtümer verschuldet, die nun auch noch manchmal dort auftreten, wo metaphysische Motive vollkommen fehlen. So lesen wir bei Reichenbach (a.a.O., S. 141): »Hat der Determinismus recht, so ist es durch nichts zu rechtfertigen, daß wir uns für den morgigen Tag eine Handlung vornehmen, für den gestrigen Tag aber nicht. Es ist wohl klar, daß wir dann gar nicht die *Möglichkeit* haben, auch nur den *Vorsatz* zu der morgigen Handlung und den *Glauben* an Freiheit zu unterlassen – gewiß nicht, aber einen *Sinn* hat unser Tun dann nicht.« Mir scheint genau das Gegenteil der Fall zu sein: unsere Handlungen und Vorsätze haben offenbar *nur* insofern Sinn, als die Zukunft durch sie determiniert wird. Es liegt hier einfach eine Verwechslung des Determinismus mit dem Fatalismus vor, die in der Literatur schon so oft gerügt wurde, daß wir darauf nicht mehr einzugehen brauchen. Demjenigen übrigens, der die soeben kritisierte Meinung vertritt, wäre durch den Indeterminismus der modernen Physik nichts geholfen, denn in ihr ist ja bei möglichster Berücksichtigung aller in Betracht kommenden Umstände das Geschehen immer noch mit so außerordentlich großer Genauigkeit voraus|berechenbar, die übrigbleibende Unbestimmtheit ist so minimal, daß der Sinn, den unsere Handlungen in dieser unserer Wirklichkeit noch besäßen, unmerklich gering wäre.

Gerade die letzten Betrachtungen lehren uns wieder, wie verschieden die Beiträge der modernen Physik zur Frage der Kausalität von den Beiträgen sind, die früheres philosophisches Denken zu der Frage lieferte: und wie recht wir hatten, als wir eingangs erklärten, daß die menschliche Phantasie nicht imstande war, die Struktur der Welt vorauszuahnen, welche die geduldige Forschung uns in ihr enthüllt. Fällt es ihr doch sogar nachträglich schwer, die von der Wissenschaft als möglich erkannte Schritte zu tun!

1.4 ERGÄNZENDE BEMERKUNGEN
ÜBER P. JORDAN'S VERSUCH EINER
QUANTENTHEORETISCHEN DEUTUNG DER
LEBENSERSCHEINUNGEN

Als Grundproblem der Philosophie der Lebenserscheinungen gilt die Frage, ob die Gesetze der Biologie restlos auf die der Physik zurückführbar seien, oder ob die organische Welt ihre eigenen Gesetze habe – der Physik gegenüber autonom sei.[63] In dieser Frage zeigt Jordan eine gewisse Voreingenommenheit zugunsten der Autonomie des Lebens, da er von *vornherein* die Selbständigkeit der Biologie anerkennt. Er würde dies z. b. der Chemie gegenüber gewiß nicht tun, sondern ihre Reduktion auf die Physik postulieren.

Der Gedankengang, durch den die Ergebnisse der Quantentheorie | in ihrer Anwendung auf Lebewesen als Stützen der Behauptung der Autonomie erwiesen werden sollen, ist sonderbar, denn man sollte meinen, daß *jede* Anwendung physikalischer Ergebnisse auf die Organismen doch nur ein weiterer Schritt in dem Bestreben sein könne, lebende Wesen als physikalische Systeme aufzufassen. Und in der Tat geht Jordans Schluß so: »bei physikalischen Systemen hat es keinen Sinn, von strenger Determiniertheit zu sprechen, *also* gilt dasselbe auch von Organismen.«[64] Hieraus folgt jedoch für die Grundfrage gar nichts. Aber Jordan glaubt (wie viele Philosophen), daß Indeterminiertheit irgendwie als charakteristisches Merkmal des Organischen zu betrachten sei. Wir müssen natürlich einwenden: aber das ist es ja gerade *nicht*, wenn gemäß der Quantenlehre auch das Anorganische nicht streng determiniert ist! Die Freude mancher Philosophen (zu denen in diesem Falle auch Jordan zu rechnen ist) über die moderne Physik erklärt sich nur rein psychologisch daraus, daß es nach ihr so etwas wie Indeterminiertheit in der Natur *überhaupt gibt*. Aber Jordan sah sehr wohl, daß man zur Auszeichnung des Organischen in der Natur eben *mehr* gebraucht als jene

Indeterminiertheit, die auch im Anorganischen schon besteht, und so erfand er die »Verstärkertheorie«,[65] nach welcher die Lebewesen so beschaffen sein sollen, daß die Unbestimmtheiten der einzelnen Elementarprozesse der lebendigen Substanz gleichsam hintereinandergeschaltet sind und sich dadurch addieren, so daß der Organismus als Ganzes einen viel höheren Grad von Akausalität aufweist als ein gewöhnliches physikalisches System. Damit wäre ein zwar gradueller, aber deutlicher Unterschied zwischen biologischem und physikalischem Verhalten statuiert.

Dieser Gedanke ist nicht unsinnig und verdient deshalb erwogen zu werden, aber er erscheint mir aus folgenden Gründen abwegig und unbrauchbar:

Erstens steht, wenn ich recht sehe, der Verstärkergedanke nicht im Einklang mit dem statistischen Charakter der physikalischen Unbestimmtheiten; ihre einsinnige Addition würde der von der Physik geforderten Unregelmäßigkeit widersprechen (d.h. sie wäre nicht unmöglich, aber äußerst unwahrscheinlich und man würde so etwas wie einen Maxwellschen Dämon gebrauchen, welcher die aufeinander folgenden Zufälligkeiten passend auswählt. Diesen Gedanken will ich nicht weiter verfolgen, denn es ist klar, daß man damit den Boden vollständig verließe, auf dem Jordan selbst zweifellos bleiben möchte. |

Zweitens aber – und dies Argument ist für sich allein schon entscheidend: Was würde es denn im Ernst bedeuten, wenn die Lebewesen diejenigen Naturgebilde wären, deren makroskopisches Verhalten in geringerem Grade determiniert wäre? Damit wäre offenbar keine Autonomie des Lebendigen begründet, sondern höchstens eine Art »Anomie«: es gäbe in der Natur dann doch keine anderen Gesetze als die physikalischen, statistischen, nur würde der Spielraum, den sie dem Zufall ließen, in der organischen Welt beträchtlich größer sein als in der anorganischen. In der Tat sind die Vorgänge in der ersteren, wie Jordan hervorhebt, in besonders hohem Grade *unberechenbar* (wenigstens meistens, durchaus nicht immer). Aber diese Eigenschaft teilen sie mit allen *sehr komplizierten* Gebilden, und sie kann daher durchaus nicht als charakteristisches Merkmal des Lebens betrachtet werden. Das wahre psychologische Motiv, warum Jordan, wie so viele andre, eine Akausalität im organischen Geschehen befürwortet, liegt vielmehr darin, daß es scheint, als wäre damit allem Lebendigen eine gewisse *Freiheit* zugesprochen im Gegensatz zur »blinden Kausalität« des Physikalischen. Aber dies ist wahrlich nur Schein. Denn was hier »Freiheit« genannt wird, ist ja nichts als bloße Ursachlosigkeit, reiner Zufall, im Gegensatz zur Gesetzmäßigkeit oder Determination, und es ist etwas *völlig* anderes als jene Freiheit des Handelns, die der Mensch mit Recht als eines seiner höchsten Güter schätzt, und die z. B. die Voraussetzung jeder Moral bildet. Der Unterschied zwischen Indeterminiertheit und echter Freiheit des Handelns ist so oft und so deutlich geschildert worden (z. B. von Hume, vergleiche auch das Kapitel über Verantwortlichkeit in meinen »Fragen der Ethik«[66]), daß sie auch implicite nicht mehr miteinander verwechselt werden sollten. Es ist oft gezeigt worden, daß Handelnsfreiheit, Verantwortung, Zurechnungsfähigkeit nur so weit reichen, wie die Kausalität reicht; sie hören auf, wo der Zufall im Spiel ist. Wer also, wie die Verstärkertheorie es tut, einen höheren Grad der Akausalität zum Charakteristikum des Organischen macht, der sagt damit nichts andres, als daß die lebendigen Gebilde in der Natur durch eine größere Zufälligkeit des Geschehens in ihnen und durch einen höheren Grad von Verantwortungslosigkeit ausgezeichnet seien.

Ich kann mir nicht denken, daß jemand, der diese Konsequenzen übersieht, fortfahren kann zu glauben, die Ergebnisse der Quantentheorie könnten in der von Jordan vorgeschlagenen Weise zum Verständnis der Lebenserscheinungen nutzbar gemacht werden.

1.5 Sind die Naturgesetze Konventionen?

Jede Definition ist eine willkürliche Festsetzung, also eine Konvention. Aber unter einer »Konvention« in dem charakteristischen Sinne, in dem Poincaré dieses Wort in die Logik der Wissenschaft eingeführt hat, verstehen wir gewöhnlich eine ganz besondere Art der Definition, nämlich eine solche, durch welche bestimmte *Satzformen* für die Naturbeschreibung festgelegt werden.[67] Den Gegensatz dazu würde z. B. eine hinweisende Definition bilden, welche für eine bestimmte Farbe ein bestimmtes *Wort* wie »gelb« festlegt.

Henri Poincaré hat das Verfahren der Konvention bekanntlich an den Sätzen der Geometrie entwickelt – übrigens ist ihm Helmholtz darin der Sache nach bereits vorausgegangen – indem er darauf hinwies, dass jene Sätze in ihrer Anwendung auf die räumlichen Eigenschaften der Körper als Definitionen zu betrachten seien. Sie sagen nichts über einen »wirklichen Raum«, sondern setzen fest, wie die räumlichen Verhältnisse der Wirklichkeit zu beschreiben seien. Der Satz, dass ein aus drei Euklidischen Geraden gebildetes Dreieck die Winkelsumme von zwei Rechten hat, drückt nicht eine Naturtatsache aus, sondern legt eine Bedingung fest, unter der wir von gewissen physikalischen Gebilden *sagen* wollen, dass sie die Eigenschaften »Euklidischer Geraden« besitzen. Wenn wir, wie es die heutige Physik wirklich tut, gewisse physikalische Gebilde wie Lichtstrahlen, Drehungsachsen etc. als »Gerade« bezeichnen, so kann die Erfahrung lehren, dass sie nicht die Eigenschaften von »Euklidischen Geraden« haben, also definitionsgemäß nicht mit diesem Namen genannt werden dürfen. Das ist dann eine Erfahrungserkenntnis, nicht ein geometrischer Satz.[68]

In unserer Redeweise drücken wir die Einsicht in den konventio|nellen Charakter der geometrischen Sätze am kürzesten aus, indem wir sagen: Die Geometrie ist die Grammatik der Sprache, in welcher wir die räumlichen Beziehungen in der Physik beschreiben.[69]

Nehmen nun aber die räumlichen – oder in unserer modernen Physik die räumlich-zeitlichen – eine Ausnahmestellung ein gegenüber andern physikalischen Beziehungen? Die Sprache, in der wir von den letzteren reden, muss ja auch ihre Grammatik haben, und es ist auch kein Zweifel, dass sie durch Konventionen festgelegt wird. Sind vielleicht die Naturgesetze die Konventionen? Stellen sie also vielleicht gar nichts anderes dar als die Grammatik der Naturwissenschaften, d. h. in letzter Linie der physikalischen Sprache überhaupt? Wie Sie wissen, ist diese Ansicht tatsächlich vertreten worden, teils von etwas phantastischen Schriftstellern, die hier keine Erwähnung verdienen, teils aber auch von so hervorragenden Forschern wie Sir Arthur Eddington, der wenigstens eine ganze Klasse von Naturgesetzen (nämlich alle außer den statistischen für bloße Definitionen erklärt hat und daher als Verfechter eines ziemlich extremen »Konventionalismus« (um dies unschöne Wort nicht zu vermeiden) angesehen werden muß.[70]

Nach meiner Überzeugung beruht dieser Konventionalismus auf einem schweren logischen Irrtum, der von sehr großem prinzipiellen Interesse ist, sich aber doch mit wenigen Worten aufklären läßt. Diese Aufklärung soll hier kurz versucht werden.

Der Unterschied zwischen einer Festsetzung und einer echten Aussage besteht ja darin, dass die Gültigkeit der letzteren nur durch die Erfahrung festgestellt werden kann, während die Gültigkeit der Konvention von uns selbst geschaffen wird. Nachdem wir eine Festsetzung getroffen haben, können wir unter allen Umständen daran festhalten. Die Erfahrung kann uns wohl veranlassen, nie aber *zwingen*, sie aufzugeben, ihre Geltung bleibt in unserer Macht. So können wir bekanntlich, wenn wir darauf erpicht sind, die Naturvorgänge durchaus mittels der Euklidischen Geometrie beschreiben, nur müssen wir dann große Unbequemlichkeiten der Darstellung mit in den Kauf nehmen, da es in der

Natur z. B. keine *leicht herstellbaren* Gebilde gibt, die genau den Axiomen der Euklidischen Geraden gehorchen.

Betrachten wir nun die Formulierungen der Naturgesetze, so scheint von ihnen genau das Gleiche zu gelten: wir können sie, wenn wir absolut wollen, unter allen Umständen aufrecht erhalten, wenn wir uns nicht davor scheuen, unpraktische und fremdartige Ausdrucksweisen einzuführen. Wenn nur diese Möglichkeit besteht, scheint | der Konventionscharakter der Naturgesetze bereits erwiesen zu sein.

Bevor wir die Sachlage ganz allgemein und prinzipiell prüfen, sei sie an zwei bekannten Beispielen erläutert.

Als erstes wählen wir das Energieprinzip, von dem in der Tat nicht selten und verhältnismäßig früh behauptet wurde, dass es eine bloße Definition sei. Es genügt, die Formulierung zu betrachten, die in der Thermodynamik üblich ist. Bringen wir irgend ein System aus einem Zustande 1 in einen Zustand 2 derart, dass ihm dabei die Wärme U zugeführt und die Arbeit A an ihm geleistet wird, so lautet der Ausdruck für die Energie des Systems im Zustand 2 (bezogen auf 1): $E = A + U$. Da E nur durch Messung von A und U bestimmt werden kann, so scheint diese Energiegleichung nichts anderes zu sein als eine reine Definition, nämlich die Einführung eines neuen Zeichens für die Summe von U und A. Wäre also das Energieprinzip in diesem Falle eine Konvention? Der Physiker sagt uns sofort, dass dieser Schluss ganz falsch wäre. Das Wesentliche an der Energiegleichung ist nämlich das, dass E eine Größe bedeuten soll, die nur von den Zuständen 1 und 2 abhängt; nicht aber von dem Wege, auf dem die Überführung stattfindet. Dies ist aus der Gleichung selbst nicht abzulesen, sondern muss als besondere Erläuterung hinzugefügt werden. Infolge dieser Erläuterung aber sind jetzt die rechte und die linke Seite der Gleichung verschieden definiert, und es ist Sache der Erfahrung, zu entscheiden, ob man für E bei Durchlaufung verschiedener Übergangswege immer denselben Wert erhält. So aufgefaßt, bedeutet die Energiegleichung also eine Behauptung, die durch die Tatsachen widerlegt oder bestätigt werden kann, sie ist also *keine* Definition. Was sie behauptet, ist ja die äußerst greifbare Tatsache der Unmöglichkeit eines perpetuum mobile; die »Konventionalisten« bedenken nicht, dass man, wenn ihre Ansicht richtig wäre, imstande sein müßte, sich durch eine passende Definition von den Energiequellen der Erde, – Kohle, Öl, Wasserkräfte – unabhängig zu machen.

Dennoch haben sie versucht, ihre Behauptung, das Energieprinzip stelle eine Definition dar, dadurch aufrecht zu erhalten, dass sie sagen, die Konstanz der Größe E ließe sich für ganz beliebige Übergänge vom Zustand 1 zum Zustand 2 einfach dadurch erzwingen, dass man ein Entstehen und Vergehen *verborgener* Energien annimmt, die sich der Wahrnehmung entziehen, aber die Bilanz unter allen Umständen aufrecht erhalten (Driesch).[71] Auf diese Weise würde die Gleichung in der Tat zu einer bloßen Tautologie, aber ich brauche nicht erst hervorzuheben, dass sie nunmehr mit dem Energieprinzip der Physik | nicht das Geringste mehr zu tun hat. Denn für dieses ist es *wesentlich*, dass unter »Energie« eine durch Messungen stets feststellbare Größe verstanden wird. Wenn man das Wort »Energie« nach dem Vorschlag der Konventionalisten durch die Bedingung der Konstanz *definiert*, unter Aufgabe der Bedingung der Beobachtbarkeit, so bezeichnet man mit dem Worte nicht mehr das, was der Physiker oder Techniker unter »Energie« versteht. Man hat einen gleichklingenden sprachlichen Satz vor sich, der aber einen völlig verschiedenen Sinn besitzt.

Als zweites Beispiel betrachten wir das von Eddington für eine bloße Definition erklärte Trägheitsgesetz in der Galileischen Fassung. Es lautet etwa: »Ein Körper, auf den keine Kräfte wirken, bewegt sich geradlinig gleichförmig«. Wodurch ist aber, fragt Eddington, ein Körper definiert als ein solcher, auf den keine Kräfte wirken? und er antwortet: offenbar nur dadurch, dass er sich geradlinig gleichförmig bewegt. Das Ganze sei also eine auf bloßer Festsetzung beruhende Tautologie.[72]

Aber ist das Wort »kräftefrei« wirklich durch die geradlinig gleichförmige Bewegung definiert? Die von Newton explicite gegebene Definition der Kraft könnte es so erscheinen lassen, aber wiederum ist, wie in dem vorigen Beispiel, ein nicht ausdrücklich angegebener aber wesentlicher Umstand hinzuzudenken: die »Kraft« soll nämlich eine Größe sein, die von anderen in der Nähe befindlichen Körpern und ihrem Zustande abhängt. Das Wesentliche ist hier die Erfahrungstatsache, dass die Beschleunigung oder Bahnkrümmung eines Körpers in bestimmtem Zusammenhang mit der Anwesenheit und mit dem Zustande *anderer* Körper steht. Zu einer strengen Definition der Kraft gehört daher auch die Bestimmung, dass sie eine Funktion der Gesamtkonstellation der vorhandenen Körper sein soll. Wir stellen also fest, dass Eddington den Satz, welcher das Trägheitsgesetz ausspricht, dadurch zu einer Konvention macht, dass er den Worten eine Bedeutung gibt, die sie in der Physik nicht haben. Er gibt also dem gleichen Wortlaut einen andern *Sinn*, um seine These verteidigen zu können.

Aber weiter: es ist im Trägheitsgesetz von »gleichförmiger Bewegung« die Rede, also einer solchen, bei der in gleichen Zeiten gleiche Strecken durchlaufen werden. Eddington weist darauf hin, dass die Definition »gleicher Zeiten« wiederum das Trägheitsgesetz voraussetze, dass dieses also zirkelhaft-tautologisch sei. Es ist ganz richtig, dass gleiche Zeiten praktisch mit Hilfe von Trägheitsbewegungen (z. B. Drehung der Erde) festgelegt werden, indem als »gleich« | solche Zeiten gelten, in denen gleiche Strecken (bzw. gleiche Drehwinkel) zurückgelegt werden. Dennoch ist der Schluss auf den definitorischen Charakter des Trägheitsprinzips falsch. Zur Definition »gleicher« Zeiten kann nämlich die Bewegung *eines* einzigen Körpers dienen, und es ist erst eine Tatsache der Erfahrung, dass Zeiten, die nach der Definition in bezug auf einen »kräftefrei« bewegten Körper gleich sind, ebenfalls gleich sind in bezug auf einen beliebigen *andern* »kräftefrei« bewegten Körper. Aber gerade diese Erfahrungstatsache ist es, die in Wahrheit durch den Trägheitssatz ausgedrückt werden soll.

Hier liegt der Irrtum also in dem Übersehen der Bedeutung des unbestimmten Artikels »ein«, der im Trägheitsgesetze vor dem Worte »Körper« steht. Er bedeutet nämlich »jeder beliebige«, und damit weist der Trägheitssatz auf eine Übereinstimmung im Verhalten *aller* Körper hin, deren Bestehen nur aus der Erfahrung abgelesen, nicht aber durch Definition *erzielt* werden kann.

Ich habe diese Beispiele besprochen, um an ihnen recht anschaulich zu machen, auf welche Weise die Meinung sich bilden konnte, dass die Naturgesetze Konventionen seien: man betrachtete den Ausdruck der Gesetze, wie er da – meist in Form einer Gleichung – auf dem Papier steht, kümmerte sich nicht genug um die definitorischen Erläuterungen, durch die der Ausdruck erst seinen Sinn erhält und die oft gar nicht ausdrücklich oder vollständig formuliert wurden; sondern legte eine eigenmächtige Interpretation unter, die den fraglichen Ausdruck zu einer Tautologie macht. Hierzu wird man dadurch verführt, dass man zur Interpretation der Zeichen nur alles das benützt, was tatsächlich in Form von Rechnungen hingeschrieben ist. Das ist aber das Verfahren des reinen Mathematikers und Logikers, er darf überhaupt nicht anders verfahren, denn in der Logik und Mathematik *haben* die Zeichen eben denjenigen Sinn, der ihnen durch das ausdrücklich Hingeschriebene oder sonstwie Formulierte gegeben wird. Mathematik und Logik weisen nicht über sich selbst, über ihr eigenes Zeichenreich hinaus, in ihnen besteht kein prinzipieller Gegensatz zwischen Lehrsatz und Definition.

Ganz anders in der Naturwissenschaft, wo jedes einzelne von ihr verwendete Zeichen auf bestimmte Beobachtungen und Experimente hinweist, die wirklich ausgeführt werden müssen, damit ihre Sätze überhaupt Sinn bekommen. Nachdem das System der Physik fertig ist, kann es freilich in rein mathematischer Form dargestellt werden, und der Mathematiker vergnügt sich damit, die einzelnen Sätze nur auf ihren gegenseitigen Zusammenhang, ihre gegenseitige Ableit|barkeit und Umformbarkeit zu untersuchen, und bei dieser Arbeit kommt der Unterschied zwischen Definition und Lehrsatz wiederum nicht vor, da von jeder Beziehung zu Beobachtungen abgesehen wird. Bei dieser

Art der Betrachtung und Arbeit ist es gleichgültig, ob eine bestimmte Gleichung als Definition oder Naturgesetz aufgefaßt wird, und man kann ihr auf keine Weise ansehen, ob sie das eine oder das andere ist. Diese Betrachtungsweise ist nur in gleichsam abgeschlossenen Gebieten der Physik möglich, in denen man sich nicht mehr bei jedem Schritt an der Erfahrung orientieren muss; und es ist höchst interessant zu sehen, wie Eddington in seiner Darstellung der Relativitätstheorie sich sozusagen durch den bloßen Anblick der Einsteinschen Gravitationsgleichungen verführen lässt, sie als bloße Definitionen anzusprechen. Wie schon bemerkt, dehnt er diese Anschauung auf alle Gesetze der klassischen Physik aus, die ja den Charakter der Geschlossenheit trägt, für den die Relativitätstheorie das reinste Beispiel bildet.[73]

Den Unterschied zwischen der logico-mathematischen und der naturforschenden Einstellung machen wir bis in seinen letzten Ursprung uns am besten an dem Unterschied zwischen »Satz« und »Aussage« klar, auf den ich in ähnlichem Zusammenhange schon bei einer früheren Gelegenheit sehr nachdrücklich hinweisen musste (vergl. *Sur le fondement de la connaissance*, traduction du Général Ernest Vouillemin, Paris: Hermann 1935). Unter einem »Satz« wollen wir die Reihe der sprachlichen Zeichen verstehen, mit deren Hilfe etwas ausgesagt werden kann, also z.B. die hingeschriebene Reihe der Buchstaben einer schriftlichen Mitteilung, oder die Folge von Lauten einer gesprochenen Mitteilung, oder auch die Folge von Einritzungen auf einer Grammophonplatte, die zu einer Mitteilung benützt werden können. Unter einer »Aussage« dagegen wollen wir einen solchen Satz zusammen mit seinem *Sinn* verstehen, wobei dieser Sinn nicht als eine Art von schattenhaftem Gebilde aufzufassen ist, das in dem Satze wohnte oder ihn begleitete, sondern es sollen damit ganz einfach nur die *Regeln* gemeint sein, die für die tatsächliche Anwendung des Satzes festgesetzt wurden, also für den wirklichen Gebrauch des Satzes zur Darstellung von Tatsachen. Kurz, eine »Aussage« ist ein »Satz«, sofern er wirklich die Funktion des Mitteilens ausübt.

Die moderne Entwicklung der Logik hat immer deutlicher gezeigt, dass man ihre Methode, ebenso wie die der Mathematik, am besten als eine *formale* charakterisiert, d. h. als eine solche, die von dem *Sinn* der Sätze, von der Bedeutung der Zeichen, also von ihrer tatsächlichen Verwendung absieht und die Zeichen nur in ihrer gegen|seitigen Beziehung zueinander betrachtet. Solche gegenseitigen Beziehungen haben die Zeichen zueinander vermöge von Festsetzungen (syntaktischen Regeln), welche die »logische Grammatik« der fraglichen Sprache bilden. Mit andern Worten: die logico-mathematische Betrachtung hat es mit den syntaktischen Eigenschaften und Beziehungen von Sätzen zu tun, nicht aber mit Aussagen.

Zum Wesen der Naturwissenschaft dagegen (wie übrigens zum Wesen *jeder* Realwissenschaft) gehört es, dass sie niemals von Sinn und Bedeutung absieht; sie hat es also stets mit *Aussagen* zu tun.

Naturgesetze sind zweifellos *Aussagen* in dem soeben erklärten Sinne; es wäre gewiss absurd, wollte man den Sprachgebrauch einführen, einen bloß hingeschriebenen oder ausgesprochenen Satz, unabhängig von der Bedeutung, ein »Naturgesetz« zu nennen.

Ein und derselbe Satz kann natürlich Vehikel beliebig vieler verschiedener Aussagen sein; ich brauche ja nur verschiedene Regeln seines Gebrauches festzusetzen. Der Satz (die Wortfolge) »Der König hält sich im Hintergrund« stellt ganz verschiedene Aussagen dar, je nachdem ich unter »König« einen bestimmten Monarchen, eine Schachfigur, oder einen Fußballspieler namens König verstehe. Ich kann auch jeden Satz durch geeignete Festsetzungen zu einer Definition machen; er ist dann eben keine Aussage mehr. Ein Satz stellt eine Aussage dar kraft bestimmter Konventionen; eine Aussage aber ist natürlich keine Konvention. Also ist auch kein Naturgesetz eine solche.

Vergegenwärtigen wir uns noch einmal den Fall der Geometrie. Eine und dieselbe physische Welt kann ich mit Hilfe verschiedener Geometrien beschreiben, wenn ich nur den Ausdruck der physikalischen Gesetze jedesmal der benützten Geometrie anpasse. Ich sage absichtlich: den *Ausdruck* der physikalischen Gesetze. Es sind nämlich die *Sätze* in der oben erklärten Bedeutung des Wortes, in diesem Falle die hingeschriebenen mathematischen Gleichungen, die sich vollkommen ändern, wenn ich von einer Geometrie zur andern übergehe. Die aus mathematischen Zeichen bestehenden Gleichungen sind es (und natürlich auch der an diese Gleichungen angeschlossene Prosaausdruck der Sprache), die eine viel kompliziertere Gestalt annehmen würden, wenn ich etwa bei der Beschreibung der Gravitationsvorgänge statt der Riemann'schen die Euklidische Geometrie zugrunde legte. Aber habe ich ein Recht zu sagen, dass die physikalischen *Gesetze* andre werden, dass ich eine »andere Physik« erhalte, wenn ich die Geometrie wechsle? Offenbar nicht, denn es würde bedeuten, dass ich die bloßen Zeichenreihen auf dem | Papier mit dem Namen der »Gesetze« ehre, was wir oben als dem natürlichen Empfinden zuwiderlaufend abgelehnt haben. Unter einem »Naturgesetz« möchten wir doch, wenn es überhaupt möglich ist, etwas gegenüber jeder willkürlichen Ausdrucksweise Invariantes verstehen. Und es *ist* möglich. Wir sprechen doch gern von der Unwandelbarkeit der Naturgesetze, und wir denken doch nicht daran zu sagen, die Naturgesetze hätten sich geändert, wenn wir eine neue Schreibweise oder auch eine ganz neue Geometrie eingeführt haben. Das Energieprinzip z. B. bedeutet für uns doch wohl jene »objektive« Ordnung der Tatsachen, die es unmöglich macht, Arbeit aus nichts zu erzeugen – eine Unmöglichkeit, die wir täglich und stündlich am eigenen Leibe spüren und die gewiss ganz unabhängig ist von der Art, wie wir sie auszudrücken belieben.

Die Sache liegt so: Weder die geometrischen Axiome noch die Gleichungen der Physik sagen etwas über die Wirklichkeit; die Ersteren sind bloße grammatische Regeln, die letzteren sind bloße »Sätze«, keine Aussagen. Beide sind für sich beliebig abänderbar, sie sind daher nicht die »Naturgesetze«. Erst beide zusammen bilden echte Aussagen. Das was den eigentlichen Inhalt eines Naturgesetzes bildet, wird durch den Umstand ausgedrückt, dass zu bestimmten, grammatischen Regeln (z. B. einer Geometrie) ganz bestimmte Sätze als *wahre* Beschreibungen der Wirklichkeit gehören, und dieser Umstand ist völlig invariant gegenüber jeder Willkür in der Bezeichnung.

Willkürlich sind erstens die Regeln, welche die Beziehungen der verwendeten Zeichen unter sich festlegen, also die mathematischen Axiome und die expliziten Definitionen der abgeleiteten Begriffe der Naturwissenschaft, und zweitens die hinweisenden Definitionen (Aufzeigungen), durch die in letzter Linie die Bedeutung der Grundbegriffe der Naturwissenschaft festgesetzt wird. Diese Regeln bilden in ihrer Gesamtheit die Grammatik der wissenschaftlichen Sprache, d. h. das vollständige Inventar der Regeln, nach denen die Symbole (Buchstaben, Worte, Sätze, etc.) zur Beschreibung der Tatsachen verwendet werden sollen. Alle diese »grammatischen« Regeln, und sie allein, bestimmen zusammen den *Sinn* der Sätze der Wissenschaft, denn der Sinn eines Satzes ist dadurch und nur dadurch anzugeben, daß ich angebe, wie er zu gebrauchen ist; und das geben eben jene Regeln restlos an. *Sie* sind die einzigen Konventionen, nicht die »Naturgesetze«. Jene Regeln sind es, die aus den bloßen »Sätzen« echte »Aussagen« machen, denn sie bestimmen ja den Sinn.

Sind sie einmal festgelegt, hat man sich also über die Grammatik | der wissenschaftlichen Sprache geeinigt, so hat man keine Wahl mehr, wie man irgendwelche Tatsachen der Natur ausdrücken will, sondern es gibt jetzt in jedem Falle nur mehr *eine* Möglichkeit, nur einen einzigen hinzuschreibenden oder auszusprechenden Satz, der den Zweck erfüllt. Jetzt kann jedes Naturgesetz nur mehr in einer ganz bestimmten Form, und keiner andern, dargestellt werden.[1]

---

[1] Wenn Carnap erklärt (*Logische Syntax der Sprache*, Wien: Springer 1934, S. 133), man könne auch eine Sprache mit »außerlogischen« Umformungsbestimmungen aufstellen, indem man z. B. »Naturgesetze« unter die Grundsätze aufnehme (also als grammatische Regeln

Es ist natürlich ein Leichtes, die Grammatik zu ändern, also neue Verwendungsregeln für meine Symbole einzuführen. Sobald ich das tue, muss ich, um *dieselbe* Naturtatsache wie vorher zu beschreiben, nun natürlich einen andern Satz, eine andere Symbolreihe verwenden. Wird ein Naturgesetz in der Grammatik G_1 durch den Satz S_1 dargestellt, so wird es in der Grammatik G_2 durch den S_2 ausgedrückt werden. Das Gesetz »lautet« jetzt anders. Aber tatsächlich sind sozusagen die *Laute* das Einzige, was sich geändert hat, der Sinn ist derselbe geblieben. Die Sätze S_1 und S_2 sind zwar verschiedene Zeichenreihen, aber *beide* stellen *dieselbe Aussage* dar in demselben Sinne, in welchem »le roi est mort« und »the king is dead« verschiedene Sätze, aber dieselbe Aussage sind. Welche Aussage einem Satze entspricht, wird durch die verwendete Grammatik bestimmt, denn sie gibt ja den Zeichen ihren Sinn. In unserm Falle gibt die Grammatik G_1 dem Satze S_1 *denselben* Sinn, den die Grammatik G_2 dem Satze S_2 gibt, in beiden Fällen liegt also dieselbe »*Aussage*« vor.

So sehen wir, dass alle echten Aussagen, also z. B. Naturgesetze, stets etwas Objektives, gegenüber den Darstellungsweisen Invariantes sind, sie hängen in keiner Weise von irgendwelchen Konventionen ab. Konventionell, also willkürlich, sind allein die Ausdrucksformen, die Symbole, die Sätze, mithin nur das Äußerliche, auf das es dem Forscher überhaupt nicht ankommt. In der Wissenschaft, in der Erkenntnis suchen wir nichts als Wahrheit,

---

betrachte), so scheint mir diese Ausdrucksweise in demselben Sinn irreführend zu sein wie die These des Konventionalismus. Wohl kann man einen *Satz* (eine Zeichenreihe), der unter Voraussetzung der üblichen Grammatik ein Naturgesetz ausspricht, zu einem Grundsatz der Sprache machen, indem man ihn einfach durch Festsetzung als syntaktische Regel erklärt. Aber damit hat man eben die Grammatik geändert und folglich dem Satze einen ganz neuen Sinn gegeben, oder vielmehr, eigentlich hat man ihn des Sinnes beraubt. Er ist jetzt kein Naturgesetz mehr, überhaupt keine Aussage, sondern eine Zeichenregel. Die ganze Umdeutung erscheint jetzt trivial und nutzlos. – Höchst gefährlich ist jede Darstellungsweise, welche so fundamentale Unterschiede zu verwischen droht.

wahr oder falsch | aber sind nur Aussagen, nicht Sätze. Die letzteren mögen so wandelbar und unserer Willkür so sehr unterworfen sein, wie sie wollen; das ficht den Erkennenden nicht an. Er kann stets mit Hilfe der Gebrauchsregeln (der »Grammatik«, die ihm ja bekannt sein muss, da ohne sie die Sätze für ihn sinnlos wären) zu den echten Aussagen vordringen, deren Wahrheit von Niemandes Belieben abhängt.

Die Einsicht, dass Konventionen bei der Formulierung unserer Erkenntnis eine Rolle spielen, darf also nicht so mißverstanden werden, als würde ihr dadurch irgend etwas von ihrer objektiven Gültigkeit genommen, als wäre die Wahrheit irgendwie subjektiv, die Naturgesetze bloß ein Produkt unserer Willkür. Wo immer der Konventionalismus dergleichen behauptet, da macht er sich einer Verwechslung von Satz und Aussage schuldig, da verwechselt er das Wesen mit seinem Gewande.

Dass das Gewand rein konventionell ist, ist zwar eine triviale Einsicht, denn niemand zweifelt wohl daran, dass ein Symbol seine Bedeutung immer erst durch eine Festsetzung bekommen kann; es ist aber doch eine *wichtige* Einsicht, gerade weil sie uns veranlasst, uns auf den Unterschied zwischen Wesen und Gewand, zwischen Kern und Schale recht sorgfältig zu besinnen: eine echt philosophische Arbeit.

So birgt die Konventionslehre zwar, wie die historischen Tatsachen beweisen, die Gefahr schwerer Missverständnisse in sich, aber wenn wir diese zu vermeiden wissen, so ist sie ein wertvolles Hilfsmittel, das, was zur Erkenntnis selber gehört, von dem zu sondern, was nur zur Darstellung gehört. Manche in der Wissenschaftslogik noch herrschende Verwirrung kann dadurch überwunden werden.

1.6 Gesetz und Wahrscheinlichkeit

Zwei einfache Fragen sind es, auf welche die folgenden Betrachtungen eine Antwort geben sollen: Erstens: Wann spricht die Wissenschaft von einem »Gesetz«? Zweitens: Wie verwendet sie den Begriff der »Wahrscheinlichkeit«?

Beide Fragen müssen zusammen behandelt werden, weil sie letzten Endes nur eine einzige sind. Dass man mit der einen zugleich die andere beantwortet hat, sieht man leicht durch folgende kurze Überlegung: Das Gegenteil von »Gesetz« ist »Zufall«. Wenn man also definiert hat, was ein Gesetz ist, so erhält man durch Negation die Definition des Zufalls, und umgekehrt. Nun finden alle Wahrscheinlichkeitsregeln auf irgendwelche Vorgänge nur insofern Anwendung, als diese »zufällig« sind; die sogenannten Wahrscheinlichkeitsgesetze sind die Regeln des Zufalls. Wenn ich daher weiß, was Zufall ist, dann weiß ich auch, was Wahrscheinlichkeit bedeutet. Ich muss diese Bedeutung also angeben können, sobald ich weiß, was unter der Negation des Zufalls, also unter »Gesetzmäßigkeit«, zu verstehen ist. Folglich liefert die Definition von »Gesetzmäßigkeit« zugleich eine solche von »Wahrscheinlichkeit«.

Wir betrachten nur allereinfachste Situationen, da die Übertragung auf verwickeltere Fälle, so große technische Schwierigkeiten sie auch bieten mag, doch nicht zu prinzipiell neuen Problemen führt.

Es kommt vor, dass uns kein einziger Fall bekannt ist, in welchem ein Ereignis, das durch den Satz p beschrieben wird, nicht von dem Ereignis q gefolgt war. Wenn nun p, und daher auch q, ein sehr häufiges Vorkommnis ist, so sagen wir bekanntlich, das Ereignis q folge naturgesetzlich auf p, oder p »bewirke« q. (Dass wir mit p und q sowohl die Ereignisse selbst als auch die sie ausdrückenden Sätze bezeichnen, | kann hier keine Verwirrung hervorrufen.) Jedesmal, wenn wir Wasser bei bestimmtem Druck auf bestimmte Temperatur erwärmen, beginnt es zu kochen;

nie wurde eine Ausnahme beobachtet. In diesem Fall sagen wir, dass ein »Kausal«gesetz vorliege. Das Problem, das in den Worten »sehr häufig« verborgen ist, lassen wir einstweilen bei Seite; dann interessiert uns dieser einfache Fall jetzt nicht, und wir betrachten sogleich sein Gegenteil.

Dieses liegt vor, wenn in sehr vielen Fällen, wo p eintrat, *nicht immer* q gefolgt ist. Sagen wir dann etwa, dass *kein* Gesetz bestehe? Durchaus nicht, sondern wir unterscheiden verschiedene Möglichkeiten. Zwar sagen wir jetzt, dass q bestimmt nicht die Wirkung von p ist, dass also kein »Kausal«gesetz beide verknüpft; es könnte aber immer noch sein, dass wir von einem »statistischen« Gesetz sprechen. Dass dies der Fall sei, würden wir z. B. sagen, wenn q in 95 % der Fälle auf p folgte, in den übrigen 5 % dagegen nicht – wobei wieder, wie stets bei den folgenden Überlegungen, vorausgesetzt ist, dass diese Zahlen bei der Durchschnittsbildung über eine sehr große Menge von Versuchen erhalten wurden.

Es kann nun sein, dass wir in allen Fällen, wo q nach p ausbleibt, trotz unablässigen Suchens nicht imstande sind, einen allen diesen Fällen gemeinsamen Umstand aufzufinden, den wir dann für das anormale Verhalten der 5 % verantwortlich machen würden. Dann würden wir das statistische Gesetz »Im Durchschnitt folgt q auf p im zwanzigsten Teil der Fälle« für etwas Letztes, nicht weiter Reduzierbares halten und schließlich jeden Versuch aufgeben, es auf kausale Gesetze zurückzuführen.

Die Sache würde aber prinzipiell nicht anders liegen, wenn wir statt 95 irgendeinen andern durchschnittlichen Prozentsatz x festgestellt hätten. Wenn bei vielen Durchschnittsbildungen q ungefähr x mal unter hundert p eintritt, so werden wir dies als »statistisches Gesetz« formulieren, wobei x ebenso gut 99 ½ wie 50 oder 1 sein kann. x kann auch 0 sein, und dann würden wir uns unter ganz bestimmten Umständen sogar veranlasst fühlen, das »Kausal«gesetz auszusprechen, dass p den Eintritt von q *verhindere*.

In diesen Überlegungen muss der Begriff des »Zufalls« versteckt enthalten sein, denn das statistische Gesetz unterscheidet sich ja von dem kausalen eben durch das Element des Zufalls, welches es enthält. Der einzige Weg, dies Element aufzudecken, besteht in der Analyse der wissenschaftlichen Sprechweise.

Wenn in unserm vorigen Beispiel die 5 % »Ausnahmen« sich nicht | nur »im Durchschnitt« einstellten, sondern so, dass etwa in einer bestimmten Reihe von Ereignissen p genau jedes zwanzigste Mal nicht von q gefolgt wäre, so würden wir nicht von einem statistischen, sondern von einem streng kausalen Gesetz sprechen, und zwar deshalb, weil in diesem Falle genaue und sichere Voraussagen über das Eintreten von q als Folge von p möglich wären. Es ist offenbar die »Regelmäßigkeit« der Folge, welche uns hindern würde, hier von Zufall zu sprechen; Regelmäßigkeit ist nur ein anderer Name für Gesetzmäßigkeit. Die Versuche der Wahrscheinlichkeitstheoretiker, den Zufall zu definieren, laufen in der Tat darauf hinaus, die besondere Art der »Unregelmäßigkeit« oder Regellosigkeit zu beschreiben, die das Gegenteil der Gesetzmäßigkeit ist.

Da es uns nicht auf die tatsächliche Durchführung der Beschreibung für eine komplizierte Situation ankommt, sondern nur auf ihr Prinzip, so genügt es, wenn wir dieses an einem ganz einfachen Falle erläutern. Wir nehmen an, dass jedes Mal, wenn p nicht von q gefolgt ist, immer ein bestimmtes Ereignis r eintritt. Es wäre dann ein *Kausal*gesetz, dass p entweder q oder r bewirkt. Wir fragen: wann sagen wir unter diesen Umständen, dass es »gänzlich zufällig« sei, ob (nach eingetretenem p) q oder r geschieht? Diese Umstände entsprechen z. B. dem Roulettespiel (Rouge et Noir, wobei wir von der »Null« absehen), denn das Drehen (p) des Instrumentes kann entweder den Erfolg haben, dass die Kugel in einem schwarzen Felde liegen bleibt (q), oder dass sie in einem roten zur Ruhe kommt (r). Eins von beiden muss eintreten, aber es gibt kein »Gesetz«, das angibt, welches von beiden geschieht. Unsere Frage ist einfach die: »Was bedeuten hier die Worte, es gibt kein Gesetz?«

Die Antwort kann nur gegeben werden durch eine schlichte Beschreibung des von der Wissenschaft tatsächlich angewendeten Verfahrens der Entscheidung darüber, ob ein Gesetz oder Zufall vorliegt.

Auf den ersten Blick scheint es hier, als ob es zwei verschiedene Wege gäbe. Der erste – wir wollen ihn den apriorischen Weg nennen (was aber in keiner Weise an das Kantische oder ein ähnliches Apriori erinnern soll) – bestünde darin, dass man das Roulette physikalisch genau untersucht und darauf etwa das Urteil fällt: »die roten und die schwarzen Felder sind in mechanischer Hinsicht vollkommen gleich, *daher* ist es reiner Zufall, welches von beiden kommt«. Der zweite Weg – wir nennen ihn den aposteriorischen – bestünde in der Ausführung sehr vieler Versuche und Beobachtung der Verteilung und der relativen Häufigkeiten von Rot und Schwarz in der langen Reihe der Spielresultate. |

Wir wenden uns zunächst der zweiten, aposteriorischen, Methode zu und fragen also: Welcher Art muss die Verteilung von Rot und Schwarz sein, damit wir das Fehlen jeder Gesetzmäßigkeit behaupten?

Die Antwort, die natürlich nichts anderes ist als eine Definition des Zufalls, lautet ungefähr – denn auf ganz exakte Formulierung kommt es uns hier nicht an –: Wir denken uns eine Gruppe von n aufeinanderfolgenden Versuchsresultaten, z. B. schwarz-rot-rot-schwarz (wo also n = 4) und sehen zu, wie oft diese Gruppierung in der langen Reihe unserer sämtlichen Spielresultate vorkommt. Die Zahl des Vorkommens sei z, die Gesamtzahl der herausgegriffenen Gruppen sei Z. Wenn nun für viele solcher Gruppen $\frac{z}{Z}$ im Durchschnitt dem Werte $\frac{1}{2^n}$ nahe kommt, dann sagen wir, die Verteilung sei »rein zufallsmäßig«.

Setzen wir z. B. n = 1, so bedeutet das die Frage, wie oft unter Z Versuchen im Durchschnitt Rot erscheinen muss, damit wir es dem Zufall zuschreiben können. Die Formel der Definition gibt die Antwort, dass dies ungefähr in der Hälfte der Fälle stattfinden muss. In der Tat: wäre das nicht der Fall, sondern käme Rot z. B. öfter, so wäre es bevorzugt, und wir könnten es als statistisches Gesetz aussprechen, dass p eher r als q zur Folge hat (nach ungefähr angebbarem Zahlenverhältnis), und wir könnten Voraussagen darauf gründen. – Setzen wir n = 2, so heißt das, dass wir, um von Gesetzlosigkeit zu sprechen, jede der vier Gruppierungen rot-rot, rot-schwarz, schwarz-rot, schwarz-schwarz ungefähr gleich oft in unserer großen Versuchsreihe finden müssen, und zwar jede in etwa ¼ der untersuchten Zweiergruppen. Greifen wir eine große Zahl von je drei aufeinander folgenden Spielresultaten heraus, so muss etwa ein Achtel dieser Gruppen die Kombination rot-rot-rot, ein weiteres Achtel die Kombination rot-rot-schwarz aufweisen, u.s.w.

Diese Beispiele zeigen, dass die Definition des Zufalls (für die Roulette-Spiel-Resultate), die im ersten Augenblick kompliziert und künstlich erscheinen mag, in Wahrheit nur den Gedanken genauer zu formulieren sucht, dass keine der möglichen Anordnungen der Ergebnisse vor den übrigen irgendwie »bevorzugt« sein soll. Ebenso wie in unserm speziellen Beispiel von nur zwei Möglichkeiten q und r, die auf p folgen, wird in beliebigen allgemeineren Fällen die Definition der Regellosigkeit mit Hilfe der Formeln der »Wahrscheinlichkeitsrechnung« durchgeführt, und wir können jetzt etwas vage, aber wohl verständ|lich sagen: »Zufällig nennen wir Ereignisse, die den Regeln der Wahrscheinlichkeitsrechnung gehorchen«.

Die Wahrscheinlichkeitsrechnung ist dabei eine rein mathematische (logische) Disziplin, welche ebenso wie etwa die Arithmetik oder die »reine« Geometrie ganz unabhängig von irgendwelchen Erfahrungstatsachen konstruiert werden kann.

Wenn die hier entwickelte Auffassung richtig ist, so ist ein Problem völlig gegenstandslos geworden, das in neuerer Zeit den Philosophen nicht wenig Kopfzerbrechen bereitete: das sogenannte »Anwendungsproblem«. Es bestand in der Frage: Wie ist es möglich, die Wahrscheinlichkeitsrechnung auf die Wirklichkeit anzuwenden? Hier schien ein spezieller Fall der allgemeinen Frage vorzuliegen: wie kommt es, dass wir überhaupt Voraussagen über das Verhalten der Natur zu machen vermögen?

und das Paradoxon wird noch verschärft durch den Umstand, dass die Regeln, nach denen die Voraussage geschieht (z. B. dass beim Roulette in Monte Carlo die Bank im Durchschnitt gewinnen muss), »Gesetze des Zufalls« genannt werden, während doch »Zufall« definitionsgemäß Gesetz*losigkeit* bedeutet.

Wir sehen jetzt, dass nicht der geringste Grund zur Verwunderung vorliegt. Denn die Wahrscheinlichkeitsregeln gelten einfach deshalb für zufälliges Geschehen, weil wir das Geschehen, für welches sie gelten, eben »zufällig« *nennen*. Es handelt sich also um einen analytischen Satz, es besteht kein Problem mehr.

Die Situation ist ganz analog wie bei der Frage nach der Gültigkeit einer Geometrie für die Natur. Wenn man fragt: Wie kommt es, dass die euklidischen Sätze über die Gerade auf die Wirklichkeit anwendbar sind?, so lautet die (von Poincaré und Helmholtz gefundene) Antwort bekanntlich: Weil wir diejenigen Gebilde Gerade *nennen*, von denen die euklidischen Sätze gelten!

Dass man es in beiden Fällen mit ganz derselben Problemlage zu tun hat, die so leicht zu bewältigen ist, ist nur deshalb übersehen worden, weil man die ganze Aufmerksamkeit auf einen Punkt richtete, in dem tatsächlich ein Unterschied zwischen Wahrscheinlichkeitsrechnung und Geometrie besteht. Es ist die Frage, die sich in den obigen Ausführungen hinter den Worten »sehr viele« verbirgt, und die man, ziemlich ungeschickt, durch den Ausdruck »Gesetz der großen Zahlen« charakterisiert hat. Während nämlich in der Geometrie die Vorschriften, denen eine euklidische Gerade zu folgen hat, in jedem Falle ganz bestimmt sind, sodass ein einzelnes physisches Gebilde zu bestimmter Zeit darauf geprüft werden kann, inwiefern es | ihnen entspricht, sind die Regeln der Wahrscheinlichkeit von solcher Art, dass sie eine schlechthin endgültige Entscheidung darüber, ob Zufall vorliegt, ausschließen. Sie sind so festgesetzt, dass wir uns die Entscheidung immer noch vorbehalten, also im Prinzip immer noch die Möglichkeit offen lassen, unser Urteil über das Vorliegen von Zufall oder Gesetz zurückzunehmen. Würden wir z. B. feststellen, dass bei einem Roulette in den ersten 10 000 Versuchen Rot und Schwarz durchaus »zufallsmäßig« verteilt waren, dass aber bei den nächsten 10000 ganz genau dieselbe Reihenfolge wiederkehrte, dann würden wir jedes Spielresultat der zweiten Serie durch Vergleich mit der ersten voraussagen können und würden erklären, dass vermöge eines uns unbekannten (und durch wissenschaftliche Untersuchung zu entdeckenden) Mechanismus das Roulette so eingerichtet sei, dass es immer gerade diese Serie von Spielresultaten hervorbringen müsse. Es bestünde ein kausales Gesetz, dem Zufall wäre kein Raum gegeben.

Da es denkbar ist, dass die Wiederholung gleicher Resultate nicht nach 10000, sondern erst nach 1000000 oder einer noch beliebig größeren Zahl von Versuchen eintritt; da es ferner möglich ist, dass die Verteilung der Resultate von einer bestimmten Stelle an ihren Charakter ändert, indem z.B. die ersten tausend zufallsmäßig verteilt waren, während in den nächsten hunderttausend »Schwarz« ein starkes Übergewicht aufweist, so sehen wir uns durch solche Möglichkeiten veranlasst, die Definition des Zufall so einzurichten, dass sie gleichsam immer offen bleibt. Ganz falsch wäre es natürlich, diesen Umstand dadurch ausdrücken zu wollen, dass man hier von »unendlich vielen« Fällen spricht, über die der Durchschnitt zu nehmen sei, und die Berechtigung dazu durch einen Hinweis auf den Limes-Begriff der Mathematik ableiten zu wollen. Denn der Limes einer Funktion oder Reihe ist durch das *Bildungsgesetz* der Funktion oder Reihe bestimmt und erhält überhaupt erst durch dieses seinen Sinn. Vom »Unendlichen« zu sprechen, ist beim Limes nur eine uneigentliche Ausdrucksweise für das Gegebensein eines solchen Gesetzes, welches erlaubt, *beliebig* viele Glieder der Reihe oder Werte der Funktion zu erzeugen. Kennt man *keine* Formel, nach welcher jedes Glied der Reihe konstruiert oder aus den vorhergehenden abgeleitet werden kann, so ist »limes« ein leeres Wort, dem keine Bedeutung gegeben wurde. Dieser Fall liegt ja aber gerade bei unsern Reihen vor, die durch Roulettespielen oder Würfeln oder dergleichen gewonnen werden. Es ist also Unsinn, die Wahrscheinlichkeit und damit den Zufall durch einen im »Unendlichen« liegenden Limes definieren zu wollen. Die hier vorkommenden Reihen brechen immer, da es sich | um wirkliche Versuchs- oder Beobachtungsresultate handelt, im Endlichen ab.

Die einzige Möglichkeit, die beobachteten relativen Häufigkeiten zur Definition eines Wahrscheinlichkeitsbegriffes zu benutzen, bestünde daher darin, tatsächlich im endlichen zu bleiben und eine ganz bestimmte Anzahl von Fällen, seien es 1000 oder eine Million oder $10^{10^{10}}$ festzusetzen, die für die Durchschnittsbildung benützt werden soll. Tatsächlich verfährt man auch oft so, allerdings ohne sich auf eine bestimmte Anzahl ausdrücklich geeinigt zu haben. Stillschweigend sind gewisse Anzahlen zugrunde gelegt, die aber je nach der Natur der Fälle im allgemeinen ganz verschieden und oft nur der Größenordnung nach ungefähr festgelegt erscheinen. *Ausdrücklich* trifft man freilich nie eine derartige Bestimmung, um stets die Möglichkeit offen zu halten, beliebige spätere Versuchsergebnisse in die Darstellung aufzunehmen.

Hierdurch wird gegenüber der Geometrie eine ganz andere Situation geschaffen, aber es besteht kein Grund zur Verwunderung, denn die besondere Lage ist von uns selbst herbeigeführt worden, in ihr drückt sich die Eigentümlichkeit unserer Begriffsbildung aus, zu der das Verhalten der Natur uns die Anregung gibt, ohne sie uns jedoch aufzuzwingen. Es steht nicht so, dass wir eine in der Welt sozusagen fertig vorliegende Wahrscheinlichkeit nicht definieren *könnten*, sondern wir *wollen* keine definieren, um eventuell auf den Fall vorbereitet zu sein, dass uns später doch noch die Aufstellung einer Formel zur *exakten* Voraussage der Ereignisse gelingt. Es gibt hier keinerlei Rätsel.

Eine falsche Problemstellung wäre es, nach einer *Rechtfertigung* dieses Verfahrens der offenen Definition zu fragen, ebenso wie es unsinnig ist, nach einer logischen Rechtfertigung des inductiven Verfahrens zu suchen (das ja, wie leicht zu sehen, mit unserer Frage zusammenhängt). Es gibt nur psychologische Ursachen dafür, warum wir nach einer langen Versuchsreihe, die »zufallsmäßige« Verteilung aufwies, bei weiterer Fortsetzung der

Reihe wiederum dieselbe »Unordnung« erwarten; aber auch nur psychologische Ursachen dafür, dass wir uns in dieser Erwartung nicht absolut sicher fühlen.

Die Ursachen unserer Erwartungen werden durch frühere Erfahrungen hervorgerufen und können daher auch wirksam werden, ohne dass überhaupt Häufigkeitsbeobachtungen vorliegen. Wenn wir nur die Konstruktion des Roulettes betrachten, werden wir sofort annehmen, dass zwischen dem Auftreten von q und r (schwarz und rot) keine kausale Verknüpfung besteht, dass also ihr Auftreten den | »Wahrscheinlichkeitsregeln« folgt. Damit sind wir bei der Betrachtung der zweiten Methode angelangt, die wir zur Entscheidung der Frage »Gesetz oder Zufall?« benützen, und die wir oben vorläufig den »apriorischen Weg« genannt haben.

An dieser Methode, die auf den ersten Blick mit Häufigkeiten gar nichts zu tun hat, können wir uns den Inhalt des Wahrscheinlichkeitsbegriffes so recht klar machen. Dies hat in vorbildlicher Weise bereits der große Logiker Bernard Bolzano in seiner »Wissenschaftslehre« getan. Wir tun gut daran, ihm in großen Zügen zu folgen.[74]

Keine einzige Aussage, die wir im Leben oder in der Wissenschaft machen, beschreibt einen Tatbestand so genau, dass es nicht noch unendlich viele voneinander verschiedene Umstände gäbe, von denen jeder einzelne die Aussage wahr machen würde. Nehmen wir z. B. die Aussage »Herr N. befindet sich im Universitätsgebäude« – wir nennen sie p –, und ferner die Aussagen »Herr N. befindet sich im ersten Stock des Universitätsgebäudes« (q); »er befindet sich im zweiten Stock des Gebäudes« (r); »er befindet sich im Vestibül« (s); »er befindet sich im Sekretariat« (t); – so ist klar, dass wann immer eine der Aussagen q, r, s, t wahr ist, dann auch p wahr ist, jede von ihnen impliziert p. Das Umgekehrte ist nicht der Fall, denn wenn wir nur wissen, dass p wahr ist (dass N. sich in der Universität befindet), so wissen wir noch nicht, welcher der Sätze q bis t wahr ist. Wohl aber pflegen wir zu sagen, dass p jedem dieser Sätze eine gewisse »Wahrscheinlichkeit« gibt, deren Grösse wir je nach den Umständen (d.h. je nachdem, welche Sätze sonst noch wahr sind) verschieden annehmen. Gelten z. B. außerdem noch die beiden Sätze »es ist jetzt die Stunde, zu welcher N. Vorlesung hält« (u) und »der Hörsaal des N. liegt im 2. Stock« (v), so verleihen p, u und v zusammen dem Satze r (der den Aufenthalt des N. im zweiten Stock behauptet) eine viel größere Wahrscheinlichkeit als den Aussagen q oder s oder t. Der Satz p allein gibt natürlich, so werden wir sagen, dem Satze r eine viel geringere Wahrscheinlichkeit, vielleicht z. B. eine ebenso große wie dem Satze q.

Es kann nun der Fall eintreten, dass die Menge aller Umstände, die einen bestimmten Satz p wahr machen, in einem angebbaren Zahlenverhältnis steht zu der Menge aller Umstände, die *sowohl* den Satz p *als auch* einen andern Satz q wahr machen. Ist dann die Maßzahl der ersten Menge Z, die der zweiten (natürlich stets kleineren, im Grenzfall gleichen) z, so nennen wir $\frac{z}{Z} = W\frac{p}{q}$ die Wahrscheinlichkeit, die der Satz p dem Satz q gibt. |

Lautet der Satz p z. B. »ich werfe einen normalen Würfel«, und der Satz q »ich werfe eine 1«, so setzen wir $\frac{z}{Z} = \frac{1}{6}$ indem wir (ob nun mit Recht oder Unrecht) annehmen, dass die Menge der Umstände, die zu einem Einserwurf führen, gleich ist der Menge der Umstände, die zu einem beliebigen andern Wurf führen; und da 6 verschiedene Möglichkeiten von Wurfresultaten bestehen, so kommt auf jede von ihnen ein Sechstel der Maßzahl Z, welche die Menge der Umstände misst, die überhaupt zu einem Wurf mit dem Würfel, also zur Wahrheit von p, führen.

Bedeutet p den Satz »Das Roulette wird in Tätigkeit gesetzt«, und q bzw. r wie oben die Sätze »das Spielresultat ist Schwarz« bzw. »Das Spielresultat ist Rot«, so schreiben wir auf Grund einer analogen Annahme den beiden Wahrscheinlichkeiten *denselben* Wert zu: $W\frac{p}{q} = W\frac{p}{r}$ In beiden Fällen bestimmt uns die Betrachtung der geometrischen Gestalt des Würfels und des Roulettes zu diesem Ansatz, denn die »Umstände«, von denen der Ausgang des Spieles abhängt, sind hier räumlich-mechanischer Natur. Verstehn wir aber unter p die Aussage: »N. ist im Universitätsgebäude« und unter q und r die Sätze »N. ist im ersten Stock« bzw. »N. ist im zweiten Stock«, so werden wir *nicht* den Ansatz $W \frac{p}{q} = W \frac{p}{r}$ auf Grund des physischen Umstandes machen, dass die Räume des ersten und des zweiten Stockwerks übereinstimmen, sondern die ausschlaggebenden »Umstände« anderswo suchen.

Es ist die Frage der »gleichwahrscheinlichen« Fälle, die hier auftaucht. Sobald man weiß, welche Fälle als gleichwahrscheinlich zu betrachten sind, ist bekanntlich der ganze Aufbau der Wahrscheinlichkeitsrechnung eine rein formale, mechanische Angelegenheit. Auch hier aber geschieht die Entscheidung nicht durch eine tiefsinnige »Lösung« des Problems, nicht durch ein »Prinzip des mangelnden Grundes«, sondern durch eine passende Festsetzung. Wir *nennen* diejenigen Fälle »gleichwahrscheinlich«, die in den Kalkül als gleichwertig eingesetzt zu praktisch befriedigenden Resultaten führen, d. h. die vorhin beschriebenen Häufigkeitsverteilungen ergeben. Welche Fälle dies sind, stellen wir entweder durch Ausprobieren und Abzählen nachträglich fest: das ist dann der »aposteriorische Weg«, den wir zuerst betrachteten; oder wir lassen uns bei der Beurteilung von früheren Erfahrungen leiten, d. h. wir stützen uns dabei auf bereits bekannte als wahr angenommene Gesetzmäßigkeiten, wie bei den zuletzt geschilderten Beispielen, die den Weg erläutern sollten, den wir vorläufig den »apriorischen« nannten. Wir sehen aber, dass beide | Wege nicht prinzipiell verschieden sind. Denn in *letzter* Linie gehen alle unsere allgemeinen Aussagen über die Wirklichkeit darauf zurück, dass wir gewisse Abfolgen häufig oder immer beobachtet haben. Unsere Überzeugung, dass z. B. bei Roulette und Würfel die Gleichheit der geometrischen Gestalten und Abmessungen mit gleichen durchschnittlichen Häufigkeiten Hand in Hand geht, ist ja sicherlich ein Produkt von Erfahrungen, die wir über die Struktur der Naturprozesse im allgemeinen gemacht haben.

Bei der Definition der Wahrscheinlichkeit mit Hilfe der relativen Häufigkeiten trat eine Schwierigkeit auf, die mit dem Begriff der »großen« Zahlen und des Limes zusammenzuhängen schien; bei der Bolzanoschen (»logischen«) Definition der Wahrscheinlichkeit trat eine Schwierigkeit auf, die den Begriff des »Gleichwahrscheinlichen« betraf: Wir sehen jetzt, dass beide Schwierigkeiten im Grunde auf eine und dieselbe hinauslaufen und dass sie zu keiner philosophischen Beunruhigung Anlaß geben. Es drückt sich in ihnen kein wissenschaftliches Problem aus, sondern eine Eigentümlichkeit unserer Begriffsbildung: wir finden es praktisch, die Entscheidung darüber, wann wir mögliche Ereignisse in der Natur »gleichwahrscheinlich« nennen wollen, niemals endgültig zu fällen, sondern immer darauf gefaßt zu sein, dass unsere Voraussagen nicht eintreffen.

Bestimmten Ereignissen im Vergleich zu andern eine gewisse relative Häufigkeit zuschreiben, und bestimmten Sätzen in bezug auf bestimmte andere eine gewisse Wahrscheinlichkeit zuschreiben, das sind zwei verschiedene Ausdrucksweisen für einen und denselben objektiven Tatbestand. Es handelt sich dabei um Tatsachen der »kausalen Struktur« der Wirklichkeit, über die in unsern Wahrscheinlichkeitsaussagen – wie in allen übrigen allgemeinen Aussagen – Hypothesen aufgestellt werden. Schematisch geht der Erkenntnisprozess dabei so vor sich, dass zuerst gewisse relative Häufigkeiten beobachtet werden – d. h. es wird festgestellt, dass in so und so vielen Fällen (wenn möglich, in *allen* Fällen), in denen gewisse Aussagen p wahr sind, auch gewisse Aussagen q, r, s ... wahr sind; und dies wird dann als ein *Indizium* dafür betrachtet (das aber auch trügen kann), dass die Spielräume, welche die wirklichen Tatsachen jenen Aussagen geben, im Verhältnis jener Häufigkeiten zueinander stehen. Und hieraus entspringt dann wieder die Annahme, dass auch in Zukunft dieselben relativen Häufigkeiten sich einstellen werden .... Wenn z. B. bei 600 Würfen jede der Seiten eines Würfels ungefähr 100 Mal auffiel, so betrachtet man dies als Indizium dafür, dass der Würfel nicht gefälscht ist, dass also alle 6 Seiten »gleichberechtigt« | sind; und dies führt zu der Erwartung, dass auch fernerhin jede Seite dieses Würfels gleich oft fallen wird. Dass die 6 Seiten des

Würfels »gleichberechtigt« sind, kann auch als Aussage über den physikalischen Bau des Würfels aufgefasst werden; und die beobachteten Häufigkeiten werden als Indizium dafür angesehen, dass er eben diesen regelmäßigen physikalischen Bau besitzt. In dieser Weise hängen die Bolzanosche und die Häufigkeits-Definition zusammen.

Zum Schluss ziehen wir aus dem Gesagten noch zwei wichtige Folgerungen.

Erstens sehen wir die heute wohl allgemein angenommene Auffassung bestätigt, dass die Wahrscheinlichkeitsaussagen vollkommen *objektive* Bedeutung haben und nicht etwa subjektive Erwartungszustände ausdrücken. Sie sagen etwas über das Verhältnis zweier oder mehrerer Sätze zueinander hinsichtlich ihrer Wahrheit; sie haben nichts damit zu schaffen, ob wir an die Wahrheit dieser Sätze *glauben* oder nicht. Der Irrtum der »subjektivistischen« Auffassung ist aber leicht zu verstehen. Er entsteht dadurch, dass uns in der Praxis nur diejenige Wahrscheinlichkeit eines Satzes interessiert, welche ihm durch solche Sätze gegeben wird, deren Wahrheit wir kennen oder glauben. Ändert sich unser Wissen (sagt man uns z. B., dass eine bestimmte Seite des Würfels belastet ist), so interessieren wir uns für eine *andere* Wahrscheinlichkeit des Satzes; diese selbst aber hängt nicht von unserm Wissen oder Glauben ab, sondern allein von den Sätzen, auf die sie bezogen wird.

Zweitens lehren uns unsere Betrachtungen, wie verkehrt es ist, die Wahrscheinlichkeit als ein Mittleres zwischen Wahrheit und Falschheit anzusehen. Jede Aussage ist entweder wahr oder falsch (vorausgesetzt, dass wir diese Worte in der im Leben und in der Wissenschaft üblichen Weise verwenden), und Wahrscheinlichkeit ist etwas, das der Aussage *außerdem* noch zukommt, nämlich in bezug auf andere Aussagen. Wahrheit und Falschheit sind *nicht* die obere bzw. untere Grenze der Wahrscheinlichkeit, denn wären sie es, so müsste es ein Widerspruch sein, einem und demselben Satze zugleich Wahrheit und Wahrscheinlichkeit zuzuschreiben. Wenn aber jemand im Nebenzimmer eine 6 gewürfelt hat, so ist der Satz »es wurde dort eine 6 geworfen« *wahr*; dennoch muss ich natürlich sagen: »Die Wahrscheinlichkeit, dass eine 6 geworfen wurde, ist 1/6« (nämlich in bezug auf den Satz: »Es geschah ein Würfelwurf im Nebenzimmer«). Es ist absolut unrichtig, dass der Wahrscheinlichkeitswert 1 dasselbe wäre wie »Wahrheit«. Wenn man sagt, ein Satz q habe in bezug auf p die Wahrscheinlichkeit 1, so bedeutet dies: »q ist wahr, | wenn p wahr ist«; das ist aber ganz etwas anderes als »q ist wahr«, denn dies muss gar nicht der Fall sein, denn niemand sagt, dass p wahr ist. Die Wahrscheinlichkeit, mit einem Würfel, der auf jeder Seite eine 6 trägt, einen Sechserwurf zu machen, ist 1; dennoch muss der Satz »Es wurde mit einem derartigen Würfel eine 6 geworfen« nicht wahr sein, denn vielleicht gibt es so einen Würfel gar nicht.

Damit ist auch die Frage, ob die Wahrscheinlichkeitsrechnung eine *verallgemeinerte* Logik sei, beantwortet, und zwar verneinend. Man kann von der Wahrscheinlichkeit mit Hilfe der üblichen Logik Rechenschaft geben und braucht sie nicht als neuen Grundbegriff neben Wahrheit und Falschheit einzuführen. Natürlich kann man beliebige mehrwertige Kalküle ersinnen und die darin vorkommenden Werte auf Grund gewisser formaler Analogien mit den *Namen* »wahr«, »falsch«, »wahrscheinlich« (oder »möglich«) belegen, aber einen neuen Kalkül als eine neue »Logik« zu bezeichnen, ist entschieden irreführend, durch den Sprachgebrauch nicht zu rechtfertigen.[75]

Die vorstehenden Ausführungen haben keine strengen Formulierungen gegeben, sondern nur den Gebrauch einiger Grundbegriffe an der Hand einfacher Beispiele erläutert. Aber diese Methode genügte, um Antwort auf die beiden eingangs gestellten Fragen zu geben. Wir stellten fest, dass die erste Frage: »Wann spricht die Wissenschaft von einem Gesetz?« auf die zweite Frage zurückgeführt werden kann: »Wie verwendet sie den Begriff der Wahrscheinlichkeit?« Und die Antwort lautete: die Anwendung des Wahrscheinlichkeitsbegriffes auf die Wirklichkeit ist ganz analog der Anwendung der geometrischen Grundbegriffe; in beiden Fällen handelt es sich um die Aufstellung solcher Definitionen, durch die man zu möglichst bequemen Beschreibungen und Prognosen von Tatsachen gelangt.

1.7 Quantentheorie und Erkennbarkeit der Natur

Wir stimmen wohl alle darin überein, daß Naturerkennen heißt: Naturgesetze aufstellen. Und wir sind wohl auch darin einig, daß wir unter einem Naturgesetz eine Formel verstehen, die uns erlaubt, Ereignisse vorauszusagen. Die Welt ist also genau so weit erkennbar oder begreifbar, als es möglich ist, gültige Prophezeiungen über ihr Verhalten zu machen. Wie immer man nun auch die Folgerungen formulieren möge, die sich aus der Quantentheorie für das Kausalprinzip ergeben, so ist es doch sicher, daß diese Theorie die Möglichkeit der Voraussagung physikalischer Vorgänge in ganz bestimmter Weise einschränkt. Die Quantenphysik lehrt unerbittlich: die exakte Vorausberechnung künftiger Ereignisse in allen Einzelheiten ist prinzipiell unmöglich. Sie setzt also der Erkennbarkeit der Natur eine unübersteigbare Grenze. Es ist eben die Grenze der Möglichkeit kausaler Vorherbestimmung.

Der Mensch ist ein merkwürdiges Wesen. Einerseits erfüllt jeder Fortschritt der Erkenntnis ihn mit hoher Freude und jede Möglichkeit eines weiteren Fortschritts begrüßt er hoffnungsvoll; andererseits aber verschafft es ihm auch oft eine geheime oder offene Befriedigung, wenn er erfährt, daß er nicht alles wissen kann, daß er auf eine restlose Erkenntnis der Welt verzichten muß.[76] Er glaubt offenbar zu fühlen, daß die Lücken seiner Erkenntnis Platz lassen für seinen Glauben und gewissen Hoffnungen zugute kommen. In diesem Sinne hat z.B. Kant gesagt, daß er das Wissen aufheben mußte, um für den Glauben Platz frei zu bekommen. Und in diesem Sinne haben auch einige moderne Autoren die von der neuen Physik aufgezeigten Lücken in der Kausalität begrüßt, weil sie meinten, dadurch Spielraum für gewisse metaphysische Lieblingsideen zu finden, wie die sog. Willensfreiheit oder die Annahme von geistigen Substanzen. Ich erwähne z. B. A. S. Eddington.[77] Aber | auch solche Forscher, die in gar keiner Weise zur Mystik oder Metaphysik neigen, haben gern und mit Nachdruck hervorgehoben, daß die Methoden und Ergebnisse der neuen Physik geeignet seien, Licht zu werfen auf gewisse Fragen, welche die Philosophen beunruhigten, nämlich auf die Probleme der Abgrenzung des Subjekts vom Objekt, des Psychischen vom Physischen, des Organischen vom Anorganischen. Und zwar ist es gerade die eingeschränkte Anwendbarkeit des Kausalbegriffs, und folglich die Einschränkung der Erkennbarkeit der Natur, aus der man Konsequenzen für jene philosophischen Fragen ziehen will. Wohlbekannt und berühmt sind bereits die – nach meiner Meinung wirklich tiefen – Gedanken von Bohr, durch die er uns darauf gefaßt machen möchte – wenn auch nur in ganz vorsichtiger Weise –, daß wir vielleicht auf ein völliges Verständnis des psychophysischen Verhältnisses und der Gesetze der lebendigen Substanz werden verzichten müssen. Es entsteht also der Anschein, als ob auch auf diese Weise der Erkennbarkeit der Natur eine unerwartete Grenze gezogen würde.[78]

An diese Gedanken schließen sich die folgenden Betrachtungen an. Meine Absicht ist dabei nicht eigentlich, an den Gedanken selbst Kritik zu üben (obwohl ich z. B. glaube, daß die Frage nach der Beziehung des Psychischen zum Physischen zu Unrecht in die Überlegungen hineingezogen wird und jedenfalls mit der Beziehung von Beobachter und Beobachtetem, wie sie für die Quantentheorie wichtig ist, nichts zu tun hat); – sondern ich möchte nur den möglichen *Sinn* solcher Behauptungen recht deutlich machen, insbesondere die Bedeutung des Wortes »Unerkennbarkeit« in diesem Zusammenhange präzisieren und dadurch naheliegende Mißdeutungen abwehren. Dabei glaube ich ganz in Übereinstimmung zu bleiben mit den Schöpfern der in Frage kommenden Grundbegriffe, also besonders Niels Bohr, aber auch mit Heisenberg. Ich sehe also meine Aufgabe im Interpretieren, nicht im Korrigieren.

Wenn ein Philosoph der Vergangenheit von »Grenzen des Erkennens« sprach, so geschah das im Tone des Bedauerns oder

der Resignation. Es bedeutete den Hinweis auf ein *Rätsel*, das zwar eine Lösung hat, aber eine solche, deren Auffindung dem Menschen versagt ist. Wenn z. B. Kant die Unerkennbarkeit der »Dinge an sich« behauptete, so war er der Meinung, daß die Frage nach dem Wesen der Dinge an sich ein sinnvolles Problem sei, dessen Lösung auch von anders organisierten Wesen prinzipiell gefunden werden könne (nämlich von Wesen, die, wie er sich ausdrückte, mit »intellek|tueller Anschauung« begabt wären). Für den Kantianer bestand also Grund zur Klage darüber, daß sein Erkenntnisvermögen zur Ergründung wichtiger Wahrheiten nicht ausreiche. Und dieselbe Klage findet man auch sonst bei vielen Denkern.

Von ganz anderer Art aber ist die »Unerkennbarkeit« der Natur, welche die Quantentheorie behaupten muß. Die Unmöglichkeit einer uneingeschränkten Anwendung des Kausalprinzips, welche sie lehrt, ist völlig unvergleichbar mit der von Kant behaupteten Unmöglichkeit, etwa Kausalaussagen über die »Dinge an sich« zu machen. Denn sie bedeutet nicht wie diese eine zu beklagende Begrenzung menschlicher Erkenntnisfähigkeit, sondern drückt eine objektiv bestehende Eigenschaft der Natur aus. Wenn die Quantentheorie die Vorausberechenbarkeit von Ereignissen innerhalb gewisser Grenzen prinzipiell leugnet, so heißt dies nicht, daß uns eine vollkommene Einsicht in bestehende Zusammenhänge im Prinzip verschlossen sei, sondern es heißt, daß gewisse Zusammenhänge eben nicht bestehen. Mit Recht hat man oft darauf hingewiesen, daß der Begriff der Wahrscheinlichkeit in der neuen Physik eine ganz andere Rolle spielt als etwa in der kinetischen Gastheorie. In der letzteren wird die Naturbeschreibung mit Hilfe statistischer Mittelwerte eingeführt sozusagen faute de mieux, weil wir nicht imstande sind, die Elementarvorgänge im einzelnen zu verfolgen (freilich auch, weil wir uns für sie nicht interessieren); wir verzichten also auf die Einsicht in die feineren Molekularprozesse, ohne natürlich deren Existenz zu bezweifeln. In die Quantentheorie dagegen wird die Wahrscheinlichkeitsbetrachtung nicht als Folge eines derartigen Verzichtes eingeführt, sondern hier ist sie die adäquate Beschreibungsmethode; es gibt nicht neben ihr noch eine selbständige Gesetzmäßigkeit der Elementarprozesse, die uns verborgen bliebe. Die Quantengesetze erheben den Anspruch auf eine vollständige, restlose Beschreibung der Natur in dem Sinne, daß sie im Prinzip *alles* sagen, was sich überhaupt in irgendeiner Sprache über irgendeinen Naturprozeß sagen läßt.[79]

Und so ganz allgemein: wenn wir sagen, daß nach den Prinzipien der Quantenphysik die Erkennbarkeit der Natur irgendwie *begrenzt* sei, so ist das niemals so zu verstehen, als ob jenseits der Grenze noch etwas liege, das uns nun ewig *verborgen* bleiben müsse. Es handelt sich nicht um eine Grenze zwischen bekannten und ewig unbekannten Naturgesetzen, sondern die Grenze der Erkennbarkeit ist zugleich die Grenze der Gesetzmäßigkeit der Natur. |

Die Aussagen der Relativitätstheorie sind von Laien oft so mißverstanden worden, als würde durch sie eine Subjektivität im philosophischen Sinne in die Naturbeschreibung eingeführt, also eine Abhängigkeit der Gesetze vom Geiste oder von der Willkür des Beobachters, während natürlich in Wahrheit alle Aussagen der Theorie durch die Aufzeichnungen von Registrierapparaten zu verifizieren sind, also vollkommen objektiven Charakter haben. Genau das gleiche gilt auch für die Unbestimmtheitsrelationen der Quantentheorie. Auch sie sagen etwas über das objektive Verhalten der Natur, sie sind nicht der Ausdruck einer subjektiven Beschränktheit des Beobachters, einer Begrenztheit der Erkenntnisfähigkeit des Menschen, die für andere Wesen, etwa Maxwellsche Dämonen, nicht zu existieren brauchte. Dies geht ja schon daraus hervor, daß die zur Begründung und Bestätigung jener Relationen dienenden Erfahrungstatsachen immer durch photographische Registrierung fixiert sind, daß also die eigentliche »Beobachtung« im physiologischen Sinne des Wortes auf die Betrachtung eines photographischen Films oder einer Platte hinausläuft, auf einen Prozeß mithin, der in den entscheidenden Überlegungen keine Rolle spielt und gänzlich außer Betracht gelassen werden kann. Der Umstand, daß alle Beobachtungsprotokolle letzten Endes Ereignisse in dem gewöhnlichen Raume und der Zeit des täglichen Lebens beschreiben, ist mit Recht oft hervorgehoben worden, um die Unentbehrlichkeit der »klassischen« Begriffe darzutun.[80] In diese müssen die Begriffe der Quantentheorie schließlich immer dort ausmünden, wo die Theorie mit den Tatsachen der Erfahrung verglichen wird, denn die klassischen Begriffe dienen gleichsam definitionsgemäß zur Darstellung der sinnlichen Erfahrungen, die ja im alltäglichen Raum und in der alltäglichen Zeit stattfinden.

Man braucht die quantentheoretischen Begriffe, um gewisse Erfahrungsdaten (nämlich die Versuchsbedingungen) mit gewissen andern Erfahrungsdaten (nämlich den Versuchsresultaten) verknüpfen zu können. Dabei stellt sich heraus, daß diese Verknüpfung nicht in völlig eindeutiger Weise möglich ist, und eben dies drücken wir aus, wenn wir von einer Preisgabe der strengen Kausalität sprechen. Die Unbestimmtheitsrelationen legen für die Versuchsresultate, also für die Werte der gemessenen Größen, einen ganz bestimmten Spielraum fest, dem objektive Bedeutung zukommt; sie betreffen nicht ein subjektives Nichtwissen. |

Die populären Erläuterungen, durch die man das Wesen jener Relationen klar zu machen sucht, werden vom Laien oft in subjektivistischem Sinne mißdeutet. Wenn er z. B. hört, daß es unmöglich sei, den Ort und den Impuls eines Elektrons gleichzeitig mit beliebiger Genauigkeit zu messen, so ist er geneigt zu glauben, daß das Elektron »in Wirklichkeit« wohl in jedem Augenblick einen ganz bestimmten Ort und Impuls besitze, daß man aber leider darauf verzichten müsse, beides genau kennen zu wollen. In der Tat pflegt man zu sagen, daß man, um den Ort einer Partikel möglichst genau zu ermitteln, möglichst kurzwelliges Licht zu ihrer Beleuchtung verwenden müsse, gerade hierdurch aber die Geschwindigkeit der Partikel sehr stark störe, weil ja der Impuls des benützten Photons seiner Wellenlänge umgekehrt proportional ist. Belichte man dagegen mit langwelligen Strahlen, so werde zwar der Impuls des Elektrons nur wenig beeinflußt und lasse sich daher genauer feststellen, dafür aber müsse man auf exakte Kenntnis des Ortes verzichten. – Aber diese Argumentation, die von der Voraussetzung auszugehen scheint, daß der Partikel ein Ort und eine Geschwindigkeit wirklich zukomme, ist natürlich so zu verstehen, daß eben diese Voraussetzung durch die Argumentation selber aufgehoben wird nach dem Prinzip, daß es in der Physik – und nicht nur in der Physik – sinnlos sei, von Größen zu sprechen, die grundsätzlich nicht feststellbar sind. Der Sinn des Argumentes ist also der, daß die Begriffe »Ort« und »Impuls« auf die Partikel überhaupt nicht zusammen anwendbar sind. Man sagt nun gewöhnlich, um dieser Sachlage gerecht zu werden, das Elektron an sich habe weder einen ganz bestimmten Ort noch eine bestimmte Geschwindigkeit, aber durch den Akt der Messung – z. B. mit Hilfe sehr kurzwelligen Lichtes – werde ihm nunmehr ein bestimmter Ort *gegeben*; oder allgemeiner, es werde durch eine bestimmte Versuchsanordnung oder Beobachtung gezwungen, sich sozusagen zu einem bestimmten Zustand zu bekennen. Jedoch auch diese Ausdrucksweise scheint mir unzweckmäßig. Denn was wirklich geschieht, ist z. B. nur, daß an einer gewissen Stelle einer photographischen Platte eine Schwärzung auftritt, und dies wird erst vermöge einer bestimmten Theorie des Meßvorgangs im Instrument als Indizium dafür interpretiert, daß ein Elektron sich an einem ganz bestimmten Orte befunden habe (der von dem Ort der Schwärzung weit entfernt sein kann). Das ist aber natürlich eine nachträgliche Interpretation, die ebenso gut durch eine andere Sprechweise ersetzt werden kann, die es nicht so scheinen läßt, als existiere ein gewisser physikalischer Zustand nur relativ zu einer später angestellten Beobachtung, als werde er erst durch diese bestimmt, während er vorher »unbestimmt« gewesen sei.

Welcher Sinn kann überhaupt mit dem Adjektiv »unbestimmt« verbunden werden, wenn es, wie dies in der Quantentheorie geschieht, zur Charakterisierung objektiver Verhältnisse verwendet wird? Es gibt Philosophen, welche behaupten, man könne von einer Unbestimmtheit der Wirklichkeit in dem Sinne sprechen, daß eine sinnvolle Frage über sie nicht mit Ja oder Nein zu beantworten sei, sondern höchstens durch eine Wahrscheinlichkeitsangabe.[81] Das würde bedeuten, daß es sinnvolle Sätze über die Wirklichkeit gäbe, die weder wahr noch falsch sind: die Auffassung würde also dem Satze vom ausgeschlossenen Dritten widersprechen und ist als gänzlich absurd zu verwerfen. Einen wirklichen Zustand in gewisser Hinsicht als objektiv »unbestimmt« zu erklären, kann vielmehr nur heißen, daß gewisse Sätze über ihn nicht wahr oder falsch, sondern *sinnlos* seien, und dies bedeutet, daß die in ihnen auftretenden Worte zur Bezeichnung jenes Zustandes überhaupt nicht in Betracht kommen, in bezug auf ihn der Bedeutung ermangeln. In unserem Falle heißt dies, daß es Unsinn wäre, zu sagen, einem Elektron komme wohl z. B. ein Ort zu, aber eben ein unbestimmter. Man muß vielmehr sagen, daß der Begriff des bestimmten Ortes auf die Partikel *nicht anwendbar* ist, er ist mit seiner Definition nicht verträglich, so wie der Begriff »1 kg schwer« auf den Begriff »Freude« nicht anwendbar ist. Die Nichtanwendbarkeit klassischer Begriffe bedeutet selbstverständlich keine Einschränkung der Erkennbarkeit der Naturvorgänge; wir haben ja statt ihrer die Quantenbegriffe, die eine restlose Naturbeschreibung liefern in dem Sinne, daß sie keine Lücken lassen, die eine Ergänzung zu einer kausalen Beschreibung im alten Sinne gestatten würden.

Nachdem wir uns überzeugt haben, daß die Unbestimmtheitsrelationen innerhalb der Physik nicht so aufgefaßt werden können, als ob sie einen undurchdringlichen Schleier bildeten, der uns dahinter liegende feinere Vorgänge verhüllte, wollen wir uns jetzt klar machen, daß aus ihnen auch kein Schluß auf die Unerkennbarkeit irgendwelcher Gebiete der Natur gezogen werden kann. Es scheint aber, als ob in einigen Bemerkungen von Bohr ein derartiger Schluß enthalten wäre. Er scheint an einigen Stellen sagen zu wollen, daß eine volle Erkenntnis der *Lebens*vorgänge uns vielleicht versagt bleiben müsse, weil durch die zu solcher Erkenntnis nötigen feinen Beobachtungen die Lebensvorgänge selbst gestört werden würden. Der beobachtete Organismus würde getötet werden, unserer Erforschung des Lebendigen sei damit eine unüberschreitbare Grenze gezogen.[82]

Diese Meinung stellt natürlich nur eine Vermutung dar und ist von Bohr nur als solche aufgestellt worden. Es ist hier nicht meine Aufgabe, zu untersuchen, ob irgendwelche empirischen Gründe zugunsten dieser Hypothese sprechen; aber ich möchte doch glauben, daß ein solcher Grund nicht erblickt werden kann in der in diesem Zusammenhang meist angeführten Tatsache, daß z. B. für die Entstehung einer Gesichtsempfindung schon einige wenige Lichtquanten als Reiz genügen, daß es also organische Reaktionen von der Größenordnung atomarer Prozesse gebe. Der Umstand, daß die organischen Substanzen meist aus sehr komplizierten Molekülen bestehen, die aus hunderten oder noch mehr Atomen zusammengesetzt sind, macht es wohl nicht gerade wahrscheinlich, daß lebende Zellen sozusagen durch bloßes scharfes Anschauen im allgemeinen abgetötet werden sollten. – Aber wie immer es mit der Richtigkeit der Hypothese stehen möge: wir fragen nur nach ihrem *Sinne* und danach, ob ihre Richtigkeit eine Erkenntnis der Lebensvorgänge unmöglich machen würde, so daß wir, wie Bohr es ausdrückt, darauf gefaßt sein müssen, »daß das Problem der Scheidung zwischen Belebtem und Unbelebtem sich einem Verständnis im gewöhnlichen Sinne des Wortes entziehen kann«.

Was kann es also heißen, wenn wir sagen, die Lebensprozesse würden durch Beobachtung, etwa mit Hilfe eines »γ-Strahl-Mikroskops«, entscheidend gestört? Bei Besprechung der physikalischen Deutung der Ungenauigkeitsrelationen erschien es uns als eine gefährliche Ausdrucksweise, zu sagen, daß durch eine Messung, die wir als genaue Ortsbestimmung einer Partikel interpretieren, die Bewegung dieser Partikel so »gestört« werde, daß eine Impulsbestimmung dadurch vereitelt sei; denn diese Sprechweise klingt so, als besitze die Partikel eigentlich schon zugleich einen bestimmten Ort und Impuls, nur sei es uns nicht vergönnt, beide wirklich kennen zu lernen. Vorhin war uns klar, welche Formulierung in der Atomphysik an die Stelle der zurückgewiesenen Ausdrucksweise zu treten hat – wie aber steht es hier bei der Anwendung auf die Biologie? Die bloße Übertragung physikalischer Erkenntnis auf das Organische liefert nichts Neues; es wurde in der Tat schon öfter | darauf hingewiesen (vgl. Ph. Frank, »Jordan und der radikale Positivismus«, in: *Erkenntnis* Bd. V (1935), S. 184; Schlick, »Ergänzende Bemerkungen über P. Jordan's Versuch einer quantentheoretischen Deutung der Lebenserscheinungen«, ebenda, S. 182[83]), daß jede Anwendung physikalischer Gesetze – also auch der Quantentheorie – auf organische Prozesse nur als ein Schritt zur physikalischen Erklärung der Lebensvorgänge aufgefaßt werden kann, während doch hier gerade ein Schluß auf ihre Nichterklärbarkeit gezogen werden sollte. Niemand wird die Berechtigung der Voraussetzung bezweifeln, daß die Unbestimmtheitsrelationen auch für das atomare Geschehen in Organismen gelten und dieses daher nicht durch klassische Begriffe zu beschreiben ist. Die Gültigkeit dieser Voraussetzung kann also nicht den Inhalt der Bohrschen Annahme bilden; der Satz, daß die Lebensvorgänge durch genaue Beobachtung zerstört würden, muß *mehr* behaupten als Nichtanwendbarkeit der klassischen Physik auf solche Vorgänge; diese würde ja auch, wie vorhin festgestellt, durchaus nicht Unerkennbarkeit bedeuten.

Was also ist der Sinn der Hypothese, daß genaueste Beobachtung eines lebendigen Organismus diesen töten würde? Es ist klar, daß dieser Sinn sich ganz deutlich nur formulieren ließe, wenn man im Besitze einer Definition des Lebens wäre und anzugeben vermöchte, wodurch es sich vom Anorganischen unterscheidet. Solange wir nicht im Besitze eines strengen Kriteriums sind, ist noch gar keine ordentliche Fragestellung vorhanden, und es ist überhaupt keine sachliche Beziehung zur Quantentheorie sichtbar.[84]

In der Tat ist jene Hypothese nur ein vager Ausdruck des vagen Gedankens, daß es in der belebten Natur irgendwie anders zugehe als in der unbelebten. Die sog. Vitalisten pflegten diesen

Gedanken so auszusprechen, daß sie sagten, ein Organismus sei – im Gegensatz zu einem unbelebten System – eben keine »Maschine«.[85] Auch Bohr erwähnt diese Formulierung; und er interpretiert sie, indem er sagt (*Atomtheorie und Naturbeschreibung*, Berlin: Springer 1931, S. 14): »Wenn wir dem üblichen Sprachgebrauch gemäß eine Maschine als tot bezeichnen, so bedeutet dies kaum etwas anderes, als daß wir eine für unsere Zwecke ausreichende Beschreibung ihres Funktionierens mit Hilfe der Begriffsbildungen der klassischen Mechanik geben können.« Da nun letzten Endes die klassische Beschreibung auch schon in der anorganischen Natur versagt, so gäbe es streng genommen auch in ihr keine reine Maschine, und dieser Versuch einer Unterscheidung beider Reiche fiele dahin, gerade als eine Folge der Quantentheorie. Wenn aber auch sachlich aus ihr für das Lebensproblem nichts geschlossen werden kann, so gibt sie uns doch | – und dies ist offenbar der eigentliche Kern des Gedankens von Bohr – eine *psychologische Anregung*: sie bringt uns nämlich auf die Vermutung, daß die Situation, die zur Aufstellung der Quantentheorie geführt hat, sich möglicherweise (Bohr meint sogar: wahrscheinlicherweise) an einer anderen Stelle wiederholen könnte. Wie zur Darstellung gewisser Vorgänge die klassischen Begriffe versagten, ebenso, meint er, könnten bei der Darstellung der Lebensprozesse sowohl die klassischen als auch die Quantenbegriffe versagen. Dann würde es Fragen in bezug auf die Lebensvorgänge geben, die, mit Hilfe jener Begriffe formuliert, sich als Scheinfragen herausstellen würden, ebenso wie in der Quantentheorie etwa die Frage nach dem genauen Ort und gleichzeitigem Impuls eines Elektrons.

Dieser Fall könnte zweifellos eintreten. Und da es immer ein Verdienst ist – und zwar ein philosophisches Verdienst – auf eine neue Denkmöglichkeit hinzuweisen, so haben wir allen Grund, Bohr für diesen Hinweis dankbar zu sein, der uns gewiß vor Dogmatismus und Beschränkung auf zu enge Horizonte schützen kann. Wenn jedoch Bohrs Gedanke so ausgelegt werden sollte, als ob wir darauf gefaßt sein müßten, bei der Erkenntnis des Organischen einem prinzipiell unlösbaren Problem gegenüber zu stehen, so müßte diese Interpretation zurückgewiesen werden. Wenn er daher sagt, es könne vielleicht »das Problem der Scheidung zwischen Belebtem und Unbelebtem sich einem Verständnis im gewöhnlichen Sinne des Wortes entziehen«[1], so möchte ich glauben, daß diese Worte nicht mehr bedeuten sollen als der gleichfalls von ihm ausgesprochene Satz »*die strenge Anwendung derjenigen Begriffsbildungen, welche der Beschreibung der leblosen Natur angepaßt sind, dürfte in einem ausschließenden Verhältnis stehen zu der Berücksichtigung der Gesetzmäßigkeiten der Lebenserscheinungen*«[2]. Denn dieser letzte Satz schließt die Erkenntnis der organischen Gesetzmäßigkeiten keineswegs aus, sondern behauptet nur, daß sie vielleicht mit spezifischen Begriffen formuliert werden müßten, die von den bekannten physikalischen Begriffen sich ähnlich unterscheiden wie die Quantenbegriffe von den klassischen. Und wir müßten zur Aufstellung der organischen Begriffe gelangen können auf einem analogen Wege wie zur Quantentheorie: die Erkenntnis der Unzulänglichkeit der alten Begriffe würde von selbst den Weg zur Konstruktion der neuen weisen. |

Prinzipiell kann die Erkenntnismethode in der Biologie von derjenigen der Physik nicht verschieden sein. Auch alle Beobachtungen, die sich an Organismen machen lassen, können klassisch beschrieben werden, und die Aufgabe der Wissenschaft besteht darin, einen Formalismus zu finden, der es gestattet, aus dem beobachteten Verhalten eines Organismus so genau wie möglich sein künftiges Verhalten vorauszusagen (wobei das letztere natürlich auch nur klassisch beschrieben wird). Entweder es existiert ein solcher Formalismus – dann ist er auf dem Wege aller empirischer Forschung, nämlich durch induktives Erraten, auffindbar;[86] oder er existiert nicht – dann würde dies bedeuten,

---

[1] Niels Bohr, *Atomtheorie und Naturbeschreibung*, Berlin: Springer 1931, S. 77.
[2] Ebenda, S. 14 f.

daß keine Gesetzmäßigkeit vorhanden ist, nicht aber, daß eine vorhandene uns ewig verborgen bleiben müßte. Von Unerkennbarkeit der Lebensprozesse kann also keine Rede sein.

Die ganze Frage stellt ein schönes Beispiel für einen wichtigen Grundsatz des konsequenten Empirismus dar, wie er z. B. von der Wiener Schule vertreten wird, für den Grundsatz nämlich, daß nichts in der Welt *prinzipiell* unerkennbar sei.[87] Es gibt zwar viele Fragen, die aus praktischen, technischen Gründen niemals werden beantwortet werden, aber prinzipiell unlösbar ist eine Frage nur in dem einzigen Falle, daß sie gar keine Frage ist, daß es sich also um ein falsch gestelltes Problem handelt. Die Grenze der Erkennbarkeit ist nur dort, wo nichts mehr da ist, worauf eine Erkenntnis sich richten könnte. Wo die Quantentheorie eine Grenze der Kausalerkenntnis setzt, wo sie uns das Suchen nach weiteren Ursachen aufgeben heißt, da bedeutet das nicht, daß die weiteren noch vorhandenen Gesetzmäßigkeiten uns unbekannt bleiben müßten, sondern es bedeutet, daß weitere Gesetzmäßigkeiten nicht bestehen und nicht gesetzt werden können, weil die Frage nach ihnen sinnlos wäre.

Genug, daß unserer Erkenntnis so viele praktische Schranken gesetzt sind; von einer prinzipiellen Grenze kann nicht gesprochen werden.

ANHANG

2.1 Rezension von Max Planck, Physikalische Rundblicke

Das Buch ist ein zusammenfassender Neudruck von sechs Vorträgen und zwei kleinen Abhandlungen aus den Jahren 1908 bis 1920, die nicht nur äußerlich durch ihre für ein größeres Publikum bestimmte Darstellungsweise zusammengehören, sondern auch innerlich verwandt sind und, sich gegenseitig ergänzend, in ihrer Gesamtheit ein bezauberndes Panorama der gegenwärtigen Physik entrollen. Zugleich aber geben sie – und darin wird für viele Leser ein besonderer Reiz liegen – ein scharf umrissenes Bild der wissenschaftlichen Persönlichkeit des großen Berliner Physikers, der diese »Rundblicke« veranstaltet.

Gleich der erste Vortrag »Die Einheit des physikalischen Weltbildes« führt uns mitten hinein in die Werkstatt dieses so energisch auf | Synthese und letzte Prinzipien gerichteten Geistes. Der Fortschritt der physikalischen Erkenntnis geschieht nach Plancks zweifellos zutreffender Ansicht in der Richtung zunehmender Elimination anthropomorpher Elemente aus dem Weltbilde: die Forschung beginnt mit subjektiven Sinnesempfindungen und endet mit objektiven Begriffen, die von der Individualität des bildenden Geistes vollständig losgelöst sind. Diese Entwicklung bedeutet zugleich eine fortschreitende Vereinheitlichung des Weltbildes, denn die ursprünglich durch die verschiedenen Sinnesqualitäten bestimmte Einteilung der Physik in Optik, Mechanik, Akustik usw. wird in der Theorie vollständig aufgehoben, und gegenwärtig stehen sich nur noch Mechanik und Elektrodynamik als getrennte Teile gegenüber, und auch diese gewiß nicht endgültig und prinzipiell, sondern sie werden in einer »allgemeinen Dynamik« zusammenfließen. Dennoch wird nach Planck in dem also vereinheitlichten Weltbilde der Physik der Zukunft eine grundlegende Einteilung aller Naturprozesse als erste und wichtigste zurückbleiben: nämlich die in reversible und irreversible. In der Tat ist die mathematische Gesetzlichkeit der nichtumkehrbaren (durch das »Entropieprinzip« beherrschten) Vorgänge von derjenigen der umkehrbaren ganz verschieden, und die genannte Einteilung wird daher in den physikalischen Lehrbüchern stets eine entscheidende Rolle spielen müssen – dennoch könnten Plancks Ausführungen über diesen Punkt bei unvorsichtiger Lektüre leicht zu Mißverständnissen führen. Gerade wenn man sich mit Planck auf den gewiß richtigen Standpunkt stellt, daß zwischen unserm Weltbild der Zukunft und der »Welt« selbst kein angebbarer Unterschied besteht, scheint jene Trennung der beiden Arten von Prozessen ihre prinzipielle Bedeutung einzubüßen. Denn auf der einen Seite sind rein umkehrbare Vorgänge, wie der Verf. selbst scharf hervorhebt, nur ideale Grenzfälle; es wären also alle *wirklichen* Prozesse streng genommen als irreversibel zu betrachten, und jene Einteilung beruht daher auf einer künstlichen Abstraktion, ihr entsprechen nicht zwei schlechthin verschiedene Klassen wirklicher Vorgänge. Auf der andern Seite weist Planck darauf hin, daß die kinetische Theorie der Materie, die er mit Recht als wissenschaftlich gesicherte Wahrheit betrachtet, alle elementaren Vorgänge (»Mikroprozesse«) als umkehrbar ansieht und von der Nichtumkehrbarkeit der zusammengesetzten Vorgänge (»Makroprozesse«) nur dadurch Rechenschaft geben kann, daß sie deren Umkehrung – mit Boltzmann – nicht für absolut unmöglich, sondern nur für äußerst unwahrscheinlich erklärt. So betrachtet sind daher alle Naturvorgänge im Prinzip letzten Endes reversibel, und wiederum erscheint jene fundamentale Unterscheidung nicht als Ausdruck einer endgültigen Verschiedenheit der wirklichen Naturprozesse selber, sondern als Folge eines ganz anderen Gegensatzes – nämlich des Gegensatzes zwischen den statistischen Regelmäßigkeiten der Konstellationen in der Natur und der streng kausalen Gesetzlichkeit alles Geschehens.

Daß dies wirklich Plancks Meinung ist, geht auch klar hervor aus seiner Rektoratsrede über »Dynamische und statistische Gesetzmäßigkeit«, die eben von jenem Gegensatz handelt und gleichfalls im vorliegenden Bande abgedruckt ist. Echten, dynamischen Naturgesetzen ist absolute Notwendigkeit zuzuschreiben, statistische Regelmäßigkeiten dagegen unterliegen dem Begriff der Wahrscheinlichkeit. Planck wendet sich scharf gegen den Gedanken mancher modernen Forscher, den Gegensatz dadurch aufzuheben, daß sie den statistischen Charakter *aller* Naturgesetze behaupten, also die Existenz streng dynamischer Gesetze und damit die absolute Notwendigkeit des Geschehens in der Physik überhaupt leugnen; ja er weist jeden Versuch zurück, auch nur irgendeine statistische Regel als ein letztes Gesetz des Geschehens (statt einer Beschreibung einer Naturkonstellation) aufzufassen, und erblickt darin einen »ebenso verhängnisvollen wie kurzsichtigen Irrtum«.[88] Diese vorsichtige Haltung, die unter keinen Umständen das Kausalprinzip ohne Not opfern möchte, ist gewiß auch vom philosophischen Standpunkt aus zu billigen. Aber so sympathisch sie auch dem Referenten ist, so möchte er doch betonen, daß rein logisch die Möglichkeit zugegeben werden muß, die letzten Gesetze der Natur möchten statistischer und nicht kausaler Art sein. Planck versäumt nicht, auch zur Frage der Gesetzmäßigkeit des geistigen Lebens Stellung zu nehmen, und erblickt mit Recht in der »Annahme eines absoluten Determinismus die unentbehrliche Grundlage für jede wissenschaftliche Untersuchung«.[89] Er fügt von diesem | Standpunkt aus einigen Bemerkungen über das Problem der Willensfreiheit an, die er dann in einem separat erschienenen Vortrag weiter ausgeführt hat.[90]

Plancks negative Stellungnahme zu der Frage der etwaigen Auflösbarkeit kausaler Gesetze in statistische ist um so bedeutsamer, als ja hier der Schöpfer jener großartigen Theorie zu uns spricht, die den Anlaß zu den erwähnten kühnen Gedanken gegeben hat: der *Quanten*theorie. Plancks Theorie der Quanten und Einsteins Theorie der Relativität – das sind die beiden gewaltigen Gedankengebäude, die der gegenwärtigen Physik ihr charakteristisches Antlitz geben, und es versteht sich daher von selbst, daß in den »Rundblicken« von beiden Theorien viel die Rede ist. Der Leser erhält tiefe Einblicke in ihre Entstehungsgeschichte, ihren

Sinn und ihre Bedeutung. In dem Vortrage über »Die Stellung der neueren Physik zur mechanischen Naturanschauung« wird mit den Grundgedanken der Relativitätstheorie als deren unausweichliche Konsequenz die Unmöglichkeit geschildert, alle Naturerscheinungen rein *mechanisch* zu erklären, und damit von neuem gezeigt, daß das einheitliche Weltbild der künftigen Physik notwendig viel abstrakter sein muß, als die am Anschaulichen haftenden früheren und naiveren Versuche der Welterklärung sich träumen ließen. In anderem Zusammenhange kommt der Vortrag »Neue Bahnen physikalischer Erkenntnis« auf die Relativitätslehre zurück. Er gibt Illustrationen zu der nicht genug zu beherzigenden Wahrheit, daß der Fortschritt der exakten Wissenschaft niemals so vor sich geht (obgleich der Laie es oft mißverstehend glaubt), daß alte Theorien einfach über den Haufen geworden werden und neue an ihre Stelle treten, sondern stets so, daß die wirklich bewährten Elemente der alten Ansichten in die neuen übergehen und dort weiter befestigt und entwickelt werden. Dem Schicksal der völligen Preisgabe können nur solche Sätze anheimfallen, die als scheinbar selbstverständliche und daher ungeprüfte, ja oft unbemerkte Voraussetzungen in die Theorien eingegangen waren. Eine solche Annahme war die des absoluten Charakters des Begriffs der Gleichzeitigkeit, welche der Relativitätstheorie hat zum Opfer fallen müssen. Eine zweite solche Voraussetzung war die der Stetigkeit aller dynamischen Wirkungen, die, wie es scheint, durch die Quantentheorie | umgestoßen wird. Nach ihr sind sprunghafte, unstetige Veränderungen der Natur durchaus nicht fremd.

Während aber die Relativitätslehre gleichsam die Vollendung des klassischen Denkens in der Physik seit Newton darstellt, hat die Theorie der Quanten, indem sie zur klassischen Physik der Stetigkeit in einen bisher unversöhnten Gegensatz tritt, eine viel tiefergehende Umwälzung des eigentlich physikalischen Denkens im Gefolge. Hier klafft der gewaltige Riß im gegenwärtigen System der Naturwissenschaft, und Planck schildert und würdigt ihn in seiner ganzen Größe und Bedeutung.[91] Er tut dies besonders in dem überaus fesselnden und lehrreichen Nobelvortrage über die Entstehung und Entwicklung der Quantentheorie und in dem Vortrag über »Das Wesen des Lichtes«, in dem der durch die Quantentheorie hervorgerufene Widerstreit zwischen der Wellentheorie und einer modifizierten Emissionstheorie der Strahlung zu höchst anschaulicher Darstellung kommt. Es versteht sich von selbst, daß nach Plancks Meinung diese Kluft, die das gegenwärtige Panorama der Physik zerreißt, nicht endgültig ist und daher nicht zur Resignation Anlaß geben darf, sondern im Gegenteil als Ansporn und Ausgangspunkt begrüßt werden muß, um neuen, tieferen Geheimnissen der Natur auf die Spur zu kommen, so daß »dasjenige, was uns heute unbefriedigend erscheint, dereinst von einer höheren Warte aus gerade als das durch besondere Harmonie und Einfachheit Ausgezeichnete angesehen werden wird!«[92]

So tritt in allen Teilen dieses Buches das unentwegte Einheitsstreben des großen Forschers und sein philosophischer Drang nach Synthese zutage, auch dort, wo er, wie in den beiden Aufsätzen über »Das Prinzip der kleinsten Wirkung« und »Das Verhältnis der Theorien zueinander« die großen Prinzipien der Physik etwas mehr von der methodologischen als von der erkenntnistheoretischen Seite beleuchtet. Die erkenntnistheoretische Grundeinstellung ist die eines gesunden und lebendigen *Realismus*, den Planck in bewußtem Gegensatz zu der besonders von Mach vertretenen streng positivistischen Interpretation der Naturforschung verficht.[93] Die Hypothese der Physik, die Begriffe der Atome, Elektronen und Quanten sind nicht nur, so betont der Verf. immer wieder, bloße Hilfskonstruktionen | ohne reale Bedeutung, sondern ihnen entsprechen wirkliche Naturgegenstände; es ist die wirkliche Welt, deren Erkenntnis uns die physikalischen Theorien tatsächlich immer näher bringen. Eine hypothesenfreie Naturforschung ist nicht möglich, aber sie ist auch nicht notwendig, um wahrhaft wirklichkeitsnah zu bleiben. Planck versucht nicht, den Realismus auf rein logischem Wege zu begründen, aber er weist mit dem größten Recht darauf hin, daß er auf diesem Wege ebenso wenig zu widerlegen sei. Er gibt zu, daß ein schlechthin hypothesenfeindlicher Positivismus niemals eines logischen oder empirischen Widerspruches überführt werden könne. Entscheidend ist das praktische Prinzip der wissenschaftlichen Fruchtbarkeit: aber dieser Positivismus mag zusehen, wie er es von seinem Standpunkt aus fertig bringt, die physikalische Erkenntnis zu fördern![94]

So zeigt sich klar: Plancks Buch liefert nicht bloß wertvolles *Material* für die Naturphilosophie und Erkenntnistheorie, sondern aus seinem Werke spricht, wie aus dem Schaffen jedes großen Forschers, die Philosophie selber.

2.2 Rezension von Percy W. Bridgman, The Logic of Modern Physics

Der Verfasser, Professor der Mathematik und natural history an der Harvard-Universität, hat die wichtigsten modernen Gedanken zur philosophischen Begründung der Physik in sich aufgenommen und in gewisser Weise auf die Spitze getrieben. Das physikalische Material durchaus beherrschend und von einem hohen Standpunkte betrachtend, ist es ihm geglückt, einen lebendigen Beitrag zur Philosophie der exakten Wissenschaft zu liefern, der auch in Europa mit Genuß und Gewinn gelesen werden wird. Die philosophische Einstellung Bridgmans, die man etwa als einen positivistischen Pragmatismus charakterisieren könnte, setzt ihn in den Stand, im allgemeinen viel Klärendes und Verständiges über das Wesen physikalischer Begriffe und Methoden zu sagen. Der Hauptpunkt, der dabei im Zentrum seiner Betrachtungen steht, ist das, was er den »operational character« der Begriffe nennt, d.h. die Eigentümlichkeit der physikalischen Begriffe, das Produkt oder Resultat gewisser experimenteller Verfahrungsweisen zu sein.[95] In der Tat bekommen die Begriffe nur durch die Handlungen des Experimentators einen Sinn und hören auf, eine Bedeutung zu haben, wenn man sie von allen Versuchen und Beobachtungen losgelöst zu betrachten sucht. Dieser Gedanke ist uns ja in der modernen Physik geläufig; sie hat den alten Satz des Empirismus, daß Begriffe nur insofern eine Bedeutung haben, als sie in der Erfahrung aufgewiesen werden können, längst dahin spezialisiert, daß ihnen die Bedeutung durch den Akt des *Messens*.[96] Der Verfasser beginnt seine Ausführungen damit, daß er auf die Relativitätstheorie hinweist, zu der Einstein durch die Einsicht in den operationalen Charakter der Raum- und Zeitbegriffe gelangt sei. Wirklich sind wir seither gewöhnt, alle physikalischen Begriffe aufs genaueste darauf zu prüfen, welchem experimentellen Befunde sie entsprechen, und ihnen keinen anderen Inhalt zu geben als den, der sich durch direkte Beobachtung prüfen läßt. Bridgman glaubt diese Einsicht so formulieren zu können, daß er sagt, der Begriff sei *gleichbedeutend* mit der entsprechenden Gruppe von Operationen. Diese Formulierung erscheint mir aber deswegen unhaltbar, weil sie keine Rechenschaft gibt von der vielleicht wichtigsten Tatsache der exakten Naturerkenntnis überhaupt: daß nämlich gänzlich verschiedene Operationen doch zu ein und derselben Maßzahl führen können, und daß die Physik einen Begriff sogar erst dann als legitim ansieht, wenn seine Maßzahl in dieser Weise als Kreuzungspunkt verschiedener Meßhandlungen sich ergibt.[97] Wäre der Inhalt eines Begriffes wirklich *gar nichts* anderes als die Operation, die zu ihm führt, so wäre es unmöglich, eine Größe auf mehreren verschiedenen Wegen zu messen, denn es wäre dann ja nicht *dieselbe* Größe. Dies ist auch in der Tat Bridgmans Meinung. Er folgert daraus, daß z. B. der Begriff einer ultramikroskopischen Länge, sagen wir von 10^{-10} cm, eine prinzipiell andere Bedeutung habe als eine durch direktes Anlegen eines Meterstabes zu messende Länge.[98] Mag man dies noch gelten lassen, so wird man sich doch unmöglich zu der Ansicht entschließen können, daß irgendeine Entfernung auf der Erdoberfläche, die durch direktes Anlegen einer Meßkette festgestellt wird, etwas prinzipiell anderes sei, als wenn man sie durch optische Beobachtungen trigonometrisch ausmißt. Nein, wenn es auch wahr ist, daß ein physikalischer Begriff allein durch experimentelle Operationen bestimmt wird, so besteht sein Sinn doch nicht in diesen Operationen selbst, sondern in gewissen Invarianten an den Operationen. Bringt man diese Korrektur an dem Grundgedanken des Verfassers an, so erscheint zwar vieles in seinem Buche in anderm Lichte, aber die meisten seiner Betrachtungen behalten ihren Wert und ihre klärende, anregende Wirkung. Bridgman glaubt, daß die strenge Durchführung des operationalen Gesichtspunktes uns noch manche Überraschungen bringen und für den Fortschritt der Physik von direkter positiver Bedeutung werden könnte, ähnlich wie er es für die Relativitätstheorie geworden ist. In dem Buche beschränkt er sich fast durchweg darauf, in großen Zügen die Richtung anzugeben, in welcher man zu einer operationalen Analyse physikalischer Grundbegriffe, wie z. B. der Kausalität, der Identität, der Geschwindigkeit, der thermodynamischen und elektrischen Grundbegriffe, gelangen sollte. In der Analyse selbst hält er oft mit dem Bemerken ein, daß die weitere Entwirrung sehr kompliziert sein dürfte und sich noch nicht klar überblicken lasse. Dabei sind aber einige derartige Analysen schon viel weiter durchgeführt (z. B. in den axiomatischen Untersuchungen Reichenbachs),[99] und sie sind keineswegs so schwierig, wie es Bridgman an einigen Punkten erscheint.

Das Buch ist sehr klar und lesbar geschrieben, es bildet eine stets fesselnde Lektüre. Seine kritisch skeptische Haltung, wenn man auch den Resultaten manchmal nicht zustimmen kann, ist im ganzen doch sehr gesund und wohl geeignet, die echte Freiheit des Denkens in der Physik zu fördern und verstecktem Dogmatismus entgegenzuwirken.

2.3 Rezension von Bertrand Russell, Die Philosophie der Materie

Es ist sehr erfreulich, daß Bertrand Russells Bücher jetzt eines nach dem andern ins Deutsche übersetzt werden und daß seine neueren Schriften nicht so lange auf die Übersetzung zu warten brauchen wie die früheren. Denn die Klarheit und die überragende Intelligenz dieses einflußreichsten angel|sächsischen Denkers geben seinen Werken eine Bedeutung, die in Deutschland noch lange nicht genug gewürdigt ist. Als Vorbilder exakten Denkens sollten die Bücher dieses philosophierenden Mathematikers überall eifrig studiert werden. Das vorliegende Buch (englischer Titel: »The Analysis of Matter«) zerfällt in einen vorbereitenden, darstellenden Teil (»Die logische Analyse der Physik«), einen erkenntnistheoretischen Teil (»Physik und Empfindung«) und einen naturphilosophischen Teil (»Die Struktur der physikalischen Welt«).[100] Am wenigsten gut gelungen ist der erste, anscheinend etwas flüchtig geschriebene Teil, denn er dürfte kaum geeignet sein, dem nicht eingeweihten Leser ein ganz deutliches Bild der Grundlagen der modernen Physik zu geben. Aber auch in ihm finden sich, wie bei Russell nicht anders möglich, viele originelle und lichtbringende Bemerkungen. Die beiden andern Teile geben ein vortreffliches Bild der gegenwärtigen philosophischen Anschauungen Russells, sie enthalten eine Fülle zweifellos richtiger Einsichten, und auch an jenen Stellen, wo Russells Argumente den Leser nicht zu befriedigen vermögen, wird er nicht bereuen, sie sorgfältig durchdacht zu haben. Die lebendige, geistvolle Darstellung macht das Buch zu einer sehr angenehmen Lektüre. Auf den eigentlichen Inhalt einzugehen, ist hier kein Raum; doch möchte ich bemerken, daß Russell infolge einer in dem Buche merklichen Hinneigung zu einer »realistischen« Ansicht seine Voraussetzungen weniger konsequent festhält, als das etwa in seinem Buche über die »Erkenntnis der Außenwelt« der Fall war.[101] Grelling hat das Werk sehr geschickt übersetzt und nur an einigen Punkten habe ich Härten bemerkt. Durch Einführung von sehr sachgemäßen Untertiteln innerhalb der einzelnen Kapitel hat er den Inhalt des Buches viel übersichtlicher gemacht und den Lesern einen nicht unbeträchtlichen Dienst erwiesen.

ANMERKUNGEN DES HERAUSGEBERS

[1] Die Auseinandersetzung um das Kausalprinzip vom Ende des 19. Jahrhunderts bis zum Ende der Zwanzigerjahre wird rekonstruiert in Michael Stöltzner, »Vienna Indeterminism: Mach, Boltzmann, Exner«, in: *Synthese* 119 (1999), S. 85–111 und ders., »Vienna Indeterminism II: From Exner to Frank and von Mises«, in: Paolo Parrini, Wesley C. Salmon und Merrilee H. Salmon (Hg.), *Logical Empiricism. Historical & Contemporary Perspectives*, Pittsburg: University of Pittsburgh Press 2003, S. 194–232 sowie ders., »Die Kausalitätsdebatte in den *Naturwissenschaften*. Zu einem Millieuproblem in Formans These«, in: Heike Franz (Hg.), *Wissensgesellschaft. Transformationen im Verhältnis von Wissenschaft und Alltag*, Bielefeld: Institut für Wissenschafts- und Technikforschung 2001, S. 85–128.

[2] Immanuel Kant, *Kritik der reinen Vernunft*. Nach der ersten und zweiten Originalausgabe herausgegeben von Jens Timmermann. Mit einer Bibliographie von Heiner Klemme, Hamburg: Felix Meiner 2003, S. 286 (= A 189).

[3] Siehe dazu Bertrand Russell, »On the Notion of Cause«, in: *Proceedings of the Aristotelian Society* 13 (1912/13), S. 1–26.

[4] Schlick spielt an dieser Stelle auf die Entwicklung der Quantentheorie seit der Entdeckung des Planck'schen Wirkungsquantums h im Jahre 1900 an. Planck hatte in einem »Akt der Verzweiflung« anhand der wahrscheinlichkeitstheoretisch-atomistischen Methode Ludwig Boltzmanns eine Strahlungsformel für die Energieverteilung des sogenannten »Schwarzen Körpers« formuliert, die nur diskrete Energiezustände zuließ. Albert Einstein hatte 1905 gefolgert, dass sich elektromagnetische Strahlung einer bestimmten Frequenz v so verhält, als ob ihre Energie aus nicht weiter teilbaren, in endlich vielen Punkten konzentrierten und unabhängigen Quanten vom Betrag hv besteht; die Energie der Strahlung ist demnach diskontinuierlich im Raum verteilt. Niels Bohr war es 1913 gelungen, aufgrund seines Planetenmodells des Atoms mit stationären Elektronenbahnen die diskrete Verteilung der

Spektrallinien von Wasserstoff und wasserstoffähnlichen Atomen zu erklären, die er auf Energiesprünge zurückführte. Die Frequenz einer Spektrallinie ergab sich dabei als ein Vielfaches des Wirkungsquantums aus der Energiedifferenz der beiden Bahnen, zwischen denen der Übergang eines Elektrons erfolgte. Im Anschluss daran formulierte Arnold Sommerfeld Quantenbedingungen, die auch eine Erklärung der Feinstruktur der Atomspektren ermöglichte. Siehe Paul S. Epstein, »Anwendungen der Quantenlehre in der Theorie der Serienspektren«, in: *Die Naturwissenschaften* 6, Heft 17 (1918), S. 230–253 und Arnold Sommerfeld, *Die Bohr-Sommerfeldsche Atomtheorie. Sommerfelds Erweiterung des Bohrschen Atommodells 1915/16 kommentiert von Michael Eckert*, Berlin / Heidelberg: Springer 2013.

⁵ Schlick bezieht sich hier auf Max Plancks vielbeachtete Rektoratsrede »Dynamische und statistische Gesetzmäßigkeit« (in: *Bericht über die Feier zum Gedächtnis des Stifters der Berliner Universität König Friedrich Wilhelms III*, Berlin: Norddeutsche Buchdruckerei 1914, S. 3–26). Planck hatte in seinem Vortrag betont, dass eine Trennung zwischen zwei Arten von Gesetzmäßigkeiten – dynamischen und statistischen – »für das Verständnis des eigentlichen Wesens jeglicher naturwissenschaftlicher Erkenntnis« (ebenda, S. 9) grundsätzlichen Charakter besitzt, wobei »in der Physik die exakte Berechnung von Wahrscheinlichkeiten nur dann möglich ist, wenn für die elementarsten Wirkungen, also im allerfeinsten Mikrokosmos, lediglich dynamische Gesetze als gültig angenommen werden dürfen. Entziehen sich diese auch einzeln der Beobachtung durch unsere groben Sinne, so liefert doch die Voraussetzung ihrer absoluten Unabänderlichkeit die unumgänglich notwendige feste Grundlage für den Aufbau der Statistik. [...] Dabei dürfen freilich die Dynamik und Statistik nicht etwa als koordiniert nebeneinander stehend aufgefaßt werden. Denn während ein dynamisches Gesetz dem Kausalbedürfnis vollständig genügt und daher einen einfachen Charakter trägt, stellt jedes statistische Gesetz ein Zusammengesetzes vor, bei dem man niemals definitiv stehen bleiben kann, da es stets noch das Problem der Zurückführung auf seine einfachen dynamischen Elemente in sich birgt.« (ebenda, S. 21) Vgl. dazu Michael Stöltzner, *Causality, Realism and the Two Strands of*

Boltzmann's Legacy (1896–1936), Bielefeld 2003, S. 249–257. Siehe auch den Beitrag 2.1, S. 146 f.

⁶ Zur Debatte zielgerichteter Naturprozesse im Zusammenhang mit allgemeingültigen Prinzipien, wie dem Prinzip der kleinsten Wirkung, siehe Max Planck, »Das Prinzip der kleinsten Wirkung«, in: ders., *Physikalische Rundblicke. Gesammelte Reden und Aufsätze*, Leipzig: Hirzel 1922, S. 103–119 und dazu Michael Stöltzner, »The principle of least action as the logical empiricist's shibboleth«, in: *Studies in History and Philosophy of Science Part B: Studies in History and Philosophy of Modern Physics* 34/2 (2002), S. 285–318.

⁷ Vgl. John Stuart Mill, *A System of Logic. Ratiocinative and Inductive. Being A Connected View of the Principle of Evidence and the Methods of Scientific Investigation*. In Two Volumes, Vol. I, Eighth Edition, London: Longmans, Green, Reader, and Dyer 1872, Book III, Chapter VIII.

⁸ Bemerkenswert ist an dieser Stelle die Verbindung zu Einsteins Lichtquantenhypothese von 1905, die das Verhältnis zwischen Mikro- und Makrostruktur der Strahlung betraf. Einstein hatte seine Hypothese auf dem Wege aufgestellt, indem er unter Umkehrung des »Boltzmann'schen Prinzips« den Zusammenhang zwischen Entropie und Zustandswahrscheinlichkeit so deutete, dass er aus bestimmten makroskopischen Eigenschaften eines Systems, z. B. eines »Schwarzen Körpers«, auf die unbekannte Teilchenstruktur seiner Wärmestrahlung schloss, die in der Lichtquantenhypothese kulminierte. Vgl. Jürgen Renn, *Boltzmann und das Ende des mechanistischen Weltbildes*, Wien: Picus 2007, S. 44–47.

⁹ Einstein hatte hierzu eingeworfen: »Nehmen Sie einmal an, wir würden die Gravitation *nur* aus der Bewegung von Kometen kennen, die in hyperbolischen (einmaligen) Bahnen unter Ablenkung an der Sonne vorbei liefen. Es möge ferner nicht vorkommen, dass zwei Kometen annähernd dieselben Bahnelemen[te] haben, dass also Wiederholungen gleicher Vorgänge nicht stattfinden. Könnten wir dann den Vorgang nicht kausal erfassen? Doch wohl! Man würde z. B. die den Kepler'schen Gesetzen entsprechenden Gesetze hypothetisch einigen Fällen entnehme[n.] Diese würden dann in der Folge bestätigt, und je-

der Naturforscher würde diesen Gesetzen den Charakter von Naturgesetzen zuerkennen, obwohl die Wiederholung *gleichen* Geschehens niemals konstatiert würde. So könnte prinzipiell die ganze Erfahrungswelt beschaffen sein, ohne dass wir das Kausalitätsprinzip aufgeben müssten, wenn wir auch vielleicht schwerer darauf verfallen wären, es mit ihm zu versuche[n.]« (Albert Einstein an Moritz Schlick, 7. Juni 1920, in: *CPAE* 10, Doc. 47) Schlick antwortete Einstein: »Was die Möglichkeit der Kausalität in einer Welt ohne Gleichförmigkeit betrifft, so habe ich, wie ich fürchte, in der Erklärung meiner Ansicht eine Lücke gelassen, und ich hoffe, daß nach ihrer Ausfüllung keine Meinungsverschiedenheit übrig bleibt. Gewiß könnten wir z. B. zur Auffindung der Gravitation gelangen durch die Beobachtung von Kometen, die alle in verschiedenen hyperbolischen Bahnen um die Sonne laufen. Ich möchte aber glauben, daß wir ohne eine gewisse Wiederholung des Gleichen in der Natur nicht einmal imstande wären, den Kometenlauf auch nur richtig zu beschreiben und quantitativ festzulegen. Wir bedürfen zur Konstatierung der verschiedenen Kometenörter wohl gewisser Instrumente, die sich zu verschiedenen Zeiten gleich einstellen lassen, wir müssen an ihnen Messungen vornehmen können, und die praktische Anwendung jeder Skala und jedes Zifferblatts scheint mir auf dem Prinzip der Wiederholung physisch gleicher Vorgänge zu beruhen. Wenn wir sagen, daß den verschiedenen Kometenbewegungen das gleiche Gravitationsgesetz zugrunde liegt, so scheint mir der Prüfbare Sinn dieser Aussage nur darin bestehen zu können, daß uns der Vollzug ganz bestimmter auf die Kometenbeobachtung bezüglicher Operationen irgendwie zu *gleichen* Erlebnissen führt. Derartige Überlegungen schienen mir ganz prinzipielle Gültigkeit zu haben, und so glaubte ich, man dürfe von einer Gesetzmäßigkeit ohne eine Wiederkehr des Gleichen nicht reden. Irre ich hierin doch? Es wäre schön, darüber noch eine Aufklärung zu erhalten – hoffentlich sogar mündlich in der nächsten Zeit!« (Moritz Schlick an Albert Einstein, 10. Juni 1920, Noord-Hollands Archief, Nachlass Schlick, Inv.-Nr. 098/Ein-34) Zu einem Treffen ist es kurz darauf aber nicht gekommen, Einstein war auf dem Rückweg von Kopenhagen nach Berlin über Rostock gefahren. Er teilte Schlick mit: »Nun bin ich Treuloser doch vorbeigefahren, wenn

Anmerkungen

auch wehmütigen Herzens. [...] Ihr Brief war wieder ein Meisterstück von Klarheit, und ich habe mich ziemlich vollständig von Ihnen überzeugen lassen, besonders was die fundamentale Rolle der Wiederholung des Gleichartigen anlangt.« (Albert Einstein an Moritz Schlick, 30. Juni 1920, in: *CPAE* 10, Doc. 67)

[10] Siehe dazu Sergius Hessen, *Individuelle Kausalität. Studien zum transzendentalen Empirismus*, Berlin: Reuther & Reichard 1909 und Hugo Bergmann, »Der Begriff der Verursachung und das Problem der individuellen Kausalität«, in: *Logos* V (1914/15), S. 77–111.

[11] Der hier angeführte relativistische Gedanke der Kovarianz besagt, dass die physikalischen Gesetze ihre Form bei beliebigen raum-zeitlichen Koordinatentransformationen beibehalten. Siehe dazu die Ausführungen Schlicks im Abschnitt 3, S. 23.

[12] Diese Überlegung steht im Zusammenhang mit Schlicks erkenntnistheoretischem Realismus, der Annahme einer geist- und beschreibungsunabhängigen Wirklichkeit, deren Gesetzmäßigkeiten auch von anderen intelligenten Wesen im Prinzip erkannt werden können.

[13] Die Bedeutung der Vorhersage des physikalischen Geschehens durch kausale Gesetze rückt Schlick in seinem zweiten Kausalaufsatz in den Mittelpunkt seiner Ausführungen. Siehe den Beitrag 1.3, S. 65 f.

[14] Es heißt dazu: »Fassen wir zwei denkende Wesen ins Auge, die uns ähnlich sind und die Welt in zwei verschiedenen Zeitpunkten beobachten, die beispielsweise durch Millionen von Jahren voneinander getrennt sind, so wird jeder dieser beiden Denker sich eine Wissenschaft aufbauen, die ein System der von den beobachteten Tatsachen abgeleiteten Gesetze darstellen wird. Es ist wahrscheinlich, daß diese beiden Wissenschaften außerordentlich verschieden geartet sein werden, und in diesem Sinne würde man sagen können, daß die Gesetze sich verändert haben. So groß aber auch die Abweichungen wären, man könnte sich stets eine Intelligenz von gleicher Art wie die unsere aber von tieferem Einblick oder längerer Lebensdauer vorstellen, die imstande wäre, einen Zusammenhang herzustellen, und beide Forschungsergebnisse in einer einzigen Formel zu vereinigen. Diese würde beide näherungsweisen und bruchstückhaften Formeln ganz in sich enthalten, zu denen die beiden erwähnten in der kurzen Zeitspanne,

die ihnen zu Gebote stand, gekommen waren. Für diesen Geist werden die Gesetze sich nicht geändert haben, die Wissenschaft wird ihm unwandelbar erscheinen, lediglich die beiden Forscher wird er als unvollkommen unterrichtet hinstellen.« (Henri Poincaré, *Letzte Gedanken*. Mit einem Geleitwort von Wilhelm Ostwald, Leipzig: Akademische Verlagsgesellschaft m.b.H. 1913, S. 30f.)

[15] Albert Einstein, *Die Grundlage der allgemeinen Relativitätstheorie*. Leipzig: Barth 1916, S. 9 (in: *CPAE* 6, Doc. 25).

[16] Ganz ähnlich schrieb Einstein, daß »das Kausalitätsgesetz [...] nur dann den Sinn einer Aussage über die Erfahrungswelt [hat], wenn als Ursachen und Wirkungen letzten Ende nur *beobachtbare Tatsachen* auftreten«. (Ebenda, S. 8f.)

[17] Im Zusammenhang mit der »Frage der Verletzung des Kausalitätspostulates durch das Trägheits-Gesetz« in der klassischen Physik hatte Einstein eingewandt: »Ihre jetzige Auffassung des Sachverhaltes kann ich nicht billigen. Richtig wäre es nach meiner Auffassung zu sagen: Die Newton'sche Physik muss der Beschleunigung objektive Realität zuerkennen, unabhängig vom Koordinatensystem. Dies ist nur möglich, wenn man den absoluten Raum (bezw. Aether) als etwas Reales betrachtet. Das thut Newton auch folgerichtig. Sie aber sagen einfach: *Gestalt* ist kein Vorgang. Es handelt sich nicht um ›Gestalt‹ sondern um ›Verharren in einer ›Gestal[t‹.] Ich muss antworten: Verharren im Gleichgewicht in einer bestimmten Gestalt ist wohl ein Vorgang im physikalischen Sinne. Ruhe ist ein Bewegungsvorgang, bei welchem die Geschwindigkeiten dauernd null sind, ein Bewegungsvorgang, der für unsere Überlegung jedem andern prinzipiell gleichwertig ist. In der That finden ja auch Bewegungs-Vorgänge mit Bezug auf beide rotierende Himmelskörper verschieden statt (z.B. Foucault'sche Pendel, Umlauf eines Mondes etc.).« (Albert Einstein an Moritz Schlick, 7. Juni 1920, in: *CPAE* 10, Doc. 47) In diesem Zusammenhang gab Schlick an: »Der Sinn der Betrachtung ist zunächst nur, daß der absolute Raum, den die Newtonsche Mechanik selbstverständlich annehmen muß, von ihr doch nicht als *Ursache* im Sinne des Kausalprinzips betrachtet zu werden braucht. M.a.W.: sie braucht die Trägheitswiderstände bei gewissen Bewegungen nicht als *Wirkung* einer absoluten Beschleunigung

anzusehen, sondern kann sie auch als deren definitorisches Merkmal auffassen. Dieser Satz scheint mir aber Ihrer Ansicht nicht zu widersprechen, und wenn ich recht verstanden habe, irre ich nur in meiner Erklärung des Grundes, warum die Newtonsche Betrachtungsweise so unbefriedigend ist. Ich glaube ihn darin zu finden, daß die alte Mechanik mit der Kausalerklärung früher halt machte als *nötig war*; verstehe ich recht, daß sie früher halt machte, als sie überhaupt *durfte*? Das letztere schien mir nur unter den im Aufsatz angegebenen Voraussetzungen zu folgen, die ja freilich für die jetzige Wissenschaft unaufhebbare Postulate sind. Daß es eine unerlaubte Schematisierung war, von den Eigenschaften eines Körpers zu reden, als wenn es deren nur eine endliche Anzahl gäbe, muß ich natürlich zugeben: ebenso, daß ein Teil der Eigenschaften stets eine Folge der übrigen ist, sobald der Körper einem ›theoretischen System‹ angehört. Nur schien es mir eben in der Erfahrung keine andern theoretischen Systeme zu geben als solche, die mit *Prozessen* operieren (Vierdimensionalität alles Wirklichen).« (Moritz Schlick an Albert Einstein, 10. Juni 1920, Noord-Hollands Archief, Nachlass Schlick, Inv.-Nr. 098/Ein-34)

[18] Einstein merkte hierzu an: »Es ist gleich, ob sie dasjenige, was Sie herbeiziehen müssen, um der Beschleunigung Realität zu geben, absoluten Raum, Aether oder bevorzugtes Koordinatensystem (obwohl man letzteres nicht wohl als etwas Reales der Kausalreihe wird einverleiben wollen) nennen. Unbefriedigend bleibt der Umstand, dass dieses Etwas *nur einseitig* in die Kausalreihe eingeht. Ob man das Kausalgesetz als befriedigt zu erklären hat oder nicht, hängt von Subtilitäten in der Definition des Kausalgesetzes ab.« (Albert Einstein an Moritz Schlick, 7. Juni 1920, in: *CPAE* 10, Doc. 47)

[19] Zu diesem Gedanken bemerkte Einstein: »Der absolute Raum Newtons ist selbständig, durch nichts beeinflussbar, das g_{uv}-Feld der allgemeinen Relativitätstheorie Naturgesetzen unterworfen, von der Materie in seinen Eigenschaften bestimmt (nicht nur bestimmend). Das haben Sie übrigens [...] meisterhaft ausgesprochen.« (Ebenda)

[20] Einstein gab hier zu bedenken: »Es scheint mir die Behauptung nicht berechtigt, dass die Gravitationsfelder nicht im gleichen Sinne als beobachtbar anzusehen seien wie die Massen; der ›Prozess-Cha-

rakter‹ der letzteren erscheint in diesem Zusammenhang unwesentlich. Wesentlich ist, dass man überhaupt nicht von ›allen‹ Eigenschaften‹ eines Körpers reden kann (weil es davon ∞ viele gibt); gehört er einem theoretischen System an, so gibt es immer Eigenschaften, die Folge der übrigen sind, gleichgültig ob dieses System mit ›Prozessen‹ operiert, oder sich mit statischen Betrachtungen begnügt (der Unterschied scheint mir nicht prinzipiell).« (Ebenda) Daraufhin führte Schlick aus: »Ich hatte auch wohl unrecht mit der Behauptung, ein Gravitationsfeld sei nicht im gleichen Sinne beobachtbar wie die Massen. Es trifft das höchstens in dem ganz groben Sinne zu, in dem man sagen darf: ich nehme wohl zwei Körper wahr, aber nicht das Gravitationsfeld mitten zwischen ihnen. Es scheint mir freilich ein Streitpunkt zu sein, ob man bei der Auseinandersetzung mit *Mach*schen Gedanken das Wort ›wahrnehmbar‹ im allergröbsten Sinne nehmen darf.« (Moritz Schlick an Albert Einstein, 10. Juni 1920, Noord-Hollands Archief, Nachlass Schlick, Inv.-Nr. 098/Ein-34)

[21] Zur Rolle Ernst Machs im Zusammenhang mit der Entstehung der allgemeinen Relativitätstheorie vgl. Gereon Wolters, *Mach I, Mach II, Einstein und die Relativitätstheorie. Eine Fälschung und ihre Folgen*, Berlin/New York: de Gruyter 1987 und Jürgen Renn, »The Third Way to General Relativity: Einstein and Mach in Context«, in: Jürgen Renn und Matthias Schemmel (Hg.), *The Genesis of General Relativity. Sources and Interpretations*, Bd. 3: *Gravitation in the Twilight of Classical Physics: Between Mechanics, Field Theory, and Astronomy*, Dordrecht: Springer 2007, S. 21–75.

[22] Siehe dazu Michael Stöltzner, *Causality, Realism and the Two Strands of Boltzmann's Legacy (1896–1936)*, a.a.O., S. 256 und ders., »Can meaning criteria account for indeterminism? Moritz Schlick on causality and verificationism in quantum mechanics«, in: Fynn Ole Engler und Mathias Iven (Hg.), *Moritz Schlick. Leben, Werk und Wirkung*, Berlin: Parerga 2008, S. 215–245, hier S. 220.

[23] Dazu führte Einstein aus: »Die Einengung der Kausalität auf Fortsetzbarkeit des in einem raumartigen Schnitt gegebenen ist zwar nicht in meinem Sinne; aber der Standpunkt ist jedenfalls zulässig. Man braucht einen Fortschritt der Naturgesetze darüber hinaus – wenn er

sich einmal als möglich erweisen sollte, nicht als Fortschritt des kausalen Erkennens zu bezeichnen. Aber warum soll man es nicht? Nur um die Zeit auszuzeichnen? Es wäre sehr wohl möglich, dass die Freiheit der Wahl der Anfangsbedingungen, welche vollständigere Naturgesetze übrig lassen, eine viel beschränktere sein wird, als es beim heutigen Standpunkt unserer Kenntnis der Fall zu sein scheint. Dann würde man wohl die Gesetzlichkeit innerhalb des Zeitschnittes auch als eine ›kausale‹ erklären, um zwischen zeitlicher und räumlicher Ausdehnung keinen unnötigen prinzipiellen Unterschied zu machen.« (Albert Einstein an Moritz Schlick, 7. Juni 1920, in: *CPAE* 10, Doc. 47) Schlick antwortete darauf: »Natürlich war es etwas unphilosophisch und dogmatisch von mir zu meinen, die Gesetzlichkeit innerhalb eines Zeitschnittes sollte nicht als kausal bezeichnet werden. Meine Gründe dafür waren nur: 1) die Tatsache, daß in der *Bewußtseins*wirklichkeit die Zeit eben doch eine ausgezeichnete Rolle zu spielen scheint, und 2) daß jene Gesetzlichkeiten einen andern Charakter tragen müßten als die in der Zeitrichtung. Aber das sind nur subjektive Gründe, die sich vielleicht bei näherer Betrachtung sogar zerstreuen lassen.« (Moritz Schlick an Albert Einstein, 10. Juni 1920, Noord-Hollands Archief, Nachlass Schlick, Inv.-Nr. 098/Ein-34)

[24] Vgl. auch Moritz Schlick, »Philosophie und Naturwissenschaft«, in: Moritz Schlick, *Die Wiener Zeit. Aufsätze, Beiträge, Rezensionen 1926–1936*, hrsg. und eingeleitet von Johannes Friedl und Heiner Rutte, Wien/New York: Springer 2008, S. 521–545.

[25] Siehe dazu auch Moritz Schlick, *Texte zu Einsteins Relativitätstheorie*. Eingeleitet, kommentiert und herausgegeben von Fynn Ole Engler, Hamburg: Felix Meiner 2019 (= PhB 733), Beitrag 1.6.

[26] Schlick könnte sich hier auf Hermann von Helmholtz beziehen. Vgl. Moritz Schlick, »Helmholtz als Erkenntnistheoretiker«, in: Moritz Schlick, *Rostock, Kiel, Wien. Aufsätze, Beiträge, Rezensionen 1919–1925*, hrsg. und eingeleitet von Edwin Glassner und Heidi König-Porstner unter Mitarbeit von Karsten Böger, Wien/New York: Springer 2012, S. 475–488. Siehe dazu auch Fynn Ole Engler, »Über das erkenntnistheoretische Raumproblem bei Moritz Schlick, Wilhelm Wundt und Albert Einstein«, in: *Stationen. Dem Philosophen und Physiker Moritz*

Schlick zum 125. Geburtstag, hrsg. von Friedrich Stadler und Hans Jürgen Wendel unter Mitarbeit von Edwin Glassner (= *Schlick-Studien* 1), Wien/New York: Springer 2009, S. 107–145.

[27] Schlick dürfte hier an Hans Reichenbachs relativiertes Apriori gedacht haben. Siehe die Einleitung, S. XVII–XIX. Vgl. dazu auch Michael Friedman, »Geometry, Convention, and the Relativized A Priori: Reichenbach, Schlick, and Carnap«, in: ders., *Reconsidering logical positivism*, Cambridge: Cambridge University Press 1999, S. 59–86 und ders., *Dynamics of Reason. The 1999 Kant Lectures at Stanford University*, Stanford: CSLI Publications 2001.

[28] Werner Heisenberg führte dazu 1926 aus, »daß die Untersuchung jenes typisch diskontinuierlichen Elementes und jener ›Art von Realität‹ das eigentliche Problem der Atomphysik und daher auch der Inhalt aller quantenmechanischen Überlegungen ist«. (Werner Heisenberg, »Quantenmechanik«, in: *Die Naturwissenschaften* 14, Heft 45 (1926), S. 989–994, hier S. 989) Siehe dazu den Beitrag 1.1, S. 5 und die Anmerkung 4. Vgl. auch Moritz Schlick, »Naturphilosophie«, in: Moritz Schlick, *Rostock, Kiel, Wien. Aufsätze, Beiträge, Rezensionen 1919–1925*, hrsg. und eingeleitet von Edwin Glassner und Heidi König-Porstner unter Mitarbeit von Karsten Böger, a.a.O., S. 599–742, hier S. 691–693.

[29] Siehe dazu die Beiträge 1.1, S. 3 und 1.3, S. 54.

[30] Ernst Cassirer hatte in einem Brief an Schlick dazu ausgeführt: »Ich würde als ›apriorisch‹ im strengen Sinne eigentlich nur den Gedanken der ›Einheit der Natur‹ d.h. der Gesetzlichkeit der Erfahrung überhaupt, oder vielleicht kürzer; der ›Eindeutigkeit der Zuordnung‹ gelten lassen: wie aber dieser Gedanke sich nun zu den besonderen Prinzipien und Voraussetzungen spezifiziert: dies ergibt sich auch mir erst aus dem Fortschritt der wissenschaftlichen Erfahrung, wenn gleich ich auch hier – zwar nirgend starre Schemata, wohl aber gleichbleibende Grund*motive* des Erkennens, d.h. des Forschens und Fragens – zu erkennen glaube.« (Ernst Cassirer an Moritz Schlick, 23. Oktober 1920, Noord-Hollands Archief, Nachlass Schlick, Inv.-Nr. 094/Cass/E-1) Dagegen wandte Schlick ein, dass es so »nicht mehr möglich sein [dürfte], jemals eine physikalische Theorie als Bestätigung der kritizistischen Philosophie anzusprechen: diese müßte vielmehr mit *jeder* Theo-

rie, sofern sie nur die Bedingungen der Wissenschaftlichkeit erfüllt, in gleicher Weise und ohne die Möglichkeit einer Selektion vereinbar sein.« (Moritz Schlick, *Texte zu Einsteins Relativitätstheorie*, a.a.O., S. 131)

[31] Vgl. Schlicks Rezension des hier angeführten Buches von Josef Winternitz in ebenda, Beitrag 2.8.

[32] Mit Blick auf den Kausalsatz hatte Schlick an anderer Stelle ausgeführt: »Dieser Satz muß bei jedem Schritt in Wissenschaft und Leben vorausgesetzt werden, aber seine Geltung läßt sich weder durch Vernunft noch durch Erfahrung theoretisch begründen; sie ist allein *praktisch* begründet.« (Moritz Schlick, »Helmholtz als Erkenntnistheoretiker«, in: Moritz Schlick, *Rostock, Kiel, Wien. Aufsätze, Beiträge, Rezensionen 1919–1925*, hrsg. und eingeleitet von Edwin Glassner und Heidi König-Porstner unter Mitarbeit von Karsten Böger, a.a.O., S. 483.)

[33] Siehe Albert Einstein, »Elsbachs Buch: Kant und Einstein«, in: *Deutsche Literaturzeitung für Kritik der internationalen Wissenschaft* 45, Heft 24 (1924), Sp. 1685–1692 (in: *CPAE* 14, Doc. 321) und Alfred C. Elsbach, *Kant und Einstein. Untersuchungen über das Verhältnis der modernen Erkenntnistheorie zur Relativitätstheorie*, Berlin/Leipzig: de Gruyter 1924.

[34] Zur Rolle und Bedeutung der Anschaulichkeit in der modernen Physik siehe Philipp Frank, »Über die ›Anschaulichkeit‹ physikalischer Theorien«, in: *Die Naturwissenschaften* 16, Heft 8 (1928), S. 121–128 und Werner Heisenberg, »Über den anschaulichen Inhalt der quantentheoretischen Kinematik und Mechanik«, in: *Zeitschrift für Physik* 43 (1927), S. 172–198.

[35] Schlick spielt hier auf die erkenntnistheoretische Position eines strukturellen Realismus an. Demnach bleiben die mathematischen Relationen auch über die Wandlungen der Physik hinweg erhalten, während die anschaulichen Bilder und Vorstellungen wechseln können. Siehe in diesem Zusammenhang Pierre Duhem, *Ziel und Struktur der physikalischen Theorien*, Leipzig: Barth 1908 und Henri Poincaré, *Der Wert der Wissenschaft*, Zweite Auflage, Leipzig/Berlin: Teubner 1910.

[36] Siehe den Beitrag 1.2, S. 50f. und die Anmerkung 34.

[37] Erwin Schrödinger schrieb dazu an Schlick: »Was mich betrübt hat, ist der dritte Absatz Ihrer Vorbemerkungen. Die Wendung, zu der

die Physik der letzten Jahre in der Frage der Kausalität gelangt ist, *ist* vorausgesehen worden. Und zwar von Franz Exner in seinen 1919 bei Deutike publizierten Vorlesungen. Franz Exner ist an der Kreuzungsstelle nicht achtlos vorbeigegangen. Er war durchaus nicht im Besitze jener quantentheoretischen Begriffsbildungen, die in den Jahren 1925/26 von Heisenberg-Born einerseits, von de Broglie und mir anderseits geschaffen wurden und an die wir uns im letzten Jahrfünft gewöhnt haben. Dennoch hat er hinsichtlich der Kausalität schon genau die Vermutung aufgestellt und sie als die wahrscheinlichere begründet, die heute von den Quantentheoretikern vertreten wird und sich – vielleicht – bewähren wird. Eine quantitative Fassung, etwa von der Art der Ungenauigkeitsrelation, findet sich freilich nicht bei ihm. Dafür aber eine ausserordentlich viel tiefere Untersuchung der Akausalitätsfrage vom rein philosophischen Standpunkt.« (Erwin Schrödinger an Moritz Schlick, 25. Februar 1931, Noord-Hollands Archief, Nachlass Schlick, Inv.-Nr. 116/Schroe-1) Vgl. dazu auch Franz Serafin Exner, *Vorlesungen über die physikalischen Grundlagen der Naturwissenschaften*, Wien: F. Deuticke 1919 und Erwin Schrödinger, »Was ist ein Naturgesetz«, in: *Die Naturwissenschaften* 17, Heft 1 (1929), S. 9–11.

[38] Siehe den Beitrag 1.1, S. 3–40.

[39] Siehe Hans Reichenbach, »Die Kausalstruktur der Welt und der Unterschied von Vergangenheit und Zukunft«, in: *Sitzungsberichte, Bayrische Akademie der Wissenschaft*, Sitzung vom 7. November 1925, S. 133–175, hier S. 133f. und dazu auch die Einleitung, S. XXXIV–XXXVII.

[40] Siehe hierzu den Beitrag 1.1, S. 36f. für Schlicks ursprüngliche Unterscheidung zwischen nomologisch und ontologisch bzw. wesentlich und zufällig.

[41] Vgl. dazu den Beitrag 1.1, S. 39 und die Anmerkung 23.

[42] Siehe den Beitrag 1.1, S. 22.

[43] Siehe Marcel Natkin, *Einfachheit, Kausalität und Induktion*, Dissertation, Wien 1928.

[44] Siehe in diesem Zusammenhang auch Pierre Duhem, *Ziel und Struktur der physikalischen Theorien*, a.a.O., Zweites Kapitel, § 5.

[45] Friedrich Waismann geht hier davon aus, dass die Wahrscheinlichkeit verbunden ist mit »unserem Wissen, um die Wahrheit eines

Satzes. [...] Meint man aber, das subjektive Moment liege eben darin, daß die Wahrscheinlichkeit abhängig gemacht werde von dem Stand unseres Wissens, so erwidern wir: Einen andern Anlaß zur Einführung des Wahrscheinlichkeitsbegriffs als die Unvollständigkeit unseres Wissens gibt es nicht. Jeder weiß, daß man die Wahrscheinlichkeitstheorie erst dort heranzieht, wo unsere Kenntnis der Vorgänge auf Grenzen stößt; wo wir zwar im großen and ganzen etwas über die Bedingungen wissen, unter welchen ein Vorgang zustande kommt, aber nicht alle Einzelheiten übersehen, die dabei im Spiele sind. Der Determinismus, die Idee einer geschlossenen kausalen Gesetzlichkeit, hat der Physik doch nur so lange als Ideal gegolten, als sie glauben konnte, daß es möglich sei, wirklich zur Kenntnis aller Einzelheiten vorzudringen; und wenn wir heute in unserer Wissenschaft immer häufiger Gedankenreihen auftauchen sehen, die der statistischen Denkweise angehören, so liegt das doch daran, daß man inzwischen einsehen gelernt hat, daß uns dieses Ideal in jeder Hinsicht unerreichbar ist. Es wird also dabei bleiben, daß die Wahrscheinlichkeit dort anfängt, wo uns die Gewißheit versagt ist. Dann kann man aber auf keinen Fall eine Formulierung als subjektiv ablehnen, welche diesen Sachverhalt hervorhebt. Nur ein Punkt in diesem Einwand wäre berechtigt: wenn es sich nämlich herausstellen sollte, daß das Maß der Wahrscheinlichkeit veränderlich ist; daß eine Wahrscheinlichkeit, die wir einmal berechnet haben, durch das Bekanntwerden neuer Tatsachen wieder umgestoßen werden kann, ohne daß wir hierbei zu einem definitiven Abschluß kämen. Auch dann zwar wäre unsere Definition zulässig; aber eine praktische Bedeutung hätte sie nicht.« (Friedrich Waismann, »Logische Analyse des Wahrscheinlichkeitsbegriffs«, in: *Erkenntnis* 1 (1930/31), S. 228–248, hier S. 238)

[46] In einem Gespräch mit Schlick am 22. März 1930 gab Ludwig Wittgenstein an: »Unterscheidungen zwischen ›Aussagen‹ und ›Hypothesen‹: Eine Hypothese ist keine Aussage, sondern ein Gesetz zur Bildung von Aussagen.« (*Wittgenstein und der Wiener Kreis*, Gespräche, aufgezeichnet von Friedrich Waismann. Aus dem Nachlaß herausgegeben von B. F. McGuinness, in: Ludwig Wittgenstein, *Werkausgabe*, Band 3, Frankfurt/M.: Suhrkamp 1984, S. 99)

[47] Siehe dazu Werner Heisenberg, »Über den anschaulichen Inhalt der quantentheoretischen Kinematik und Mechanik«, a.a.O., § 1.

[48] Werner Heisenberg hatte auf der Tagung für exakte Erkenntnislehre in Königsberg am 6. September 1930 ausgeführt, dass dem Kausalprinzip in der klassischen Physik die Hypothese zugrunde liegt, »daß es prinzipiell möglich sei, ein *isoliertes* System in allen wesentlichen Bestimmungsstücken zu kennen«. Mit Blick auf die Quantenmechanik jedoch gab er weiter an: »Es ist prinzipiell nicht möglich, alle zur Berechnung der Zukunft notwendigen Bestimmungsstücke eines isolierten Systems zu ermitteln. Damit ist natürlich die vorhin zitierte Fassung des Kausalgesetzes nicht als unrichtig nachgewiesen, sondern nur als inhaltsleer; sie hat keinen Gültigkeits- oder Anwendungsbereich mehr und deshalb auch für den Physiker kein Interesse. [...] Die Unbestimmtheitsrelationen zeigen für erste, daß eine genaue Kenntnis *der* Bestimmungsstücke, die in der klassischen Theorie zur Festlegung eines Kausalzusammenhangs notwendig sind, in der Quantentheorie unmöglich ist. Die weitere Folge der Unbestimmtheit ist, daß auch das künftige Verhalten eines derart ungenau bekannten Systems nur ungenau, d. h. nur statistisch vorhergesagt werden kann. Es ist einleuchtend, daß durch die Unbestimmtheitsrelationen die Grundlage für das präzise Kausalgesetz der klassischen Physik verlorengeht, und zwar sowohl bei Anwendung der Partikelvorstellung wie bei raum-zeitlicher Wellenvorstellung.« (Werner Heisenberg, »Kausalgesetz und Quantenmechanik«, *Erkenntnis* 2 (1931), S. 172–182, hier S. 175 und 177)

[49] Vgl. Arthur Stanley Eddington, *The Nature of the Physical World. The Gifford Lectures 1927*, Cambridge: Cambridge University Press 1929, S. 220–225 und 306–308.

[50] Werner Heisenberg, »Über den anschaulichen Inhalt der quantentheoretischen Kinematik und Mechanik«, a.a.O., S. 197. In einem Brief an Schlick hatte Heisenberg dazu geschrieben: »Ich bin auch ein klein wenig unglücklich darüber, dass ich immer wegen des Satzes von der ›Ungültigkeit des Kausalsatzes‹ zitiert werde, als ob ich mich im Gegensatz zu Borns Anschauungen befände. Ich habe mir damals das Wort ›Ungültigkeit‹ ziemlich genau überlegt und wollte zweierlei damit sagen: Erstens, dass das Kausalprinzip keinen *Geltungs*bereich in der

Physik mehr habe (in dem Sinne, wie etwa Briefmarken von 1912 nicht mehr ›gelten‹) – was nicht ganz dasselbe ist, wie die Behauptung ›es sei *falsch*‹; – zweitens, dass ein Satz, der keinen Geltungsbereich hat, auch wirklich nicht interessant sein kann. Mir schien das Wort ›ungültig‹ gerade in der richtigen Mitte zwischen ›falsch‹ und ›unanwendbar‹ zu stehen, aber es ist leider stets mit falsch identifiziert worden. Für die damals übliche unklare Fassung des Kausalsatzes ist wohl auch das Wort ›falsch‹ nicht ganz berechtigt.« (Werner Heisenberg an Moritz Schlick, 27. Dezember 1930, Noord-Hollands Archief, Nachlass Schlick, Inv.-Nr. 102/Heis-1)

[51] Mit Blick auf diese Dreiteilung hatte Heisenberg an Schlick geschrieben: »Insbesondere war mir die klare Unterscheidung der drei Möglichkeiten [...] sehr lehrreich; ich hatte etwas Ähnliches in meinem Königsberger Vortrag versucht, aber nicht sehr klar zustande gebracht«. (Werner Heisenberg an Moritz Schlick, 27. Dezember 1930, a.a.O.) Vgl. dazu auch Werner Heisenberg, »Kausalgesetz und Quantenmechanik«, a.a.O., S. 180–182.

[52] Siehe den Beitrag 1.5, S. 106–108.

[53] Einstein bemerkte dazu: »Auch bin ich fest davon überzeugt, dass das ›statistische Gesetz‹ als *Basis* physikalischen Gesetzes-Ausdrucks eines schönen Tages überwunden werden wird. Ihre Meinung, dass das ›statist. Gesetz‹ überhaupt kein Gesetz sei, teile ich, wie gesagt, nicht.« (Albert Einstein an Moritz Schlick, 28. November 1930, Noord Hollands Archief, Nachlass Schlick, Inv.-Nr. 098/Ein-21)

[54] An Werner Heisenberg schrieb Schlick in diesem Zusammenhang: »Vielleicht kann ich meine in dem Aufsatz schlecht formulierte Auffassung so aussprechen: Wird als letzte, nicht weiter reduzierbare, Tatsache beobachtet, daß unter gewissen Umständen ein Ereignis in einem bestimmten Prozentsatz der Fälle häufiger als die übrigen beobachteten Ereignisse auftritt, so liegt ein ›statistisches Gesetz‹ vor. Grenzfall nach oben: der Prozentsatz beträgt 100 (Vollkausalität). Grenzfall nach unten: der Prozentsatz ist für alle möglichen Ereignisfolgen derselbe, keine ist ausgezeichnet (volle Unordnung, Gesetzlosigkeit, Wahrscheinlichkeitsverteilung). Im letzteren Falle würde ich es für irreführend halten, von Wahrscheinlichkeits›gesetzen‹ zu sprechen.«

(Moritz Schlick an Werner Heisenberg, 2. Januar 1931, Noord-Hollands Archief, Nachlass Schlick, Inv.-Nr. 102/Heis-4)

[55] Hans Reichenbach hatte sich in diesem Zusammenhang bei Schlick beklagt, »daß man sich in Wien nicht gründlich genug mit meinen Arbeiten zur Wahrscheinlichkeit beschäftigt hat. Sonst wäre es z. B. nicht möglich, daß Waismann die alte Spielraumtheorie der Wahrscheinlichkeit wieder auffrischt, und es wäre auch nicht möglich, daß Sie den Wahrscheinlichkeitsbegriff bei andern physikalischen Aussagen abtrennen.« Und er führte weiter aus, »daß man in Wien meine Arbeiten zur Wahrscheinlichkeit nicht mit derjenigen Vorurteilslosigkeit geprüft hat, die für eine solche Sache notwendig ist. Ich habe den Eindruck – verzeihen Sie die Offenheit – daß man in Wien zu sehr durch die Erfolge des logistischen Systems auf andern Gebieten geblendet ist, um den Problemen der Wahrscheinlichkeit gerecht werden zu können. [...] Ich glaube ferner, daß man in Wien doch erheblich unterschätzt, wieviel Einzelmaterial ich schon zur Lösung des Wahrscheinlichkeitsproblems zusammengetragen habe. Es kann doch schließlich kein Zufall sein, daß die Quantenmechanik gerade derjenigen Auffassung des Kausalproblems zugesteuert ist, die ich in meinen Arbeiten vorweggenommen hatte, was Sie, wie ich dann sah, ja auch nicht einmal bemerkt hatten. [...] Daß die Wahrscheinlichkeit nicht eine Eigenschaft *eines* Satzes, sondern eine Beziehung zwischen *zwei* Sätzen, ist, habe ich schon in meiner Arbeit über die Kausalstruktur vor 6 Jahren ausgeführt, wo ich ausdrücklich den Begriff der Wahrscheinlichkeits*implikation* eingeführt habe. Diese Tatsache macht nun aber gar keine Schwierigkeit für meine Theorie vom Ersatz des Wahrheitsbegriffs durch den Wahrscheinlichkeitsbegriff. Das Problem der Wissenschaft ist ja immer nur, aus den Atomsätzen auf weitere Sätze zu schließen; es macht deshalb gar keine Schwierigkeit, anstelle der Wahrheit eines wissenschaftlichen Satzes seine Wahrscheinlichkeit, als eine Beziehung zu den Atomsätzen, zu setzen. Während die Behauptung Ihrer Richtung dahin geht, daß die wissenschaftlichen Sätze Wahrheitsfunktionen der Atomsätze sind, ist meine Behauptung, daß diese Begriffsbildung zu eng ist, daß wir anstelle dessen zu Wahrscheinlichkeitsfunktionen der Atomsätze übergehen müssen, wenn wir die Meinung des

wissenschaftlichen Denkens voll erfassen wollen. Sie schreiben, daß es für Sie unvorstellbar sei, zwischen Wahrheit und Falschheit von Sätzen noch eine Zwischenstufe anzunehmen. Mir kommt diese Behauptung so vor, wie etwa die Äußerung, daß es nur eine Parallele geben könnte, da zwischen der einen Parallelen und der gegebenen Graden eine andre nicht schneidende Grade durch den Ausgangspunkt nicht liegen könne. Mir scheint es wirklich ein Rest von Apriorismus zu sein, was Sie in der Auffassung meiner Wahrscheinlichkeitstheorie hemmt.« (Hans Reichenbach an Moritz Schlick, 16. November 1931, Noord-Hollands Archief, Nachlass Schlick, Inv.-Nr. 115/Reich-38)

[56] Siehe dazu Fritz Medicus, *Die Freiheit des Willens und ihre Grenzen*, Tübingen: J. C. B. Mohr (Paul Siebeck) 1926, S. 71 ff.

[57] Vgl. Werner Heisenberg, »Kausalgesetz und Quantenmechanik«, a.a.O., S. 177 f.

[58] Dazu hatte Reichenbach an Schlick geschrieben: »Das Neue, was meine Arbeit herausgebracht hat, scheint mir eben darin zu liegen, daß das Problem der strengen Kausalität verknüpft wird mit dem des Unterschieds von Vergangenheit und Zukunft. Wir haben ein (angefochtenes) Evidenzgefühl dafür, daß die Zukunft nicht völlig bestimmt sein kann. Wir haben aber auch ein Evidenzgefühl dafür, daß die Zeitrichtung unsymmetrisch ist, von der Gegenwart aus gesehen. Beide Evidenzen werden durch meine Betrachtungen verknüpft; fällt die erste, so fällt die zweite auch. Dies beruht wesentlich auf der Kausaltheorie der Zeit. Da nun umgekehrt die zweite Evidenz so primär zu sein scheint, wie etwa der Existenzbegriff, so kann sie als Argument für die erste anfechtbare Evidenz verwandt werden.« (Hans Reichenbach an Moritz Schlick, 20. März 1926, Noord-Hollands Archief, Nachlass Schlick, Inv.-Nr. 115/Reich-27)

[59] Vgl. Arthur Stanley Eddington, *The Nature of the Physical World. The Gifford Lectures 1927*, a.a.O., Chapter V.

[60] Siehe Hugo Bergmann, *Der Kampf um das Kausalgesetz in der jüngsten Physik*, Braunschweig: Vieweg 1929, S. 27–29.

[61] Dazu bemerkte Schrödinger: »Darf ich nun noch auf einen ganz anderen Punkt kurz eingehen, der mir ganz unverständlich geblieben ist. Weshalb soll gerade nach dem Entropiesatz das *Frühere* leichter

aus dem *Späteren* zu erschliessen sein? Meines Erachtens ist – u. zw. genau wegen des Entropiesatzes – das genaue Gegenteil der Fall. Jedes System geht doch mit der Zeit in den Zustand thermodynamischen Gleichgewichtes über, aus dem sich über die Vorgeschichte gar nichts mehr schliessen lässt. Aber auch ohne das: wenn Sie ein System in irgend einem Zustand vorgelegt bekommen, können Sie seine Nachgeschichte mit der üblichen Schärfe voraussagen. Seine Vorgeschichte nicht – ausser Sie wissen, dass das System seit sehr langer Zeit isoliert war, dass der Zustand also (wenn es nicht der Zustand thermodynamischen Gleichgewichtes ist) durch spontane Schwankung entstanden ist. In diesem Falle ist die Vorgeschichte mit eben derselben Schärfe angebbar wie die Nachgeschichte, sie ist nämlich das zeitliche Spiegelbild der letzteren. [* Das ist wirklich so, obgleich es recht paradox klingt. Ich habe es erst kürzlich sehr genau überprüft.] Es besteht also – in diesem tieferen Sinne – vollkommene zeitliche Symmetrie.« (Erwin Schrödinger an Moritz Schlick, 13. März 1931, Noord-Hollands Archief, Nachlass Schlick, Inv.-Nr. 116/Schroe-2) Schlick antwortete darauf: »Ihre Frage betreffend das Verhältnis des Entropiesatzes zu der Unterscheidung zwischen Vergangenheit und Zukunft beantworte ich wohl am besten dadurch, daß ich einen Passus aus meiner Darstellung der ›Naturphilosophie‹ (in [Max] Dessoirs *Lehrbuch der Philosophie*, Bd. 2, S. 455 f.) wörtlich hersetze, um Ihnen das Nachschlagen zu ersparen: ›Eigentlich sollte man erwarten, es sei leichter, mit Hilfe des Entropiesatzes die Zukunft als die Vergangenheit zu errechnen, denn es ist offenbar eher möglich, den undifferenzierten Zustand anzugeben, nach welchem ein Zustand ungleichmäßiger Energieverteilung hinstrebt, als zu sagen, aus welchen stärker differenzierten Zuständen sich ein weniger differenzierter entwickelt hat. Das Paradoxon löst sich, wenn man beachtet, daß die Struktur der Vergangenheit nicht aus dem Grade der Energieverteilung, sondern aus der Raumgestalt der Gegenstände erschlossen wird. Vergangenes ist nämlich deshalb erkennbar und rekonstruierbar, weil es ›Spuren‹ hinterläßt. Ich kann dem Meeresstrande ansehen, daß kurz vorher ein Mensch darüber geschritten ist, ich kann ihm aber nicht ansehen, ob nächstens ein Mensch dort wandeln wird. Die Erzeugung von ›Spuren‹ im weitesten Sinne geschieht stets in der Weise, daß eine Energie in differenzierter Form (in unserem Falle die kinetische Energie der Fußbewegungen des Menschen) eine Umlagerung körperlicher Teilchen (der Sandkörnchen des Strandes) bewirkt und ihnen so eine bestimmte Form (den Eindruck des Fußes) aufprägt, welche eben dadurch dauernd erhalten bleibt, daß die Energie dabei gemäß dem Entropiesatz in eine zerstreute Form (ungeordnete Bewegung der Sandkornmoleküle) übergeht, also keine weitere Lageänderung der groben Teilchen mehr bedingt. Bliebe die Energie in geordneter Form (als lebendige Kraft der Sandkörner), so würden die Körner nach Empfang des Fußtritts nicht in Ruhe verharren, und es würde keine bleibende Spur hinterlassen.‹« (Moritz Schlick an Erwin Schrödinger, 19. März 1931, Noord-Hollands Archief, Nachlass Schlick, Inv.-Nr. 116/Schroe-3)

[62] Heisenberg schrieb dazu an Schlick: »Nun noch zu Ihrer Frage über Bohrs Gedanken über die biologische Seite der modernen Physik. An solche Sätze, wie Ihre Nr. 2) [...] hat dabei Bohr bestimmt *nicht* gedacht. Vielmehr ist etwa folgendes gemeint: Die Mediziner untersuchen den menschlichen Körper nach rein physikalischen Methoden. Sie stellen dann fest, dass gewisse Gemütsbewegungen mit chemischen Veränderungen der Gehirnsubstanz verbunden sind und umgekehrt. Sie kommen etwa zu dem Schluss, dass ein völliger Parallelismus besteht zwischen Denken und Veränderung der Nervensubstanz und erklären sich für befriedigt, wenn dieser Parallelismus überall nachgewiesen ist. Nun lässt sich zeigen, dass wegen der Nichtbeschreibbarkeit der atomaren Vorgänge ein solcher Parallelismus prinzipiell nicht nachweisbar sein *kann*. Denn zur Beobachtung physikalischer Vorgänge ist die Zerstörung des Objekts unerlässlich. Die Frage nach dem Zusammenhang zwischen Denken und dem physikalischen Prozess im Gehirn ist also *prinzipiell* nicht scharf beantwortbar. Daraus folgt wohl auch, dass man den Gesetzen des Denkens nicht durch Gehirnuntersuchungen nahekommen kann. Die physikalische Untersuchungsmethode verzichtet also von vornherein auf die Beschreibung derjenigen Realität, die etwa ohne Zerstörung des Systems vorhanden wäre (die es also physikalisch garnicht gibt), ohne die man aber nicht auskommen *würde*, wenn man einem Parallelismus der oben genannten Art einen Sinn zuordnen *will*. Sie werden natürlich konsequent sagen, dass

ein solcher Parallelismus nicht sinnvoll formuliert werden kann. Man konnte ihn aber *vor* der modernen Physik für sinnvoll halten.« (Werner Heisenberg an Moritz Schlick, 27. Dezember 1930, a.a.O.) Schlick antwortete darauf: »Für Ihre aufklärenden Bemerkungen über Bohr's Äußerungen hinsichtlich des ›Organischen‹ bin ich Ihnen sehr verbunden; ich glaube sie nun besser zu verstehen und sehe, daß es sich dabei um eine Kritik des sog. psychophysischen Parallelismus handelt. Allerdings ist es da meine Meinung, daß eine falsch gestellte Frage vorliegt, daß daher jeder Versuch einer Antwort (also auch der von Bohr) sinnleer sein muß.« (Moritz Schlick an Werner Heisenberg, 2. Januar 1931, a.a.O.) Siehe dazu auch Niels Bohr, »Die Atomtheorie und die Prinzipien der Naturbeschreibung«, in: *Die Naturwissenschaften* 18, Heft 4 (1930), S. 73–78.

[63] Für eine ausführliche Darstellung der Beziehung zwischen Physik und Biologie siehe Moritz Schlick, »Naturphilosophie«, in: Moritz Schlick, *Rostock, Kiel, Wien. Aufsätze, Beiträge, Rezensionen 1919–1925*, hrsg. und eingeleitet von Edwin Glassner und Heidi König-Porstner unter Mitarbeit von Karsten Böger, a.a.O., S. 646 ff. und 693 ff.

[64] Siehe dazu Pascual Jordan, »Die Quantenmechanik und die Grundprobleme der Biologie und Psychologie«, in: *Die Naturwissenschaften* 20, Heft 45 (1932), S. 815–821 und ders., »Quantenphysikalische Bemerkungen zur Biologie und Psychologie«, in: *Erkenntnis* 4 (1934), S. 215–252.

[65] Vgl. Pascual Jordan, »Die Quantenmechanik und die Grundprobleme der Biologie und Psychologie«, a.a.O., S. 820.

[66] Siehe Moritz Schlick, *Lebensweisheit. Versuch einer Glückseligkeitslehre / Fragen der Ethik*, hrsg. und eingeleitet von Mathias Iven, Wien/New York: Springer 2006, Kapitel VII: Wann ist der Mensch verantwortlich?, S. 482–495.

[67] Dazu heißt es: »Wir werden dann auch sehen, daß es mehrere Arten von Hypothesen gibt, daß die einen verifizierbar sind und, einmal vom Experimente bestätigt, zu fruchtbringenden Wahrheiten werden; daß die anderen, ohne uns irrezuführen, uns nützlich werden können, indem sie unseren Gedanken eine feste Stütze geben; daß schließlich noch andere nur scheinbare Hypothesen sind und sich auf Definitio-

nen oder verkleidete Übereinkommen und Festsetzungen zurückführen lassen. Diese letzteren finden wir hauptsächlich in der Mathematik und in den ihr verwandten Wissenschaften. Gerade hieraus schöpfen diese Wissenschaften ihre Strenge; diese Übereinkommen sind das Werk der freien Tätigkeit unseres Verstandes, der in diesem Gebiete kein Hindernis kennt. Hier kann unser Verstand, weil er befiehlt; aber verstehen wir uns recht: diese Befehle beziehen sich auf *unsere* Wissenschaft, welche ohne dieselben unmöglich wäre; sie beziehen sich nicht auf die Natur. Sind diese Befehle nun willkürlich? Nein, denn sonst würden sie unfruchtbar sein. Das Experiment läßt uns freie Wahl, indem es uns hilft, den bequemsten Weg einzuschlagen.« (Henri Poincaré, *Wissenschaft und Hypothese*, Leipzig: Teubner 1904, S. XII)

[68] Siehe dazu Hermann von Helmholtz, »Über den Ursprung und die Bedeutung der geometrischen Axiome«, in: ders., *Schriften zur Erkenntnistheorie*. Herausgegeben und erläutert von Paul Hertz und Moritz Schlick, Berlin: Springer 1921, S. 1–37.

[69] Schlick verweist mit dem Ausdruck »Grammatik« auf Wittgenstein. In einem Gespräch vom 18. Dezember 1929 heißt es dazu: »Einstein sagt, daß es die Geometrie mit den Lagerungsmöglichkeiten der starren Körper zu tun hat. Wenn ich tatsächlich Lagerungen der starren Körper durch die Sprache beschreibe, dann kann den Lagerungs*möglichkeiten* nur die *Syntax* dieser Sprache entsprechen. (Es ist daher kein Problem, daß wir die gesamte Mannigfaltigkeit des Raumes mit einigen wenigen Axiomen beherrschen [...], denn wir stellen ja nur die Syntax einer Sprache auf.« (*Wittgenstein und der Wiener Kreis*, Gespräche, aufgezeichnet von Friedrich Waismann. Aus dem Nachlaß herausgegeben von B. F. McGuinness, in: Ludwig Wittgenstein, *Werkausgabe*, Band 3, a.a.O., S. 38)

[70] Vgl. dazu Arthur Stanley Eddington, *The Nature of the Physical World. The Gifford Lectures 1927*, a.a.O., S. 244–246. Für eine scharfe Kritik an der Auffassung Hugo Dinglers siehe Moritz Schlick, *Texte zu Einsteins Relativitätstheorie*, a.a.O., Beitrag 2.4.

[71] Siehe dazu Hans Driesch, *Philosophie des Organischen. Gifford-Vorlesungen gehalten an der Universität Aberdeen in den Jahren 1907–1908*, Leipzig: Verlag Quelle & Meyer 1928.

[72] Vgl. Arthur Stanley Eddington, *The Nature of the Physical World. The Gifford Lectures 1927*, a.a.O., S. 123–129.

[73] So heißt es: »Das Gravitationsgesetz ist nicht ein Gesetz in dem Sinne, daß es dem tatsächlichen Verhalten des Substrats der Welt Beschränkungen auferlegt. Es ist nur die Definition eines Vakuums. Wir müssen nicht die Materie als einen Fremdkörper ansehen, der das Schwerefeld stört. Die Störung selbst ist die Materie. Genau so betrachten wir das Licht nichts als Eindringling in das elektromagnetische Feld, der bewirkt, daß die elektromagnetische Kraft längs seines Weges hin und her schwingt. Die Schwingung selbst stellt das Licht dar. Auch ist die Wärme nicht ein Fluidum, das die Moleküle eines Körpers in Bewegung setzt. Die Bewegung selbst ist die Wärme.« (Arthur Stanley Eddington, *Raum, Zeit und Schwere. Ein Umriß der allgemeinen Relativitätstheorie*. Ins Deutsche übertragen von W. Gordon, Braunschweig: Vieweg 1923, S. 194)

[74] Siehe Bernard Bolzano, *Wissenschaftslehre. Versuch einer ausführlichen und größtentheils neuen Darstellung der Logik mit steter Rücksicht auf deren bisherige Bearbeiter*. Herausgegeben von mehren seiner Freunde, Sulzbach: Seidelsche Buchhandlung 1837, §§ 161 und 317. Vgl. dazu Alfred Schramm, »Logische Wahrscheinlichkeit bei Bernard Bolzano«, in: Wolfgang L. Gombócz, Heiner Rutte und Werner Sauer (Hg.), *Traditionen und Perspektiven der analytischen Philosophie – Festschrift für Rudolf Haller*, Wien: Hölder-Pichler-Tempsky 1989, S. 97–105.

[75] Schlick hatte dazu an Reichenbach geschrieben: »Zu Ihrer Auffassung der Wahrscheinlichkeit werde ich mich nie bekehren können. Für mich ist jeder Satz (auch über künftige Ereignisse) entweder wahr oder falsch, und dazwischen liegt *nichts*. Wenn wir ihm eine gewisse Wahrscheinlichkeit zusprechen, so geben wir damit etwas total anderes an, nämlich ein bestimmtes logisches Verhältnis des Satzes zu *andern* Sätzen. Während ein Satz für sich betrachtet wahr oder falsch ist, kommt ihm Wahrscheinlichkeit nur relativ zu andern Sätzen zu. Mit dieser Einsicht beginnt nach meiner Ansicht das Verständnis des Wahrscheinlichkeitsbegriffs. Das Verhältnis der Sätze zueinander ist als rein logisches natürlich vollkommen objektiv. Eine subjektive Theorie

wäre eine solche, die mit Erwartungsgefühlen arbeitet und dergleichen; eine solche lehnen wir natürlich genau so ab wie Sie. Dass die Wahrscheinlichkeitsrechnung auf die Wirklichkeit anwendbar ist, versteht sich bei meiner Auffassung so sehr von selbst, dass es überhaupt kein Problem ist. Meines Wissens hat auch niemand von uns die Möglichkeit dieser Anwendung je in Zweifel gezogen.« (Moritz Schlick an Hans Reichenbach, 23. Oktober 1931, Archives of Scientific Philosophy: Hans Reichenbach, ASP-HR 013-30-23)

[76] Dazu heißt es bei Schrödinger: »Im Angelpunkt der heutigen Quantenmechanik (Q.M.) steht eine Lehrmeinung, die vielleicht noch manche Umdeutung erfahren, aber, wie ich fest überzeugt bin, nicht aufhören wird, den Angelpunkt zu bilden. Sie besteht darin, daß Modelle mit Bestimmungsstücken, die einander, so wie die klassischen, eindeutig determinieren, der Natur nicht gerecht werden können.« (Erwin Schrödinger, »Die gegenwärtige Situation in der Quantenmechanik« in: *Die Naturwissenschaften* 23, Hefte 48–50 (1935), S. 807–812, 823–828 und 844–849, hier: Heft 48, S. 808)

[77] Siehe dazu Arthur Stanley Eddington, *The Nature of the Physical World. The Gifford Lectures 1927*, a.a.O., S. 276–282 und 310–313.

[78] Siehe dazu den Beitrag 1.3, S. 97f und die Anmerkung 62 sowie die Beiträge Bohrs in *Atomtheorie und Naturbeschreibung. Vier Aufsätze mit einer einleitenden Übersicht*, Berlin: Springer 1931.

[79] Schlick spielt hier auf die Diskussion um die Frage der Vollständigkeit der quantenmechanischen Beschreibung der Natur an, der Einstein 1935 in einem gemeinsam mit Boris Podolsky und Nathan Rosen verfassten Aufsatz widersprochen hatte. Siehe dazu Albert Einstein, Boris Podolsky und Nathan Rosen, »Can Quantum Mechanical Description of Physical Reality Be Considered Complete?«, in: *Physical Review* 47, Nr. 10 (1935), S. 777–780 und Niels Bohr, »Can Quantum Mechanical Description of Physical Reality Be Considered Complete?«, in: *Physical Review* 48, Nr. 8 (1935), S. 696–702.

[80] Vgl. dazu Niels Bohr, »Wirkungsquantum und Naturbeschreibung«, in: ders., *Atomtheorie und Naturbeschreibung. Vier Aufsätze mit einer einleitenden Übersicht*, a.a.O., S. 60–77.

[81] Siehe dazu den Beitrag 1.6, S. 128 und die Anmerkung 75.

[82] Dazu heißt es: »Bei den tieferen biologischen Problemen, wo es sich um die Freiheit und das Anpassungsvermögen der Organismen in ihrer Reaktion äußeren Einwirkungen gegenüber handelt, müssen wir jedoch damit rechnen, daß die Erkenntnis eines weiteren Zusammenhanges es notwendig machen wird, auf die Verhältnisse, welche die Begrenzung der kausalen Beschreibung der Atomerscheinungen bedingen, Rücksicht zu nehmen. Übrigens müssen wir wohl schon wegen der Tatsache, daß Bewußtsein, so wie wir es kennen, untrennbar mit lebenden Organismen verknüpft ist, darauf gefaßt sein, daß das Problem der Scheidung zwischen Belebtem und Unbelebtem sich einem Verständnis im gewöhnlichen Sinne des Wortes entziehen kann.« (Niels Bohr, »Die Atomtheorie und die Prinzipien der Naturbeschreibung«, a.a.O., S. 78)

[83] Siehe den Beitrag 1.4, S. 100–102.

[84] Vgl. dazu auch Philipp Frank, »Philosophische Deutungen und Mißdeutungen der Quantentheorie«, in: *Erkenntnis* 6 (1936), S. 303–317, hier S. 311 und 313–315.

[85] Für eine Diskussion der Auffassungen der Vitalisten siehe Moritz Schlick, »Naturphilosophie«, in: Moritz Schlick, *Rostock, Kiel, Wien. Aufsätze, Beiträge, Rezensionen 1919–1925*, hrsg. und eingeleitet von Edwin Glassner und Heidi König-Porstner unter Mitarbeit von Karsten Böger, a.a.O., S. 720–739.

[86] Siehe dazu die Beiträge 1.1, S. 17 und 1.3, S. 91.

[87] Vgl. Johannes Friedl, *Konsequenter Empirismus. Die Entwicklung von Moritz Schlicks Erkenntnistheorie im Wiener Kreis* (= Schlick-Studien 3), Wien / New York: Springer 2013.

[88] Max Planck, »Dynamische und statistische Gesetzmäßigkeit«, in: ders., *Physikalische Rundblicke. Gesammelte Reden und Aufsätze*, Leipzig: Hirzel 1922, S. 96.

[89] Ebenda, S. 100.

[90] Siehe Max Planck, *Kausalgesetz und Willensfreiheit. Öffentlicher Vortrag gehalten in der Preussischen Akademie der Wissenschaften am 17. Februar 1923*, Berlin: Springer 1923.

[91] Schrödinger hatte diese Kluft zwischen Relativitäts- und Quantentheorie vor allem darauf zurückgeführt, »was heute als die ›Inter-

pretation‹ der Quantenmechanik bezeichnet wird. Und diese Interpretation leidet an dem katastrophalen Mangel, dass sie mit der speziellen Relativitätstheorie kaum in Einklang zu bringen ist«. (Erwin Schrödinger an Moritz Schlick, 25. Februar 1931, a.a.O.) Schlick äußerte diesen Einwand gegen die Kopenhagener Deutung offenbar auch gegenüber Born, der ihm daraufhin schrieb: »Daß die statistische Interpretation in der Quantenmechanik mit der Relativitätstheorie nicht ohne weiteres im Einklang ist, liegt wohl im Wesen der Begriffsbildung. Ob diese Diskrepanz aber katastrophal ist, möchte ich nicht entscheiden. Ich neige jetzt sogar zu der Meinung, daß die Katastrophe möglicherweise auf der Seite der Relativität liegt, nämlich, daß diese nur ›im Großen‹ gilt, im atomaren Gebiete aber nicht, wenigstens nicht in der Form der speziellen Relativitätstheorie. Bei meinem letzten Besuch in Berlin hat sich herausgestellt, daß Schrödinger zu ähnlichen Vermutungen gekommen ist. Literaturangaben darüber wüßte ich nicht zu machen. Solche Meinungen pflanzen sich zunächst mündlich von Ort zu Ort fort.« (Max Born an Moritz Schlick, 5. Mai 1931, Noord-Hollands Archief, Nachlass Schlick, Inv.-Nr. 093/Born-8)

[92] Max Planck, »Die Entstehung und bisherige Entwicklung der Quantentheorie«, in: ders., *Physikalische Rundblicke. Gesammelte Reden und Aufsätze*, a.a.O., S. 165.

[93] Zur Auseinandersetzung zwischen Planck und Mach siehe Max Planck, »Die Einheit des physikalischen Weltbildes«, in: ders., *Wege der physikalischen Erkenntnis. Reden und Vorträge*, 4. Auflage, Leipzig: Hirzel 1944, S. 1–24; Ernst Mach, »Die Leitgedanken meiner naturwissenschaftlichen Erkenntnislehre und ihre Aufnahme durch die Zeitgenossen«, in: *Physikalische Zeitschrift* 11 (1910), S. 599–606 und Erhard Scheibe, *Die Philosophie der Physiker*, München: Beck 2006, S. 58–79.

[94] Siehe dazu auch Moritz Schlick, *Texte zu Einsteins Relativitätstheorie*, a.a.O., Beitrag 1.6.

[95] Vgl. Percy W. Bridgman, *The Logic of Modern Physics*, New York: The Macmillan Company 1927, S. 3–31 und 222–226.

[96] Siehe dazu den Beitrag 1.7, S. 135.

[97] Vgl. dazu Pierre Duhem, *Ziel und Struktur der physikalischen Theorien*, a.a.O., Achtes Kapitel.

[98] Dazu heißt es: »In *principle* the operations by which length is measured should be *uniquely* specified. If we have more than one set of operations, we have more than one concept, and strictly there should be a separate name to correspond to each different set of operations.« (Percy W. Bridgman, *The Logic of Modern Physics*, a.a.O., S. 10)

[99] Siehe Hans Reichenbach, *Axiomatik der relativistischen Raum-Zeit-Lehre*, Braunschweig: Vieweg 1924.

[100] Die Titel der drei Teile heißen korrekt: »Die logische Zergliederung der Physik«, »Physik und Wahrnehmung« sowie »Die Struktur der physischen Welt«.

[101] Bertrand Russell, *Unser Wissen von der Aussenwelt*. Übersetzt von Walther Rothstock, Leipzig: Felix Meiner 1926.

PERSONENREGISTER

Aristoteles 90, 93

Bacon, Francis 66
Bergmann, Gustav IX
Bergmann, Hugo 14, 18, 76f., 79, 94f., 161, 173
Berliner, Arnold XVIf.
Bohr, Niels XX, XXII, XXVf., XXXIX, XLIIIf., 61, 92, 131, 136–140, 157, 175f., 179f.
Boltzmann, Ludwig 146, 157, 159
Bolzano, Bernard 88, 123, 126f., 178
Born, Max XXIII, XXXVIIIf., 73, 75, 79, 86, 168, 170, 181
Boyle, Robert 63
Bridgman, Percy W. XXXIII, 151–153, 181f.
Brown, Robert XVI, 85

Carnap, Rudolf IX–XI, XXIV, XXXII, XXXIV–XXXVI, XLI, XLIII, 46, 112
Cassirer, Ernst 45, 47, 166
Comte, Auguste 66

De Broglie, Louis 168
Dessoir, Max 174
Driesch, Hans 106, 177
Duhem, Pierre 167f., 181

Eddington, Arthur Stanley 73, 95, 104, 106f., 109, 131, 170, 173, 177–179
Einstein, Albert VII, XIIf., XV, XVII, XXIf., XXV, XXIX, XXXV, XXXVIIIf., XLIf., 23f., 26, 28f., 31, 50, 53, 109, 147, 151, 157, 159–165, 167, 171, 177, 179
Elsbach, Alfred C. 50, 167
Erdmann, Benno 10
Erhardt, Franz 14
Euklid 43–45, 103–105, 111, 120
Exner, Franz Serafin 168

Feigl, Herbert IXf., XXXII
Frank, Philipp IXf., XXIV, XXIX, XXX, XLI, XLIV, 138, 167, 180

Galilei, Galileo 24f., 29, 106
Gauß, Carl Friedrich 43
Geyser, Joseph 19
Gödel, Kurt IX
Gomperz, Heinrich 77
Grelling, Kurt 154

Hahn, Hans IXf.
Heisenberg, Werner VIII, XX, XXII–XXIV, XXVI, XXIX,

XXXVII–XL, XLIII, 71,
73–76, 79, 82, 91f., 94, 131,
166–168, 170–173, 175f.
Helmholtz, Hermann von 43,
103, 120, 165, 177
Hessen, Sergius 161
Hilbert, David XXXVIII
Holst, Helge 28
Hume, David 8, 19f., 66, 82f., 89,
97, 102

Jordan, Pascual XL, 100–102,
138, 176

Kant, Immanuel XVII, XIX, 3, 8,
22, 41, 44f., 47, 49f., 76f., 118,
130, 132, 167
Kasper, Maria XXXII
Kaufmann, Felix IX
Kraft, Victor IX
Kries, Johannes von 14, 36f., 88

Łukasiewicz, Jan 90

Mach, Ernst XXV, XXX, 9f.,
29f., 149, 164, 181
Mariotte, Edme 63
Maxwell, James Clerk 22, 31,
59–63, 67f., 101, 133
Menger, Karl IX
Mill, John Stuart 8, 159
Mises, Richard von 88

Natkin, Marcel 63, 168
Neurath, Otto IX–XI, XLI

Newton, Isaac XII, 24–29, 36,
62, 106, 148, 162f.
Nietzsche, Friedrich VIII

Pauli, Wolfgang (junior) VIII,
XIXf., XXII, XXIV–XXX
Pauli, Wolfgang (senior) XXV
Petzoldt, Joseph XXV, 28
Planck, Max VIII, XXXIVf.,
XLI–XLIII, 46, 71, 145–150,
157–159, 180f.
Podolsky, Boris 179
Poincaré, Henri XIX, 21, 23, 36,
79, 103, 120, 162, 167, 176f.

Rand, Rozalia IX
Reichenbach, Hans VII, XI, XV–
XIX, XXIX, XXXIV–XXXVII,
XLI, 54, 87, 94f., 98, 153, 166,
168, 172f., 178f., 182
Reidemeister, Kurt XXXI
Riemann, Bernhard 43, 46, 53,
111
Rosen, Nathan 179
Russell, Bertrand XLI, 154, 157,
182

Schlick, Friedrich Julius Carl
Albert Ludwig (Vater) XXII
Schopenhauer, Arthur VIII
Schrödinger, Erwin XXXIX, 86,
167f., 173–175, 179–181
Sommerfeld, Arnold XXII,
XXV, XLI, 96, 158
Stern, Otto XXVIII

Van der Waals, Johannes Diderik 85
Vogel, Thilo 76f., 79

Waismann, Friedrich IXf., XXXII, 69, 88, 168f., 172
Weyl, Hermann 46
Wien, Wilhelm XXII

Winternitz, Josef 47, 167
Wittgenstein, Ludwig VIII, X, XXXI–XXXIII, 70, 88, 169, 177

Zeeman, Pieter XXVI
Zilsel, Edgar XLI

PHILOSOPHISCHE BIBLIOTHEK

MORITZ SCHLICK

Texte zu Einsteins Relativitätstheorie

Eingeleitet, kommentiert und herausgegeben von
FYNN OLE ENGLER
· PhB 733
· 2019
· 259 Seiten
ISBN 978-3-7873-3742-2 Kartoniert

Der Philosoph und Physiker Moritz Schlick zählt aufgrund seiner bahnbrechenden Arbeiten zur Einstein'schen Relativitätstheorie zu den einflussreichsten Denkern in der ersten Hälfte des 20. Jahrhunderts. Als Philosoph gehörte er zum Denkkollektiv der Physiker und hatte als Diskussionspartner Einsteins großen Anteil an der Ausarbeitung und späteren Vermittlung von dessen revolutionärer Theorie.
Schlicks Texte zeichnen sich durch eine außerordentliche Klarheit und ein tiefgehendes Verständnis für die physikalischen Grundprobleme aus. Sie vermitteln einen lebhaften Eindruck von unterschiedlichen philosophischen Deutungen der Relativitätstheorie, und nicht zuletzt zeugen sie von der Durchsetzung unseres modernen Weltbildes, das durch die Relativitätstheorie entscheidend mit bestimmt ist.

MEINER.DE